原"型"毕露

——人格类型的分析技巧

◎ 明茏 / 著

Emotions
and
Personality
Types

上海交通大学出版社
SHANGHAI JIAO TONG UNIVERSITY PRESS

内容提要

本书从动物行为发生的生理机制展开论述,以情绪为核心逻辑,系统地讲解了人的行为分析、压力管理的技术,并从情绪种类的角度开展人格分类,阐述了不同人格类型对应的注意狭窄、人格障碍、人生观,以及部分哲学思想,甚至探索了国家文化与情绪种类,即人格类型的对应关系,是一门创新性强,又非常实用的基础心理学、应用心理学读物。

图书在版编目（CIP）数据

原"型"毕露:人格类型的分析技巧/明茏著.—
上海:上海交通大学出版社,2017(2025重印)
ISBN 978-7-313-16153-6

Ⅰ.①原…　Ⅱ.①明…　Ⅲ.①人格心理学－研究
Ⅳ.①B848

中国版本图书馆CIP数据核字(2016)第275002号

原"型"毕露——人格类型的分析技巧

著　　者:明　茏
出版发行:上海交通大学出版社　　　　　　　　地　　址:上海市番禺路951号
邮政编码:200030　　　　　　　　　　　　　电　　话:021-64071208
印　　制:上海万卷印刷股份有限公司　　　　　经　　销:全国新华书店
开　　本:710 mm×1000 mm　1/16　　　　　印　　张:18.25
字　　数:316千字
版　　次:2017年8月第1版　　　　　　　　　印　　次:2025年7月第6次印刷
书　　号:ISBN 978-7-313-16153-6
定　　价:58.00元

推荐语

明茏撰写的《原"型"毕露——人格类型的分析技巧》一书，以独特的视角探讨了人格研究的理论、内容和方法。特别有价值的是，它告诉读者如何分析看似难以理解的人格特质的技巧，以提高对人格内涵的理解，促进人格健康的发展。此书深入浅出，覆盖面广泛，实用性强，是一本值得学习和参考借鉴的好书。

　　　　梁宁建　华东师范大学心理与认知科学学院教授、博士生导师

作者二十年专业学习和专业实践的凝练与总结，有趣、有用、有启示。

　　　　刘俊升　华东师范大学心理与认知科学学院教授、博士生导师

一个人的人格完善程度决定着他的发展高度。阅读此书，可以更好地洞察他人，提升人际沟通能力；更能觉察自己的人格特点，通过健全自身人格，可以遇见一个更好的自己。

　　　　孙丽娟　《今日说法》心理嘉宾、上海市监狱学会心理矫治专业委员会副主任

识一本好书，如结识一位好的老师，它会给你谆谆教诲；读一本好书，像结识一位好友，他能陪伴你一生；记一本好书，似结识一位老者，他将给你随时提点。当我读这本《原"型"毕露——人格类型的分析技巧》时，就给我如此感受。同为一位心理服务工作者，从此书中我不仅读到了很多有用的知识，还感受到了作者自己的独具匠心，见地深入，引人思考。在这个思想的盛宴中学会用作者提及的理论知识帮助我们更好地工作、学习和生活。

感谢作者，给我们呈现出了这么好的一个作品。

孙弋岚　中国人民武装警察部队学院政治工作系

本书以情绪为切入点，从微表情识别谈到核心情绪和核心应对方式的九种组合模式，再结合脑科学、心理学，一直谈到伦理、哲学、文化和生命的意义。行文既有学者的严谨，又有丰富的生活气息，更难能可贵的是，将人格心理学放在人生和世界的维度上考量，给出作者内心真诚的思考和感悟。

杨锦陈　美国哈佛大学医学院研究员、博士

前　言

　　人格类型不同，面对的压力也不同，人生的挑战和使命更是各有侧重。了解行为的差异，洞察人性的规律方能指导生存的哲学，乐享人生的旅程。

哪些人适合阅读本书?

　　班主任、学生辅导员、心理委员等需要观察分析他人心理活动的工作人员，最适合阅读本书。

　　此外，心理咨询师、教师、销售、警察、家长等一切需要以人为工作对象的从业者，各单位管理、人事、招聘岗位人员，或对自我探索、职业与人生规划、择偶技巧等感兴趣的读者也适合阅读本书。

　　对于高校心理学、教育学本科及研究生，本书将带给你们一种不同于统计分析的，基于心理学专业的解决实际问题的全新思路。

阅读本书的收获

掌握"两类知识"

　　"情绪动力模型"——该模型是作者从多年的人格心理学教学实践经验中提取的精华，是作者独创的心理分析技术和世界观。"情绪动力模型"从进化论的角度出发，厘清脑各部分的心理功能，从情绪的产生、积累、释放，形成惯性，自我接纳等环节入手，探讨行为发生的心理机制，并以此为蓝本演绎压力管理、能力提升、人际沟通的要点，从而启发读者逐步提升自己的情商。

　　"人格类型理论"——以情绪种类为线索，阐述了愤怒、恐惧、悲伤三种基本情绪在情绪、情感两个维度上的"偏好"及其所排列组合而成的九型人格图式，讨论了人格类型对各种心理活动的推动和影响，对"人格"提出了全新的定义，并厘清了人格内部各成分之间的相互逻辑。

获得"三大技能"

"锐利的行为观察能力"——观察力是开展行为、心理、人格分析的基础。只有在掌握"情绪动力模型""人格类型理论"的前提下，读者对自己、他人行为的观察才能够做到有的放矢，一些"内涵"丰富的行为才不会被忽略，如眼镜的款式、眼神、语速、女生的耳环等。

"犀利的人格分析能力"——在观察的基础上，对多个行为开展多次依据"情绪动力模型"的分析，就可以综合推测他人的人格类型。这种判定不再是一种对人格（心理活动模式）的臆测，也不是对性格（行为活动模式）的感性认识，更不是一种基于血型、星座、属相、生命数字理论的印证，而是综合考量行为的动力模型，包括情绪的内容（核心情绪是什么）和应对方式（情绪习性是什么）。

"睿智的人际合作能力"——个性化的人际沟通技巧才能打造睿智的人际合作能力。这种能力是基于上述两种能力的提高而逐渐萌发的，能够在人际合作中带来信任、效率、界限和愉悦，是"情绪动力模型"和"人格类型理论"在实际生活中灵活运用的成果体现。

树立"四种态度"

"容忍"——罗杰斯说过，当我接受了现实的自己时，我就发生了变化。能够忍受他人与众不同的个性化行为，在面对个性化、异常化，甚至违法犯罪的行为时能够控制住自己的惊讶、厌恶、愤怒、害怕等情绪，为冷静地开展观察、分析做好心理准备。

"理解"——掌握情绪动力向行为转化的规律，掌握人格类型的内部逻辑，反对"自我中心""去人性化"地对待他人，理解自己、他人所处的顺境、逆境，了解人际冲突、国家文化的由来及持续的原因，能解释普通人，甚至不健康人的行为与个性。

"珍惜"——在面对他人或自己时，放弃优缺点"二元论"的爱憎态度，在"容忍""理解"他人的前提下积极地看待他人的个性，明确"每一种人格类型均存在属于自己的缺点，更存在属于自己的优点和潜能"的观点，尝试用欣赏的态度看待自己及同事、家人，懂得人格类型与心理健康、不健康的关系，抛弃高高在上的批判态度，看到普通人，甚至"坏人"的心理本质。

"提升"——解开"唯物质利益是生命唯一追求"的狭隘思想，与其他人一起，学会超越自己人格类型带来的各种限制，愿意调整自己、他人，甚至不健康的人、犯罪人的人格，以更好地适应社会，体验人生。没有提升就谈不上珍惜，没有珍惜就不能说是理解，没有理解就做不到去容忍。

"四种态度"即人际关系四层级。树立"容忍""理解"，即善待他人的心态，养成"珍惜""提升"，即面对生活的态度，达到对人际关系四个层级的融会贯通。

阅读指南

本书由目录、第一篇、第二篇、附录和索引组成。

目录是本书的心理学逻辑纲领。按生理心理学、比较心理学、认知心理学、人格心理学、发展心理学、社会心理学、异常心理学，以及哲学、伦理学这样一个由简入繁的思路加以论述。目录适合有心理学基础的读者查阅，讲究的是专业。

第一篇主要论述笔者提出的认知心理学理论假设——"情绪动力模型"。它是对"事"开展心理分析，用心理学解决各种现实问题的专业思路。

第二篇主要论述"情绪动力模型"视角下的"九型人格"。它是对"人"开展个性化分析，是刻画他人内心世界的专业思路。

附录归纳了"九型人格"的知识要点，以便读者对照学习。

索引由本书中所分析的典型行为摘录组成，按拼音顺序排列。建议读者在先掌握"情绪动力模型"理论的前提下，再根据索引查阅页码，阅读相应的心理分析。由于本书以理论逻辑为体例，对典型行为的分析可能散落在本书不同章节，可由索引中提示的页码——查阅。完全掌握后才能对典型行为有全面的观察和分析。此外，经对多个典型行为的分析后才能开始判断人格类型。索引适合读者迅速查阅，讲究的是实用。

笔者开设的个人新浪微博——"小明警"，是本书的"习题集"，补充了两千余条能够进行心理分析的日常行为线索。读者在掌握本书提供的心理分析方法后可查阅该微博中提及的典型行为。若愿留言，笔者将尽快与您联系。

目　录

第一篇 "情绪动力模型"
——参透人心的心理分析技术

"形而上者谓之道，形而下者谓之器。"——《易经》[1]

心理学大致有两大研究方向，一是认知和实验心理学，二是人格和社会心理学。前者是道，后者是器。本书的第一篇着重讲的是情绪在认知过程中的重大作用和对行为产生的决定性意义，偏重的就是认知和实验心理学。这就是本书之道。因此在本篇中，尚不去探讨个体个性上的差异，而着重讲述个体通用的认知规律、心理活动模型。只有搞清个体心理是如何活动的，才能明白个性产生的基础是什么，才能搭建出一套牢靠的，便于讨论人格类型存在的心理基础。

本书的第二篇"人格类型假设"是在本书第一篇的基础上去探讨个体个性差异的，显然是偏重于心理学研究的第二大方向——人格和社会心理学。这是本书之器。心理学这两大研究方向的研究成果应用于社会的各个方面，实践中产生的成果就是应用心理学。

综上，本篇"情绪动力模型"是学好人格心理学[2]的基础，也是了解自己、探索生命、看清世界的第一步。

---

① "情绪动力模型"既是"道"，又是"器"：它既是对心理机制的概括（道），又是用于分析行为的工具（器）。
② 人格心理学是最有应用价值的心理学之一。

第一章　从观察表情到推测人心
——表情与心理分析

情绪是本书统领所有观点、技术去解读行为、分类人格的核心主线。情绪最感性的认识就是表情，而其中最具吸引力的就是微表情方面的研究和应用。让我们从这个角度切入，开始愉快的学习旅程吧！

美剧《别对我撒谎》、港剧《读心神探》都是以微表情为故事主线的。人们在惊叹主人公神奇的观察能力的同时，也会幻想着拥有读心的能力，仿佛拥有了读心的能力，自己便可以成为现代的武侠人物。这种读心的能力真的存在吗？

虽然不像影片中那么夸张，但答案绝对是肯定的！

本书就是教会读者如何分析自己、他人的行为和个性的读本，但我们将使用的，远不仅限于微表情识别这项单一的分析技术。后文论述的"情绪动力模型"才是统筹、专业的思路。

然而，情绪的典型外显形式——面部表情，是最基本的读心资料。微表情是表情的特殊形式，表情是情绪的外在表达。表情识别难度适中，当仁不让，成为读者学习的第一堂课。

第一节　微表情识别能力训练

微表情，1/5～1/25秒内闪现的表情，表达了内心最真实的情绪，只有通过训练方能观察到它。

《别对我撒谎》的人物原型——艾克曼（Ekman）博士在20世纪70年代深入非洲原始部落，研究与世隔绝的土著民族，发现了七种存在跨文化一致性的面部表情：快乐、悲伤、愤怒、恐惧、惊讶、轻蔑、厌恶。艾克曼称这七种情绪为基本情绪[①]。没有受到文明社会影响的非洲土著人在观看了艾克曼出示的表情图片后，也能够用编故事的方式正确地说出这七种情绪的意义。艾克曼发现，不同文化背景下的人表达愤怒、厌恶、高兴、

---

① 基本情绪与特定的神经通路有关，当这些通路被激发时，我们就感受到了悲伤、快乐、愤怒或恐惧。

悲伤、恐惧及惊讶这些情绪的表情基本相同，证明情绪反应是人类共通的心理活动。然而，对自我情绪的辨别，人的能力却存在很大差异。很多人是依赖自己对环境刺激因素的理性认知去定义自己感受到的情绪种类的。真实的情绪是转瞬即逝的。

以主体的感受对这七种情绪加以分类。主体感受积极的，唤起主体愉快体验的情绪为"正性情绪"，反之为"负性情绪"，介于两者之间的是"中性情绪"。

一、正性情绪的微表情识别

正性情绪是主体最喜爱的情绪，也往往是大多数人最擅长识别的情绪。正性情绪诱发的行为常常具有"反重力"的规律。比如高兴时就蹦蹦跳跳，嘻嘻哈哈；瞧不起别人时就会抬高自己的姿态，或者嘴角的一边抬起。当我们观察到对象产生了"反重力"行为，那很可能对方是体验到了正性情绪。

（一）快乐

如果情绪按照"愉快—不愉快"两极性来分类，快乐这种情绪显然处于令主体愉快的这一端。它也是最早从各种模糊的情绪中分化出来的一种情绪。

一般而言，在"微表情识别能力测试"中，快乐这个情绪的被识别率会显著高于其他情绪，由此可见人们对愉快体验的熟悉和渴望。然而，在"微表情识别能力"初次测验中，会出现占被试总数约 1/30 的对快乐的面部微表情识别能力较低的人，我把他们称为"快乐盲人"，其产生的原因尚不得而知。但在对警察职业群体的研究中发现了"悲伤盲人"的现象——即警察对悲伤的微表情识别能力显著低于非警务人员，且训练后也较难提高。设想警察的工作业务要面对受害人的来访，也许正是这种对悲伤的频繁接触和无法满足被害人需求的职业困惑令警察减弱了对悲伤的识别能力。由此可以假设，"快乐盲人"的出现也存在类似的机制，即识别快乐对"快乐盲人"也许更加不利。

此外，快乐这种情绪也不能成为行为分析、人格分类中一个高价值的内容。快乐对行为的持续驱动力比带给人不快乐的其他情绪要小得多[①]。

---

① 快乐是驱力还原时短暂的情绪体验。由于驱力还原是快乐产生的前提条件，故快乐常常是行为停止的预兆。很多人认为快乐比痛苦有着更好的驱动力，实际上这是错误的，并且是危险的。比如，毒品能够带给人极高的快乐，但却会毁掉一个人。详见后文的论述。

1. 真实的快乐

虽然识别快乐的面部表情是比较容易的事，但出于人类文明的需要，展示虚假的快乐表情已成为人社会化后最基本的能力。"小的时候快乐是一种心情，长大了快乐是一种表情。"嘴角的扬起是一个典型的特征，却不是一个真正的开心、快乐所具备的关键环节，将眼睛眯起来也非常容易模仿。无论客套的快乐表情是否具有价值，真正发自内心的快乐所引发的关键面部特征，是眼角的皱纹——"鱼尾纹"，它的出现是真正的快乐最重要线索。没有"鱼尾纹"的微笑很可能是假笑。

2. 虚假的快乐

假笑并不一定代表着欺骗，也许是在表示礼貌。虚假的表情在沟通中具有很强的功能性，让沟通的对方识别是虚假表情最基本的传递目标，因此必然在动作幅度和持续时间上比较夸张，常常以沟通对象能够察觉、反馈为目标。假笑按面部动作的复杂程度可分为四个类别。

1）敷衍的假笑

嘴角扬起的程度、持续时间都足以令沟通对象发现。这种假笑动作最为简单，态度比较敷衍，完成最为容易，唤起沟通对象好感的效果也很有限，说明主体对沟通的话题缺乏兴趣和利益投入。但如果嘴角上扬出现的时间极短，如1/15秒，幅度极小，如仅为嘴角可上扬程度的1/10，那么可能表示主体体验到真实的快乐或得意，且不愿让沟通对象发现，代表可能获得了一定的好处和利益。

2）礼貌的假笑

即嘴角扬起并露出牙齿，但没有"鱼尾纹"的"笑"脸。完成这个动作更为复杂，需要主体投入更多的心理、生理能量，说明主体对沟通比较重视，利益卷入会多一些，更看重沟通的效果，或者更看重自身在待人接物时的形象。

3）投入的假笑

很多明星、艺人在公众场合会展示一种专业的和蔼可亲的态度，而这种假笑的完成

---

① 快乐是需要得到满足时出现的情绪体验，说明主体的需要已经得到了满足。此时，主体对多余的利益并不吝啬。于是，与他人分享自己暂不需要的利益，这种行为在他人的眼中就是"善"。

除了嘴的动作达到"礼貌的假笑"幅度之外，眼睛也要有眯起的动作，以塑造"笑眯眯"的亲热表情。这种程度的假笑常常为了摄影等重要场合的需要，利益卷入较大，主体更加重视自身在社交场合的形象，或者看重沟通对象的体验，表现出对沟通极大的投入和高度认真的态度。

4）以假乱真的假笑

对于少数极其擅长沟通的人群，如职业销售、演员等，能够在交流中通过全身心的投入，寻找沟通中值得快乐的信息，从而展现出具有"鱼尾纹"的笑容，然而这种能够以假乱真的笑容依然有假笑的嫌疑。可以从两个方面加以判断，首先是主体的眼角是否本来就容易产生皱纹。本书中会论述到某些人格类型，这类人极其关注他人的评价、喜爱和认可，从而在各种沟通中极度投入并最大化地展示亲热的笑容。这种类型的人属于在展示笑容上"熟能生巧"的人，其假笑可能也很容易产生"鱼尾纹"，他们非常擅长使用具有面部皱纹的假笑。其次，但凡虚假的情绪，一定具有机械化的成分，表现为"两个过度"和"一个不足"：一是幅度过度，表现为不合时宜的或强度过头的大笑；二是频率过于均匀，表现出刻意的、起伏稳定的笑声或身体的抖动；三是出现笑容的反应时过长，及时性不足，因为心理资源忙于运算而忽略了沟通中可笑的成分，甚至在沟通对象出现期待情绪反馈的表示后才呈现出来。

3. 快乐的来源

快乐是情绪种类中最早被清晰地区分出来的一种最原始的情绪信号。当主体的需要获得满足的瞬间，快乐就产生了。对快乐的理解需要掌握以下一些知识和概念。

1）需要

生命得以持续的前提就是需要的满足。因此，需要使得生命不断去寻找维持生命最基本的养料，以及排泄出不需要的废料。本书所提到的需要均指生理性需要，包括进食进水的需要、繁殖的性需要、排泄的需要等。能够满足需要的行为通常为本能行为，正因为如此，像呼吸行为这种本能的不间断行为常常为人们所忽视，以至于在很多书籍中，呼吸都不成为一种需要，因为呼吸的自主性使这种需要持续地得到满足，正常情况下不会出现呼吸不畅的现象而令人感到呼吸的需要。动物不同于植物对于光、水、养分的需求能够自动化地满足，动物通常只能自动化地满足呼吸的需要，食物、水、繁殖这三种需要常常要通过大量努力才能够得以满足，然而本能的行为，如简单的呼吸行为是不能够满足动物实现这些需求的。

2）焦虑

焦虑是在需要得不到满足时，主体体验到的一种情绪状态。可以认为焦虑是最原始的情绪，是未分化的、混沌的负性情绪。这里所讲的焦虑并非是一种行为盲目的、外显的行动，而是焦虑的本质——不清晰的行动信号，即需要得不到满足时主体神经系统发出的信息指令，这种指令让主体体验到惴惴不安的感觉，并做出目的不明确的行为。

3）驱力

当主体不能承受焦虑的叠加，产生了需要用行动来化解焦虑的力量时，焦虑就转化为驱力，即驱动主体产生行为的力量。通常焦虑越多，驱力越大，行动目标越强，力量越大。

和需要、焦虑、行为相比，驱力其实是一个抽象的概念。后面的论述会讲到需要、情绪、理智这些心理功能的生理机制。但驱力没有一个专门的生理器质部位负责它的工作。驱力和物理学里的力一样，是一种抽象的能量，只能间接地推断它的存在。

在本书中，和驱力这个概念类似的抽象的心理学术语还有注意、心理防御机制、情感、记忆等。这些概念的共性是缺乏明确的生理基础，但有较好的心理学意义，能够帮助读者理解各种行为现象。本书将以情绪为线索，厘清人们行为背后的心理机制，使读者对人的观察和分析能力有一种质的提高。

4）驱力还原

世界上有两种悲剧，一是得不到，另一种是得到了[1]。——王尔德

当需要得到满足，焦虑产生的驱力就得到了还原，即消失、归零。这时主体有一种如释重负的感觉，这种感觉就是最原始的快乐[2]。主体在需要得到满足后会失去行动的动力——驱力。驱力越大，驱力还原所得到的快乐和满足感越明显。

网络热门帖说："最好的时光，就是你喜欢我，我也喜欢你，可我们都还没表白。"其实讲的就是在驱力未还原的状态下，彼此相互吸引的两个人所体验到的那种性兴奋

---

[1] 得不到显然是种悲剧，因为利益得不到满足；得到了是另一种悲剧，驱力还原，行为失去了动力，追逐、求索的行为因此而停滞，生命因此而失去了活力。

[2] 张爱玲说过："人总是在接近幸福时倍感幸福，在幸福进行时却患得患失。"

引起的强唤起，这种意识状态既兴奋又愉快，比确定恋爱关系后的"老夫老妻"来得幸福多了。

不难看出，需要在不被满足的情况下，生命表现出更多的焦虑，并呈现出更多的行为，行为是动物生命力的直接体现。需要在不强烈的情况下就一直得到立即的满足，生命在这种环境下行为最少，体现出的生命力最小。有趣的是，人在一有欲望就很快得到满足的情况下更容易感到抑郁。

抑郁这种心理状态的实质是个体不能改变环境。需要一直得到满足的个体同样无法改变这种温水煮青蛙的状态，最容易出现抑郁的倾向，这就是生存环境优良的条件下人自然体验不到幸福感的原因，也是一些过于富裕的人用各种方式追求刺激以抗拒抑郁的原因。

（二）轻蔑

> 饲养比自己低等的动物，或者领导能力不如自己的下属，都是寻找心理优越感的常用方法。——小明警[①]

轻蔑是发现他人能力低下时的情绪。能力的高低是个体产生负性情绪的关键所在。若招惹自己的人与自己能力差不多，则产生愤怒；强于自己则产生恐惧；强者剥夺了自己的利益则产生悲伤。正、负情绪产生的标准就是个人利益；负性情绪产生的公式就是能力高低。想少点"不开心"？要么阿Q精神，忘掉利益；要么提高能力，获得利益。

1. 轻蔑的由来

轻蔑也是一种能令主体感到愉快的情绪，原因就在于轻蔑源于对事物与主体关系的基本判断：是谁能力更大？能力的判断是动物继对自身需要是否被满足的判断之后，另一个基本的求生技能。比自己能力弱则主体产生轻蔑的情绪信号，反之则产生恐惧的情绪信号。

有意思的是，轻蔑这种情绪在动物世界也广泛存在。狒狒会以逐渐地接近野狗

[①] "小明警"为笔者微博昵称。

为乐，有时甚至会抢劫野狗幼崽并将其饲养，为狒狒群看家护院。这种对环境中事物所具备的能力的判断是认知的最基本功能，认知的结果以恐惧或者轻蔑两个信号加以表达。

2. 轻蔑的表情特征

对于轻蔑的面部表情而言，面部肌肉的活动是非常特殊的。轻蔑是基本情绪所展现的表情中唯一一个完全不对称的表情。特征是嘴角的一边，左边或者右边，向上翘起。在微表情识别中，不能将注意力完全放在对象的左边嘴角或右边嘴角，因为轻蔑在表达的时候是其中一边的嘴角抬起。

3. 轻蔑的作用

轻蔑这一情绪是中国相声、小品等滑稽舞台节目博取观众愉快体验的载体。相声、小品就是要在宝贵的节目时间内绘声绘色地描绘一个能力低于而绝非高于观众的角色，由此博得观众的好感。

轻蔑的情绪有助于提高自我效能感。饲养一些能力远低于人类的动物，如鱼、龟、狗、猫等为宠物，是能够提高人的主观幸福感的，养花养草也是一样。甚至在人类社会中，管理人员可以通过管理团队，认为团队成员能力不如自己而获得轻蔑的情绪，提升自己的幸福感，这就是权力能够带来快感的原理。

对于人类而言，轻蔑这一情绪信号的得出和表达，常常是过于主观、乐观的自不量力的武断。对别人的轻蔑常常会引发别人对自己的轻蔑，并由此出现了一个有趣的现象：相互轻蔑。原因在于，情绪是非理性的，是自我保护的。"你看不上别人，看不上我，你又好得到哪儿去？"

4. 轻蔑和快乐的表情区别

这是显而易见的。最大的特征是，轻蔑仅仅一个嘴角翘起；而快乐则是两边的嘴角都翘起，且真心的快乐会有鱼尾纹的出现。

二、负性情绪的微表情识别

大道理虽然人人都懂，小情绪却是难以自控。情绪有正性的，就一定有负性的。有趣的是，负性情绪的作用和意义，甚至陪伴生命的时间都远比正性情绪要多、要强，只不过可能是阈下的，即主体没有感受到罢了。

（一）厌恶

1. 厌恶的由来

厌恶是第一个[①]从焦虑中分化出来的基本情绪。试想，一只饥饿的海洋浮游生物必然会不断地游弋以获取海水中的食物，缺乏厌恶情绪信号的动物什么都吃，而不知道什么是可以吃的。动物只要进化到具备一种能力，能够区别哪些东西可以吃，哪些东西不可以吃的时候，该动物的心理就存在厌恶的情绪—— 一种诱发拒绝行为的心理信号。因此，逃离、退缩、关闭感官是厌恶引发的典型反应，无论这个主体是高级的哺乳动物还是低级的软体动物。

2. 厌恶的表情特征

厌恶的表情特征与其意义有关。鼻翼收紧导致呼吸不畅，可以减少不好闻的气味进入鼻腔，鼻翼两侧出现的皱纹是厌恶表情的显著特征。视觉也相应部分关闭，出现眉毛下压、眯眼的特征。上嘴唇抬起呈现"M"形是厌恶最独特的口部特征。头部会有微微向后的远离反应，也暗示厌恶情绪导致的拒绝行为。

（二）愤怒

愤怒是本书中最重要的情绪，是攻击行为的动力之源，也是基本人格类型[②]存在的依据之首。对恐惧、悲伤的理解需要以愤怒作为基础。

1. 愤怒的由来

厌恶是对信息的否定，如果不能够喝退或离开令其厌恶的刺激源，这种情况就促使动物进化出另一种情绪——愤怒。

---

① 笔者认为，厌恶诱发的拒绝行为比恐惧诱发的逃跑行为更原始，对生命的意义更为基础。恐惧的产生需要生命去探测环境，评估环境，过程比较复杂；然而，"决定'食物'是否能吃"是探测环境中很初级、简单的问题。当感觉器官发现"食物"不能吃，厌恶情绪就产生了。因此，厌恶比恐惧更简单，对生命的意义更大，也更原始。

② "基本人格类型"指腹中心、脑中心、心中心三种人格类型，分别偏好愤怒、恐惧、悲伤三种基本情绪。

愤怒是对阻碍主体欲望实现的对象所产生的情绪，是从焦虑情绪中分化出来的一种明确的要求主体产生求生、攻击行为的动力。由于愤怒是继厌恶之后出现的情绪，在面部表情上，二者就比较容易混淆。

2. 厌恶和愤怒的异同

两者的相同点在于都是对信息的否定。都存在眉毛下压的情况。眉毛下压是一种动作幅度很大的表情变化，容易吸引观察者的注意力。

两者的不同点在于，厌恶仅仅表示一种否定，引发的是拒绝行为；愤怒否定的程度更高，伴随着对特定事物的憎恨，诱发攻击、占域行为。在表情上，厌恶鼻翼的皱纹与愤怒眉心间的皱纹位置极其接近，但学习训练后仔细观察还是能够区别二者的不同；在口部，厌恶表现出上嘴唇的"M"形特征，而愤怒表现出嘴唇面积减小的特征，二者口部的特征完全不同，是微表情识别的一个重要、明显的特征；此外，厌恶时眼神是变暗的，而愤怒时眼神是变亮的，且会瞪得鼓出来，但这个特征觉察起来比较困难。

3. 愤怒表情的其他特征

愤怒除了上述表情特征之外，还存在上眼睑上抬，瞳孔放大，鼻孔外翻的面部特征。愤怒的眼部动作是非常有趣的：眉毛下压，但上眼睑却是上抬的，瞪着眼睛呈现一副瞄准的状态。

（三）恐惧

恐惧虽然是逃跑的动力，却更是人类智慧之源。恐惧承接了愤怒、悲伤两种情绪，起到了承前启后的功能。

1. 恐惧的由来

愤怒导致的攻击行为得以顺利实施，前提是开展了力量对比评估。如果对手力量强于自身，恐惧油然而生，逃跑行为成了比攻击行为更明智的选择。由此不难发现，主体的情绪存在一个流动的规律。

2. 情绪流动

随着环境对个体挑战的增大，通常主体首先产生愤怒，因为环境中的事物阻碍了自己需要的满足；随后产生恐惧，因为环境的力量过于强大；之后产生悲伤，因为自身的利益已经遭受损失。然而，悲伤的情绪又非常容易转化为愤怒，激起主体与环境新一轮的较量。这就是本书的一个最重要的概念——情绪流动。

1997年的一部电影《势不两立》（The Edge）讲述的就是一个环境变化与情绪流动的故事。该影片一开始，人遭到熊的追逐，产生的是恐惧的情绪，表现的是逃跑的行为。随后人类被熊杀死，悲伤产生，但显然，悲伤并不能解决熊继续捕食人的困境。于是，愤怒产生，人类用智慧和勇气战胜了野熊。该故事也说明了一个重要的管理情绪的规律——怒克恐。这部分知识将在后边的论述中详细介绍。

3. 恐惧的表情特征

恐惧是人们非常熟悉的一个情绪，但对恐惧的微表情识别能力训练却是最困难的，其成绩的提高是七种基本情绪中最难的。最容易通过训练而提高的微表情识别能力是对轻蔑情绪的识别。

恐惧的面部表情主要有三个特征。一是眉毛上抬，头部略微向后仰；二是眼白增加，瞳孔放大，眼睛变亮；三是嘴角两边向后延伸，口部呈现一个梯形的形状。

4. 恐惧与惊讶的表情区别

在面部表情上，恐惧最容易与惊讶混淆，其最大的差别就是口部呈现的形状不同：恐惧呈现的是"梯形嘴"，嘴角比较尖；惊讶呈现的是"O形嘴"，嘴角比较润。

（四）悲伤

> 共情，可以先从和主诉做出相同的表情做起。——小明警

1. 悲伤的由来

悲伤是焦虑情绪分化出来的最高级的一种情绪，一般认为哺乳动物才具有悲伤这个情绪。会流泪的动物才是有灵性的动物，懂得悲伤的动物才具有灵性。如此可以推断，亲代对子代的养育行为是悲伤情绪最基本的功能。缺乏养育行为的动物不可能懂得悲伤。激素研究发现，养育行为由一种叫孕产素的激素所控制，该激素能够增加合作行为，融洽种群关系。这就是以悲伤为核心情绪的"心中心"人格类型情商高于其他人格类型的原因所在。本书后续的部分会有详细论述。

对于个体而言，从恐惧到悲伤的转化体现出环境的进一步恶化，恐惧产生的往往是

个体逃跑的行为，依然不能保护自身利益[1]，利益最终遭受不可挽回的损失，于是产生了悲伤的情绪。掉队的群居动物也可能产生悲伤的情绪，说明该情绪与同类个体间相互关系的紧密与疏离有强烈的关联。

2. 悲伤的流动

悲伤大量积累后最容易转化出来的情绪是愤怒。"化悲痛为力量"说的就是这个道理。这是大自然赋予动物最神奇的潜力，能够激发动物护子和求生的行为。到此为止，情绪流动的闭环形成，它就像一台发动机，生生不息地产生情绪驱动行为，谋取个体、群体生命的延续。

3. 悲伤的表情特征

既然悲伤是负性情绪中最后得以进化出来的一种情绪，且悲伤能够令种群内部个体间的亲密程度提高，故可以假设：能够更好地识别悲伤微表情的人更关注他人的情绪变化，具有更高的情商。笔者在开展微表情教学和研究过程中就遇到过两名微表情识别能力天生就很强的高手，两人在"微表情识别能力测验"初测中对悲伤的识别率达到100%，初测总成绩高达93%和89%，这种优秀的成绩已能够进入人群中的前2%。有趣的是，两人均能够主动地将自己的眉毛眉心抬起，呈现"八字眉"的"囧脸"状。这一点是大多数人不能做到的。因为将眉心抬起需要使用到不能随意使用的肌肉——不随意肌[2]。该肌肉的收缩需要真实情绪的驱动，而非主体自己的指令。因此可以推论，经常体验到悲伤的人才能够更多地在其本人面部展示出悲伤的特征，而眉心向上就是悲伤最典型的一个特征。由于长期存在眉心向上的面部表情，主体便能够突破不随意肌的限制，使其成为随意肌，即完全受主体操控的肌肉。我们不妨得出这样的假设："囧脸"的人体验过更多的悲伤，因此具备更高的与人相处的动机，情商也可能更高一些。

除了眉心向上抬起，眼睛和鼻梁间呈现三角形皮肤褶皱或阴影也是悲伤的一个表情特征。此外，处于悲伤的主体，眼睛会离开交流的对象，视线向下滑去，且失去焦点，头微微向下低。悲伤的口部动作也非常明显，下颌会用力向上顶，下嘴唇在下颌向上用力和上嘴唇不动的共同作用下被微微挤出一个小樱桃状的凸起。有趣的是一些人在睡着了以后就会呈现出眉心向上和樱桃小嘴的表情，而睡梦中长期呈现出这种表情的人可能

---

[1] 获得给养、躯体健康和子代的存活对生命而言是极其重大的、根本的利益。

[2] 蹲下、起身是因为人可以随意控制大腿的肌肉；然而，人体很多肌肉的运动是人很难随意控制的。如心脏的跳动、瞳孔的变化等，控制它们的就是"不随意肌"。

在日常生活中善于与人交往呢！

4. 悲伤与恐惧的表情区别

悲伤与恐惧表情的共性是眉毛都存在向上的动作，但二者的区别是，悲伤仅仅是眉心向上，像一条虫子似的向上爬去，恐惧则是整条眉毛向上抬起。眼睛的特征也完全不同：悲伤常常伴随着眼睛失去聚焦，视线滑落向下；而恐惧时眼睛是更亮的，眼白也会明显增加。口部的动作也是完全的不同：悲伤时下嘴唇会呈现"樱桃"状；而恐惧时嘴呈现"梯形"状。头部的动作方向也完全相反：悲伤时头部因视线向下而微微向前；恐惧时头部向后"撤退"。

三、中性情绪的微表情识别

在艾克曼发现的七种基本情绪中，惊讶可以被认为是一种中性的情绪。但笔者认为，从惊讶的面部表情特征来看，它可能是恐惧的一种变体。突然出现的情况会刺激人产生惊讶的情绪反应，但也可能是恐惧的情绪反应。惊讶的面部表情特征与恐惧非常相似，上文已经论述，这里不再重复。

四、弱 表 情

微、弱表情产生的原因是高级中枢对低级中枢的抑制作用。由于太聪明的动物会干掉同类，于是，本来用于沟通的情绪就不得不被收敛起来了。

日常沟通中泄露我们内心秘密的表情其实不是微表情，而是弱表情。微表情关注表情呈现时间的短暂，通常为 1/15 ～ 1/5 秒；弱表情关注的是表情呈现时动作复杂程度和幅度的简化。基本表情识别能力的提高是微表情、弱表情识别能力提高的前提。

第二节 谎 言 线 索

和传统皮肤电等多通道测谎仪相比，通过观察、记录、分析对象微表情而开展的测谎工作具有这样一些特点：一是非接触。能够避免仪器与被测试人员的直接接触，做到隐蔽，甚至是秘密地开展测谎分析任务。二是分类细。传统测谎仅仅对被测试人员笼统的情绪，而非具体的某一种情绪变化开展生物反馈记录，并从中推测出说谎的概率。使用微表情开展的测试任务能够通过分析不同情绪背后的意义，从而更精确地开展心理动机分析。以下就介绍一种通过面部表情识别谎言的最基础实验设计。

一、谎言的逻辑线索

说真话和说谎话时，心理活动量是截然不同的。说真话时，主体只需要根据回忆平铺直叙即可。说谎话时，主体不仅需要回忆，还需要强力的逻辑思维用以编造、伪造"事实"，除此之外，说谎时的注意力分配一定要求很高，而情绪与主体陈述之间的和谐性一定受到极大的挑战和否定。

（一）未出现的愤怒

通常，说谎者害怕遭受盘问，而说真话的人却会因为别人的盘问而感到愤怒。当这个假设成立的时候，可以对被分析者开展咄咄逼人的盘问，并对其表情开展记录。如果观察到对象出现恐惧的情绪，这提示对象可能撒谎；如果是愤怒，这提示对象可能说的是实话；如果是悲伤，这可能提示对象因遭受盘问而感到冤屈，或者因谎言未被采信而备感失落。

此外，交谈中缺乏打断和纠正，可能也暗示着说谎。说谎者期待听众相信他，企图蒙混过关的想法会让说谎者有多一事不如少一事的策略，不太会打断或纠正听众对其谎话的复述或诠释，也没有真正的事实去纠正。

（二）非对称的表情

大脑左右半球指挥的都是随意的面部动作，而不随意的面部动作则是由脑部低级的、更原始的部分驱动。右脑似乎专司情绪，情绪在左脸上表现得应该比较强烈。随意的表情可能不对称，不随意的表情却可能对称。确定无疑的是，发自内心的笑容，出现不对称的概率相当低，即使有，也不会有左脸动作较大的倾向。

（三）其他行为

从"情绪动力模型"（论述见后文）的角度分析行为，可以对每一个行为背后的情绪种类开展分析，从而确定情绪种类，用于分析识别谎言。假如动作不具备分析确定情绪种类的基础，如过于模糊，或者幅度太小，不具备情绪的特异性等，仍然可以从"情绪动力模型"最基本的观点，即"行为是情绪的结果"这一原则入手进行分析。任何行为都是一种释放情绪的方式。再小的小动作都有其产生的情绪原因。动作越多，则情绪越多。

需要注意的是，非自然的静止不动也是一种行为。这种非自然的静止不动是主体在内心开展充分思考时体现出来的身体语言。而思维活动恰恰是需要情绪驱动的，是对情绪的防御机制（论述见后文）。因此，不自然的静止不动，这种身体语言也可以作为谎言识别的线索。

二、谎言的面部线索

以下再按照额、眼、嘴三个部位梳理一下各种表情的动作细节。

（一）额

如果你无法随意移动肌肉做出假的表情，也就无法约束肌肉的动作，掩藏已经流露出来的真表情。不随意肌的主要活动地带是额头。——保罗·艾克曼

如果观察到整条眉毛向上，则可能的情绪是惊讶或者恐惧；如果观察到眉毛下压，则是厌恶或者愤怒；如果观察到仅仅是眉心向上，则是悲伤（这一判断需要谨慎结合被测试人的人格类型，综合分析才可以确定）。

（二）眼

如果观察到眼睛变暗，聚焦失散，则可能是悲伤；如果观察到眼睛变亮，则要配合观察眼白露出的情况，眼白增加则是恐惧，眼白未增加而是瞪视，则是愤怒。

（三）嘴

若观察到嘴唇抿紧，嘴唇面积减小，则说明是愤怒；若观察到嘴角向耳根方向延伸，则属于"梯形嘴"的特征，说明是恐惧。

嘴角向上代表快乐，称心如意了就会有这种微妙的表情；嘴角向下则基本是负性情绪。

三、用微表情开展测谎的注意事项

（一）分析成本高

与测谎仪相比，依靠微表情来判断他人的情绪并分析他人的心理动机完全是"体力活"，现在还没有一种可靠的电脑程序能够替代专业人员开展微表情、弱表情分析。因此，这项工作费时、费力且不能排除工作人员的主观臆断和疏忽大意。

（二）具体情况复杂

具体个案中被分析对象的表情常常是复杂的情绪而非单一的情绪，表情也受其所处心情和人格类型的影响，缺乏对其平时表情状态（即基线水平）的研究是不能科学地开展分析、推测工作的。

（三）被分析对象不同质

人际交往的高手、销售人员、管理人员、谈判人员、演员、播音员、惯犯都是伪装表情的高手，他们能够借助唤起过去的情绪展现真实的表情，甚至可以控制常人不能控制的一些面部肌肉来展示表情，切忌教条地使用本书内容开展实际分析实践。

（四）同样存在失败的概率

微表情用于识别谎言同样存在"冤枉好人"（好人的心理素质太差，以至于被盘问就心虚，惹人怀疑）和"放跑坏人"（坏人的心理素质太好，以至于在盘问中泰然自若，遂蒙混过关）两类测谎中最基本的错误。此外，适当的心理唤起水平也是保证测谎有效的前提。这些专业知识只有掌握了传统测谎方法且经受过一段时间实践训练的专业人员才可能降低使用微表情开展测谎实践失败的概率。

尽管存在各种影响因素，笔者始终相信，情绪一定是各种心理活动中最值得关注的研究方向，因为"情绪是行为的动力"，是打开人类内心这本神秘画册的钥匙。本章借近年流行的概念——"微表情"来向读者介绍情绪的演化及其意义，提高读者对情绪的感性认识，为后文讲解"情绪动力模型"进行相应的知识铺垫。

第二章　生理基础决定心理活动
——情绪与三脑模型

我们由简入繁。

蚯蚓有没有心理？鱼有没有情绪？青蛙会不会悲伤？狮子有没有语言？

心理学研究的是人和动物的心理现象，这些现象都离不开心理的生理基础——脑。要做到行为分析、人格分析，就必须了解情绪产生的生理基础，即脑的基础知识。复杂的行为需要结构复杂的脑。我们不妨先从简单的动物入手，了解生理、心理和行为的相互关系，如此从简到繁，方能厘清人类的行为分析的途径。

保罗·麦克莱恩[1]（Paul D. MacLean）在20世纪50年代提出了"三脑模型"（The Triune Brain Theory），它是本书理论假设——"情绪动力模型"最重要的生理基础。有什么样的生理基础就会有什么样的心理功能，这就好比有什么样的计算机硬件才能安装什么样的计算机软件。生理基础就像是一个人心理活动的硬件；而不同部位的脑的机能就是这些硬件工作起来后的软件模式，即心理活动。据此，要分析人类复杂的外显行为，必须回到进化历程中那些简单动物的脑结构上来，从对简单生物的脑功能开展探索开始切入。

第一节　脑　进　化

从单细胞生物到浮游生物，从无脊椎动物到脊椎动物，从鱼类到爬行类、哺乳类，从非群居动物到群居动物，从灵长类动物到人类，动物的发展推动着脑的进化，脑的进化也让它成为更复杂心理活动的生理基础。

每个人袋里都有成百上千亿元。这个"袋"不是口袋是脑袋，这个"元"不是美元，也不是欧元，是世界通用的神经元。神经元就是神经细胞，通俗讲就是脑细胞。脑细胞是心理活动的生理基础。人脑有超过100亿个脑细胞。每一个脑细胞都具有学习的功能。

---

[1] 保罗·麦克莱恩（1913—2007），美国神经科学家。正是2007年，笔者调离一线执法岗位，至警校开始心理学教学生涯。

因此人类的心理是极其复杂的。

1952年，保罗·麦克莱恩提出，人类大脑是由"爬虫类脑"（**虫脑**、脑干）、"哺乳动物类脑"（旧皮层、**嗅脑**、边缘系统）和"人类大脑"（新皮层、新皮质、**脑皮层**）组成的三位一体的脑（The Triune Brain）。脑干的功能就是维持生命；边缘系统是简单认知和产生情绪；新皮质则是延伸认知。边缘系统是"最诚实的大脑"，新皮质则是"最会说谎的大脑"。三脑模型从生物进化的角度对人脑进行了理论上的区分，不同的部分存在不同的心理活动。

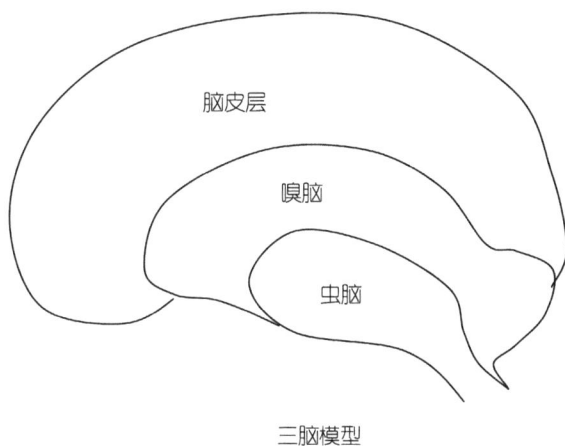

三脑模型

一、虫　脑

没有学过心理学的人也知道生命是存在"本能"，有自己的"需求"的。然而这些人们耳熟能详的心理活动是怎么发生的，又是哪个生理器官提供了这种心理功能呢？

虫脑是大脑中最原始的部分，仅仅拥有虫脑的动物结构及其简单，往往寿命不长，依靠大量繁殖后代来保证种群的存在。虫脑主要存储和指挥着动物必需的本能行为。虫脑活跃的方式是周期性的，生物钟紊乱说的就是虫脑功能受到干扰。

蚯蚓有"心理"。把蚯蚓放在"路口"，如果它向右（干区）爬就电击它。训练20～200次后，蚯蚓学会了遇到路口就向左（湿区）爬。能分辨外界刺激物的意义而做出的行动反应，是动物心理功能的重要标志。

（一）虫脑的由来——肉体意识的起源

顾名思义，虫子都有的脑神经中枢，简单动物的神经细胞堆积成神经节就是虫脑，脑干也属于虫脑。它是大脑最基本的组成区域，是维持最原始的心理活动的场所。这些对于生命而言最基本的活动包括——植物神经系统的活动，主要是无须主体意志努力就能够自主维持的心跳、呼吸、尿液和粪便的产生和储存，以及饥饿、干渴、性需求的觉知。

神经细胞的集中和堆积是虫脑的由来。神经细胞和其他细胞相比，具有学习、存储的功能。这种特性使得其在各种细胞中的地位很高。

虫脑也是个存储器，储存着最原始的本能行为。所谓本能就是不需要后天学习，先天就会的行为，包括吞咽、呕吐、排泄等。千足虫的行走当然也是本能，但人类的行走却是后天学习的结果。有一种观点认为，先天的本能越全面，后天的理性越稀少，反之亦然。因此，人类的子代需要亲代抚养很久，恰恰是其比动物高级的特征。

（二）"温蒂妮的眠咒"

植物和动物的一个区别就是动物无法像植物那样自己产生养料供养自己。因此，寻找食物、水、配偶（简单地说就是利益）是动物一生的命题。除此之外，其他生命中需要随时伴随的生理功能，如血液循环、呼吸，均由虫脑自动发送调节指令完成。

虫脑是大脑最重要的区域，它的损伤可直接导致心跳、呼吸的停滞。德国就曾经流传了这样一个神话故事——"温蒂妮的眠咒"（Ondine's Curse）。话说温蒂妮是一名漂亮的女神，但她却没有灵魂，唯有与拥有灵魂的凡人相爱方可使其永久地拥有属于自己的灵魂，但同时也会失去神仙的法力。温蒂妮下决心一定要拥有自己的灵魂，也顺利在人间找到了自己的爱情。就在结婚的当晚，温蒂妮用她最后的法力给她的凡人丈夫下了一个诅咒："假如你移情别恋，你就会失去自主呼吸的能力！"婚后，温蒂妮拥有了渴望已久的灵魂，同时也失去了法力，她的容颜像凡人一样随岁月逝去。数年后丈夫果然移情别恋，结果诅咒应验，这个男人失去了自主呼吸的能力——每一次呼吸都需要自己费心去完成，晚上更是不能睡觉，否则就会憋死。

现实生活中的确有一种疾病叫"先天性中枢性低通气综合征"，其实就是"温蒂妮的眠咒"。患者的自主神经在无意识状态时会丧失对呼吸系统的控制能力，换言之，患者在无意识状态中（如睡眠中或昏迷中）呼吸系统将不能自主运作，因而失去呼吸能力，结果只能在清醒的状态下才可顺利呼吸。这实质上就是虫脑功能的缺陷，患者不能入睡，否则就会窒息。

（三）需要

除了空气到处都有之外，食物、水、异性是动物需要奔波搜寻的重要目标。对于这三种主体自身需要水平的觉察是虫脑另一个最基本的功能，而这一功能就要调节主体的身心共同完成，因此造就了心理学中最重要的概念——"需要"。虫脑通过收集到的身体各个方面的信息，运算后得出的就是需要。虫脑是需要产生的生理器质部位。

没有不能满足的需要，只有不能平复的情绪。需要肯定会影响情绪。但需要不会被记忆。需要只会周期性地产生而已。情绪由嗅脑产生，还会被记忆。一旦被记忆，也许真的很难完全抚平，成为心境，即人格发生的心理机制。

二、嗅　　脑

> 嗅脑进化出了两个强有力的工具：情绪和记忆。——小明警[1]

嗅脑是情绪产生的生理基础，也是加工感觉器官输入信息的基本部位，加工后的结果以情绪信号为载体。嗅脑工作的方式是"全自动化"的[2]。人在骑自行车时毫不费力地保持平衡的工作方式就是"全自动化"的嗅脑的工作方式。

嗅脑是生物进化过程中的古老部分，也称为"旧皮层"。其功能看似原始而简单，实际上影响和控制着人类一切复杂的高级活动。嗅脑的工作是不随意的，不耗费人的注意力，产生的情绪是非反射行为（自主行为）产生的能量。情绪在嗅脑的记忆是深刻和弥撒的；某种情绪的记忆足以成为惯性影响人的一生。

做咨询就应该充当来访者的镜子，把他们内心深处最真实的感受告诉他们。这其实很简单，就是充当来访者的嗅脑：通过来访者叙述的情境去反馈情绪，再引导来访者开展理智与情绪的对话，并最终使二者和谐统一。这样就可以消除神经症等心理、

---

[1] 感官进化后，情绪的种类才得以丰富，行为才更加复杂，以应对环境的挑战，于是，也必然对记忆提出需求。这种质的飞跃是由嗅脑带来的。

[2] "心如止水，禅悟人生。人生在世，如身处荆棘之中，心不动，人不妄动，不动则不伤；如心动，则人妄动，伤其身，痛其骨，于是体会世间诸般痛苦。"说得好，可惜不可能做到，因为情绪的产生是自动化的。想停止自动化的情绪，除非停止信息的摄取。没有人能够管得住自己的情绪。能"管得住自己"的人事实上是处于恐惧的情绪之中。

生理症状。

（一）嗅脑的由来

嗅脑，是比虫脑更高级的大脑区域，顾名思义，最早是因为动物嗅觉发展，为了处理嗅觉器官带来的神经信号，随之进化而来的大脑区域，也叫"旧皮层"，或者"边缘系统"。虫脑结构简单，运算速率低，无法承担对嗅觉器官输送而来的嗅觉信息进行解析的任务，于是大脑必须进化出更高级的中央处理器，这就是嗅脑。

嗅脑除了运算嗅觉信号以外，它其实承担了所有感觉器官输送到大脑的信息，包括味觉、视觉、听觉等，并对这些信息进行运算和研判，随后得出结果——情绪。因此，情绪是嗅脑对感官收集而来的信息进行研判的结果。

尼采有名言："人是一根绳索，驾于超人与禽兽之间"，说的就是人是感性与理性的复杂体。这种复杂体产生的原因就是人脑进化历程带来的局限。嗅脑是感官输送外界信息至大脑的第一站。由于嗅脑结构较脑皮层简单，因此其带来的运算结果也必然不如脑皮层运算得那样精确，但却在脑皮层运算结果产生之前就已经产生了。嗅脑的运算结果是情绪，脑皮层的运算结果是理智。这就是情绪早于理智发生的生理基础。

（二）非接触性信号

在嗅脑进化出来之前，动物仅仅依靠虫脑开展对环境的适应。虫脑只能处理最简单的信号——触觉信号，这种最原始的神经信号代表了适应环境的过程中主体遇到的最简单的情况——接触。虫脑中也储存了种种本能来应对接触。然而，必须通过接触才能发现障碍的生物一定是低等生命。对非接触式的信息的掌握必然可以极大地提高主体对环境选择的主动性，嗅觉信息就是最原始的非接触类信息，类似鼻子的感觉器官进化出来，同时主体的大脑也相应进化出了嗅脑，以便对感官信号加以分析，便于主体在发生触碰恶劣环境之前做出选择，或者在食物逃走之前发起攻击，这些行为的选择均依据嗅脑对感官信息运算后的结果——情绪。

（三）海马体

仅有虫脑的动物行为以本能为主，不用学习天生就会。而拥有嗅脑的动物的行为除了本能之外，还需进行大量的学习才能生存，这难道仅仅是因为他们发展出了感官？答案当然不是那么简单。嗅脑中有一个重要的器官，叫"海马体"。海马体是位于脑颞叶内的一个部位的名称，人有两个海马体，分别位于左右脑半球。它是组成大脑边缘系统的一部分，担当着关于记忆以及空间定位的作用。这个名字来源于该部位的弯曲形状貌似海马。研究发现，"海马体"受损会引起记忆障碍。因此，嗅脑除了运算感官带来的信息并得出情绪的结果以外，它还承担了记忆的心理功能——将感官信息与情绪联系起来并加以存储。于是，"有眼睛的"动物们才懂得在第二次发现危险或猎物的时候，采取逃跑或者攻击的行动。

三、脑皮层

脑皮层是大脑最高级的部分，负责精细的心理活动，包括指挥手指灵活地运动、思维、语言、高分辨率图像的识别等。通过语言这一工具产生的理智活动是脑皮层功能最终极的表现，然而语言的活动完全是进入意识的心理活动，这种心理活动是受到人主观监控，耗费大量心力的。

脑皮层又叫新皮层，产生的原因和嗅脑产生的原因相似又不同。共同点是感官输送而来的信号更加复杂，原有的脑的运算速率难以适应，需要更高级和快速的中央处理器才能配合该动物的全面发展。不同点是脑皮层的产生因素是多方面的。

一是行为的复杂程度提高。像蚯蚓这种仅仅拥有虫脑的动物，其行为也比较简单，主要是爬行。鱼类这种拥有嗅脑的动物其动作也并不复杂，因此承担指挥、协调肌肉群从而发生动作的脑也并不复杂。然而随着动物的进化，比如鸟类需要飞上蓝天，猫科动物需要捕猎和撕咬，猴子需要在树梢上灵活跳跃，指挥这些复杂、多变的动作必然需要更高级的大脑。对于灵长类动物而言，大拇指的运用是极其精细的动作，极大地刺激了大脑不断地进化和升级。二是食物的养分进一步提高。从草食、肉食到杂食、熟食，躯体消耗不掉的养料被输送到大脑供其进一步发展进化。食用熟食、肉食，才可能缩小胃的体积，同时为大脑的发育提供更多能量。

> 灵长类的脑的大小与其所在的群体大小成正比[1] ——《人与自然》（自然发现：哺乳动物——攀爬者的社会）

---

[1] 灵长类动物的"人际关系"也比其他社会动物复杂得多。

四、"去大脑僵直" ——关于"三个脑"相互关系的实验

> "每个人都必为了解自己，其实真的不了解自己。每个人都渴望被人理解，却又害怕被人看透①。"

前面介绍了大脑的三个组成部分，包括其来历、功能和特点。其实更重要的是，它们相互之间的关系是什么样的呢？

笔者读心理学本科的时候上了一门叫《神经科学》的课程，做过这样一个实验——去大脑僵直（decerebrate rigidity）。这是华东师范大学心理系基地班当时最奢侈的一个动物实验课程——使用大白兔开展脑部活体实验。

首先要给大白兔注射麻醉剂，在兔耳的静脉上插入装有麻醉剂的针头并注射。随后兔子睡去。这时将兔子头盖骨上的绒毛剪去，再用手术刀切开头盖骨上的皮肤，随后用刀背刮去覆盖在头骨上的骨膜，露出雪白的头盖骨。

取一骨钻——瓶盖般的钢锯，从头骨正中线旁边处钻孔并取下头骨，再用咬骨钳"啃掉"其他的头骨露出脑膜，用手术刀切开脑膜，大白兔的大脑便赤裸裸地展示出来了。整个过程要防止破坏大脑中央的大血管，否则动物死了实验就失败了。

用细针刺激大脑皮层主管动作的区域，可以发现兔子的耳朵、胡子、前蹄、后腿分别出现了动作。这说明大脑皮层分区域对不同行为的启动作用，也说明了脑对行为的指挥作用。

到此，实验的最终目的来临，通过切断嗅脑与虫脑的联系来发现高级部分的大脑与低级部分大脑的关系。

整个活体动物实验对笔者产生了极大的震撼，由于与笔者配合的同学喜好诗词歌赋，这种实验就由笔者这种S型②的人操刀，那个同学负责帮我擦汗。

结果我们小组实验成功——在未破坏嗅脑和虫脑的前提下，二者被"分离"开来。

---

① 三个脑的关系其实质就是高级中枢对低级中枢的压抑，使得低级中枢的需要能够按照高级中枢的指令和节奏去实现。这种压抑作用也使得主体难以发现自己的真实需要，于是自己变得不可捉摸，渴望他人理解之情油然而生；而当他人看穿了自己的真实需求时，说明自己高级中枢对低级中枢的压抑技术已经完全被他人掌握、揭穿，这时主体又会感到巨大的失控感，觉得自己的心理活动赤裸裸地展示在他人面前，会觉得十分恐慌。大脑各部分的压抑作用是心理防御机制的生理基础。在人际交流中，贸然揭穿他人的心理防御机制往往会受到他人的攻击。

② S指MBTI中的实感，特征是注意力保持在信息输入上；而人如果在获取信息的过程中注意力脱离输入的信息，转而指向自己的内心去回忆、联想，MBTI中称为直觉，用N来表示。

这时兔子身上能够僵硬的肌肉全部僵硬，整个兔子变成一支"冲锋枪"——这就是"去大脑僵直"的动物活体实验。当然，最后要结束兔子的痛苦，同时也要证明虫脑的功能。破坏虫脑，兔子僵直消失，呼吸停止。这时老师叫大家离开实验室，因为生物系的同学们在门外等候已久，他们的课程是消化系统的解剖。

很多同学的去大脑僵直实验失败了，大家没想到会有这么血腥的实验，但这个实验充分证明：高级部分的大脑对低级部分的大脑有抑制的作用。其实，晨勃也可以证明这个道理：男性在清醒的时候大脑高级部分活跃，对大脑低级部分的性本能进行着压抑，到睡着以后，压抑降低，性功能出现。

的确，假如没有这种压抑作用，嗅脑不可能取代虫脑统治着主体的行为。缺乏压抑就意味着更高级的感官、更高级的脑失去了指挥的意义。然而，嗅脑在感官关闭，晚上休息的夜间输给了虫脑。而脑皮层就一定会对嗅脑保持压抑而没有输给嗅脑的时候？

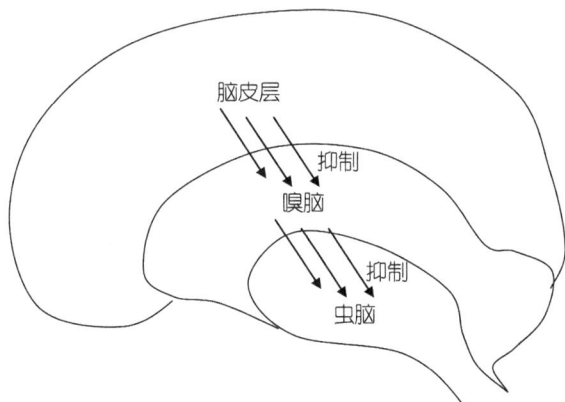

"三个脑"的相互关系

错，脑皮层的确对嗅脑产生着压抑，但从另一个角度而言，脑皮层的活动是受嗅脑活动的刺激方可以驱动的。虽然这种驱动是压抑着嗅脑的活动，但依然是以嗅脑活动为前提的活跃。没有低级脑的活跃，就不存在高级脑的活跃，即对低级脑的压抑。

需要可以被情绪所压抑；不同的理智在压抑不同情绪的同时，冥冥中，在实质上却成了情绪的奴隶。来自生理机制的压抑作用影响着每一个人的自我探索[1]。

---

[1] "当你进退两难的时候如何做出决定？"——"抛硬币，当你第一次抛了以后想再抛一次的时候，你就已经知道答案了。"

> 越理性越没有自由①，也许，情感的丰富多彩才能令主体体验到传说中的自由。

第二节 "第二信号系统"

百年之前，俄国人巴甫洛夫在其经典条件反射理论研究中就指出，大脑存在两套信号系统。"第一信号系统"为动物大脑中的信号系统，即外界声光味等信息通过感官转化为大脑能够识别的脑电信号，这种表现画面、声音、味道、平衡的大脑中的生物电信号是"第一信号系统"。然而，巴甫洛夫认为，人类独有的语言文字是人类高度发达的大脑所独有的"第二信号系统"，它表现为人在想到事物的时候往往是以事物的抽象语词为载体，而放弃了很多具体事物的具体属性。

巴甫洛夫错了。

巴甫洛夫对心理学的贡献是不言而喻的。两种信号系统的假设也深刻地启发了笔者。然而，传统科学家的性格总存在一些共性，其中一个就是自以为是的理性②。正是这种对动物和人类情绪情感的忽视，导致了巴甫洛夫以及大量的心理学家忽略、否定了情绪的

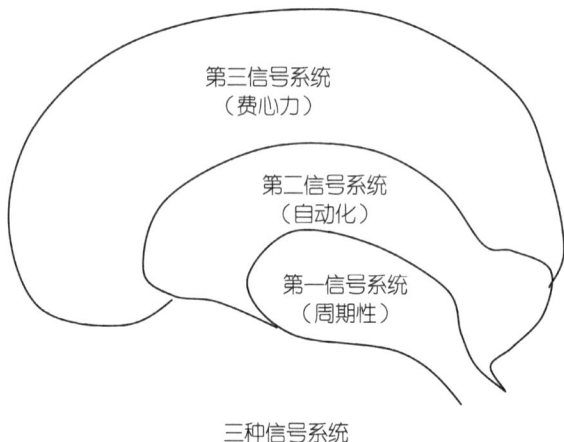

第三信号系统
（费心力）

第二信号系统
（自动化）

第一信号系统
（周期性）

三种信号系统

---

① 理性是高级脑的功能，而自由是低级脑的需要。
② 大部分的科学家都是5号思想型人格。该人格类型是最反对将情感参与逻辑运算与判断的，他们反对情绪化的认知和行为，坚信理性是走向科学的道路。关于5号人格类型，后文会有大量论述。

重要价值——情绪的信号作用——情绪最最最基本的属性[1]。因此，大脑的信号系统实际上有三种：以神经冲动为载体的第一信号系统、以情绪为载体的第二信号系统、以语言为载体的第三信号系统。

一、感官实现换能——"第一信号系统"

心理学是研究主观与客观互动规律的学说。

自己一个人首先不能决定自己是在面对一个实际存在的外部对象还是自己的神经刺激[2]。

第一信号系统即巴甫洛夫所讲的，由感官将外界声、光、触、味等物理刺激转化为大脑所能够运算的生物电信号——神经冲动。大脑直接对这种神经冲动信息加以反馈，发出信号令躯体做出行为反应，完成从感觉到行动的反射弧。

第一信号系统使肉体拥有了主观世界，是大脑最基本的通讯信号，包括感官信息到达大脑的上行信号和大脑发出行动指令的下行信号，后者是第二信号系统——情绪的雏形。

笔者在学习期间，成绩最好的算是Visual Basic编程课程，考出了微软的VB初级程序员，加入警队工作以后，还专门编写了一个抓逃犯的程序。笔者的父母都是生产机械的技工。因此，笔者顺理成章地发挥了自己ISTJ[3]的性格特征——流程与逻辑，它们将成为本书最大的特征，也希望能带给读者知识与思路。

第一信号系统可以在一个神经细胞上存在。因为神经细胞就是在生物电信号的基础上体现其学习的功能的。仅仅拥有简单的神经节的动物，其感官发送的上行信号会非常简单，神经节收到该信号后发出的行动信号也极其简单。

神经细胞的工作原理就是"全"或"无"，即兴奋或不兴奋。最简单的"第一信号系统"只有"0"和"1"两个意义，即神经细胞未放电为"0"，放电则为"1"。显然，这种信号系统对行为的指挥作用过于粗放，但却构成了大脑形成主观世界最基本的符号。在"第一信号系统"的基础上，感官、大脑、肌肉等环节实现了高速、有效的沟通。"第一信号系统"是"第二信号系统"——情绪、"第三信号系统"——语言这两种信号系统

---

[1] 情绪的第一属性是信号，第二属性就是传播。
[2] 戴维森 D.真理、意义与方法 [M]. 商务印书馆，2007.
[3] MBTI人格类型理论中的一种人格类型。善于用流程的思想厘清自己的心理活动。

编码的基础。

信号系统的实质就是心理对外界环境的主观编码。编码越简单，心理过程越短暂，行为的种类越少，行为发生的速率越快；反之，编码越复杂，心理过程的时间越长，行为的种类越多，行为发生的速率越慢[1]。

二、嗅脑产生情绪——"第二信号系统"

"理性若被放任，会扼杀较为深刻的情感[2]。"

巴甫洛夫认为，"第二信号系统"是人类独有的语言。然而笔者却认为，第二信号系统不是语言，而是情绪，语言是更高级的信号系统。情绪的种类其实非常有限，每一种情绪的名称及其意义对不同动物而言是非常一致的，且不同情绪对行为的发动作用也可以说是一致的。比如，恐惧的情绪不论对人类还是鸟类，其产生的原因都是主观估计主体的能力不如对方，对行为的作用都是准备或发动了逃跑的行为。因此，要研究人头脑中的主观世界，除了第一信号系统那种纯粹的神经细胞放电以外，一定存在一套比语言——"第三信号系统"更加原始、快速[3]、高效的信号系统——"第二信号系统"，也就是情绪。

宠物对人的心理安慰效果有时比人类更好。它们会对人的情绪真正地做到感同身受，甚至会表现更多的肢体语言，例如舔你的手，给你多一些安慰，有研究还发现，面对宠物，女人更容易发泄自己的郁闷痛苦，达到情绪调节和心理减压的最佳效果。显然，情绪是跨语种，甚至是跨越了物种而进行沟通的信号系统。

"第二信号系统"不再是以"0"或"1"编码的神经冲动，而是以情绪编码的行动策

---

① 讲到这里，想起读心理学本科时做的简单反应时和选择反应时的实验。当时华东师范大学的心理系还在文辅楼旁边的圆形实验室。那天晚上笔者就惊奇地发现，对三种颜色光的选择反应时400毫秒差不多是对单色光的简单反应时200毫秒的一倍左右，如果以简单反应时200毫秒作为感官换能、神经传导、肌肉运动所消耗的时间来计算，选择反应时多出的200毫秒恰恰就是一个基本的心理活动——对三种颜色的辨别的大致时间。如此简单的一个心理选择耗就需要200毫秒，对于在环境中谋求生存的动物而言，这似乎过于迟钝了。如果生存需要各种选择行为的综合运用，动物就必须发展出一种模糊、快速、有效的行动策略，仿佛是一种行动预案。
② 高级中枢对低级中枢的压抑作用过于强大，必然会导致情感淡漠；而压抑不足，又会使得主体行为幼稚、自私、愚蠢。
③ "决定一个人的一生，以及整个命运的，只是一瞬之间。"——歌德

略。"第二信号系统"在初期就至少包含了两个信号——"焦虑"和"快乐",对应发动的是觅食行为和找到食物时的愉快体验。当动物的感觉器官逐步具备了区分食物是否能够"下咽"的时候,"快乐"和"厌恶"这对指挥下咽和拒绝下咽的简单信号就具备了情绪的最根本功能——行为策略,从而由第一信号系统中脱颖而出,加入了第二信号系统。

"愤怒"和"害怕"这两个情绪信号对应的行为是攻击和逃跑,这种"不是战就是逃"的行为是动物最基本的生存策略,这两个情绪的出现标志着"第二信号系统"的建立和成熟。由此从进化上来讲,在脊椎动物的大脑中,"第二信号系统"已经成熟。

表情是情绪的副产品,情绪具有传染性[①],其实质是对信息的传递。沟通中,言语传达的文字信息仅占一成;语调信息占近四成,包括面部和肢体的表情信息所占比例超过五成。

笔者认为,愤怒是最原始的情绪之一,种群内愤怒情绪的传播效果最好;恐惧是比较高级的情绪,传播起来效果会差一些;悲伤是更高级的情绪(在进化链条上常见于哺乳动物以上的物种),悲伤在种群内的传播效率会更低。基本情绪的出现体现了物种的进化,实质是传递信号。

三、脑皮层与语言——"第三信号系统"

情绪的产生不需要耗费心力,它的能量是"无限"的(直至生理上的精疲力竭);"想法"的活动却要耗费很多心力,它的能量是有限的。二者谁能左右谁?不言而喻。

传统心理学认为,感官将物理能量转化为心理能量——神经细胞传导的电冲动,是第一信号系统。第一信号系统是肉体意识的基础;第二信号是以人类语言为编码的系统。而笔者认为,情绪是被心理学家们忽略掉的最重要和基础的信号系统,情绪也是一种编码系统,而且更重要,更基础,它才是第二信号系统。语言只能屈居第三,是第三信号系统。

第二、第三信号系统均是以第一信号系统为基础的沟通编码系统。笔者认为,思维需要依靠情绪加以驱动,因此第三信号系统的编码也注定是以第二信号系统为基础的。换句话说,每一个语言传递的信息背后都存在情绪的身影,每一次语言的活动就是一次

---

① 一个人的情绪会破坏两个人的心情。善待自己,善待别人。

情绪的活动。

第三信号系统是脑皮层功能的终极体现，实现了大脑对客观世界所实施的抽象认识和理解功能。符号化的语言能够脱离知觉表象单独存在、运算、存储和交流，也成为人类知识创造、传承的最佳载体。

语言是这种信号系统的直观表现。

第三信号系统与第二信号系统相比，其信息容量空前提高。第一信号系统实质上只有0和1两个信号，即有神经电冲动和没有神经电冲动。第二信号系统基本上由保罗·艾克曼提出的7种情绪元素，外加性唤起和焦虑，共9种情绪信号组成。所表达的意思非常简明，与个体和个体所属的种群的存活息息相关，如愤怒是一种生存的力量，恐惧是一种逃跑的智慧等。而第三信号系统往往借助语音，后发展到文字来表达精确化信息、策略，其容量非常巨大。汉字超过8万个，常用字3 500个。牛津英语单词量逾60万，大学英语四级常用单词4 500个。

此外，第三信号系统所依托的语言种类也非常多。《语言及语言交际手段问题介绍》认为，世界上已知语言有5 651种，其中4 200种得到人们的承认，有约500种语言正在研究中，而有约1 400多种语言未得到承认，处于衰亡阶段。世界上使用最多的10种语言是汉语、英语、印度语、西班牙语、俄罗斯语、阿拉伯语、孟加拉语、葡萄牙语、马来及印尼语、日语。

第三信号系统的掌握是需要主动学习的，并且呈现极大的个体差异。年龄、教育条件、使用环境、学习动机等影响因素曾经为人们所关注。现在，情感对语言学习的影响也开始获得更多的关注，以提高学习的效率。

情绪是动物自动化地评估其个体利益得失时最真实的体验，是所有行为的驱力；语言是人类在集体中维护个人"利益"（心理满足）时刻意使用的工具，是行为的借口，也可以成为情绪的来源。

> "其实人跟树是一样的，越是向往高处的阳光，它的根就越要伸向黑暗的地底。"

"懂得数理，还得懂得情理"，即情绪与行为的关系及其形成的模式。而对不同行为的产生起到关键作用的就是负性情绪。

本章是本书最重要的理论建模，阐述了心理活动和行为产生的机制，论述了行为产生的动力模型，确立了开展行为分析、人格归类所依据的专业思路。

第一节　人格的结构

> 情绪是精力的来源[①]。————小明警

一、性格、人格、个性

性格、人格、个性，日常用语中差别很小的词汇，在一般人眼里说的都是个体的特点，但学习心理学的人一定会去区别这些词语。十年的人格心理学教学也令笔者对三者的定义有了自己的看法。

（一）性格

1. 性格的定义

性格是主体外显的行为，这种行为存在稳定的模式和与众不同之处。性格是由行为

---

① 行为发生需要心理信号，而情绪最本质的属性，就是这种发动行为的心理信号。

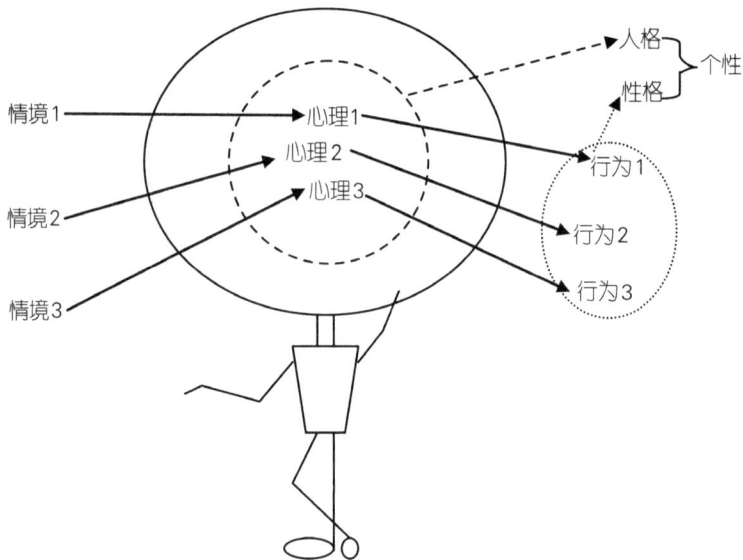

性格、人格、个性的关系

组成的，行为是容易发生变化的，因此，性格虽然是稳定的行为模式，但却是可以调整和塑造的。

性格的独特性是绝对的，因为没有一对行为完全相同的人，同卵双生子的行为都不可能完全相同。性格的模式是相对的，因为从行为中提取出来的模型总是会随着行为量变而最终发生质变。

2.性格的研究方法

性格与环境互动的结果是行为的适应或者不适应。研究性格的方法主要是对外显行为的统计。在统计学并不发达的时代，性格理论是思想家对行为分类的猜想。

最著名的性格理论就是四分法的性格类型理论，由希波克拉底提出的"体液学说"，即多血质、胆汁质、黏液质、抑郁质。四分法最初的提出源于思想家对生活体验的感性归纳。有趣的是，随着统计学的发展，因素分析的方法被运用于行为的分析。德国人艾森克通过对美国心理学家卡特尔16种性格因素的简化，最终发现了内外倾和神经质两个维度下对人性格四分法的统计学证据。

3.性格理论的局限性

以气质类型四分法为代表的性格类型理论没有对行为发生的成因进行分析，展现出来的仅仅是对行为某种特征的统计分布，这种粗犷的统计描述不关心主体的心理健

第三章
情绪是行为的动力所在

康水平，会将性格与不健康的行为一并统计，导致结果的模糊和偏见。譬如将躁郁型人格其抑郁的心理健康状态与内向这一人格特征混为一谈，又比如将其躁狂的心理不健康状态与外向这一人格特征混为一谈。由于是使用统计学方法，性格理论无法用于心理治疗，因为统计学关注外在行为，缺乏对机理的探索，矫正无从谈起。性格是外显的行为模式，其研究方法和研究成果对心理测验起到了很大的推动作用，却与心理治疗几乎无关。

（二）人格

人格，终于出现了。虽然本书通篇讲述的都是人格，但现在才开始论述人格，是因为人格是人一生情绪活动的结果。人格是本书的纲领，情绪是本书的灵魂。因此，本书必须从情绪，从表情讲起，如此循序渐进，才能够为读者刻画一幅幅由情绪产生、流动、释放而形成的心理规律——人格。

1. 人格的来源

人格一词来源于希腊文"面具"（persona）一词，后英语"personality"的意义流传至日本，翻译为"人格"二字。"格"这个字是树木的长枝条的意思，后引申为规范、道德的意思。然而，心理学上所说的人格与道德的高尚和低劣无关。西方人仅仅认为人格是面具，其对人性的看法是"人性本恶"，因此丑恶的真面目需要面具的文饰和保护，因此西方人性格更加外露、张扬一些。东方文化与其说是相信"人性本善"，还不如说"不能接受人性本恶"，因此东方人更加内敛，生怕被他人贴上一张"小人"的标签。

2. 人格的定义

人格是内部心理活动的机制，是性格产生的心理学基础。除了生理病变和环境剧变，人格可以说是不会改变的。形容人格，用"成熟"与"幼稚"更加贴切。因为人格这一心理机制会在很小的年龄就固定下来，主体不会使用自己的人格，那么其人格就得不到健康的发展，停滞于幼稚，甚至不健康的阶段；相反，主体如果具备良好的智力、教育和环境，其人格会相应得到良好的锻炼和发展，体现出成熟的社会功能和较高的社会价值。

从"情绪动力模型"和"人格类型理论"两个本书最重要的理论视角来看，人格是核心情绪和情绪习性（核心情感）的组合。后文将用大量篇幅论述这部分知识。由于影响行为的最根本力量在于主体一生所处的某种淡淡的情绪，人格的实质就是心境及其处理方式。

人格的模式是绝对的，因为人格对于主体内心心理机制的假设一定是有一套明确的解释，根据解释的不同，有不同的人格理论。人格的模式是主体心态健康、不健康，行为适应、不适应的共同原因，是极度稳定的，几乎不会改变。人格的独特性是相对的，因为人格理论是以人格类型理论为代表的。不同的人格类型之间，心理、行为的差异是明显的，独特性是显著的；但同一人格类型内部，心理、行为的独特性减小，有时甚至消失。

3. 人格的研究方法

人格的研究方法主要是理论研究，即对主体产生独特行为的内部心理机制开展假设、推理，并通过个案分析加以修订和验证。本书主要讲授的九型人格理论，提到的MBTI理论，均是基于一些推理而得出的理论假设。有趣的是，一些社会心理学、认知心理学实验研究成果也可以成为支持人格理论的证据。

由于对行为产生的机理开展了心理动力学分析，人格理论可以用于指导心理治疗实践，并逐步完善、形成自己的心理疗法。

4. 人格理论的局限性

由于当前脑科学的局限性，脱离脑科学研究的心理机制假设基本处于理论猜测阶段，比如荣格的《心理类型学》一书就是从信息加工的角度描绘不同的心理功能，并在其基础上刻画了不同的人格类型。但一些实证研究却对荣格的理论假设提出了质疑。九型人格理论在对人格分析的实践中获得了巨大成功，却至今没有开发出可靠的测试量表。但是，人类科学发展史揭示着这样一个道理，要想厘清感性的客观现象，就必须大胆提出理性的主观假设。如果没有思想的引领，人类对自然界和人类自身的探索终将失去方向，无果而终。

（三）个性

个性是性格和人格的统称，包含了这两者的存在。个性的基础是气质。气质是一个人心理活动的生理基础所体现出来的特征。

如何看待个性张扬的利与弊？个性是人最大的潜力来源。鼓励它的发展就必然要面对各种心理畸形带来的安全风险。人们在对投毒研究生被判处死刑案件唏嘘不已的同时，别忘了也曾经羡慕过那些常发生校园枪击案国家的教育。野性与美丽，都在潘多拉的盒子里。

二、S-R模型——黑箱理论

> 我们的行为是不能自由选择的，它是环境刺激的结果；自由只是个神话[1]。——斯金纳[2]

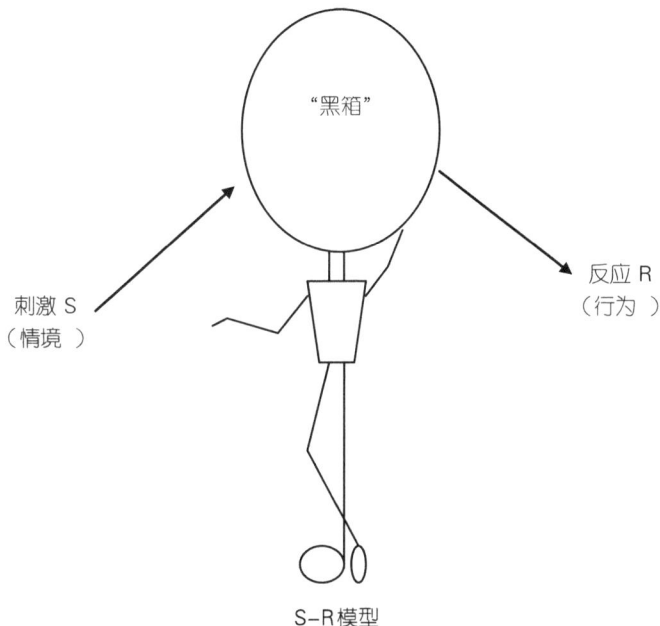

"黑箱"

刺激 S
（情境）

反应 R
（行为）

S-R模型

（一）来源

巴甫洛夫在研究狗的消化系统时意外发现了条件反射的现象，随后提出经典条件反射理论，后经斯金纳的操作条件反射、班杜拉的社会学习等理论的充实，行为主义学派走上了历史的舞台。行为主义认为，心理学应该以外显的行为作为研究对象，用条件反射来认识和改造人类的行为，反对研究人的心理机制，认为人类的心理仿佛一个充满不确定性和神秘的"黑箱"。当时的研究方法，如内省、催眠、主观报告等，其主观成分太

---

[1] 基于"黑箱假设"的行为主义认为，行为是对环境顺应的结果，实质上是否定了个体差异的作用。"情绪动力模型"认为"黑箱"中最有价值的心理学活动元素是情绪，个体情绪偏好就是个体差异的源泉。

[2] 伯尔赫斯·弗雷德里克·斯金纳（Burrhus Frederic Skinner, 1904—1990），美国心理学家，新行为主义学习理论的创始人，操作条件反射理论奠基人。

大，导致研究"黑箱"时必然失去科学意义。后人将拒绝探索人类行为背后心理机制的行为主义称为"黑箱理论"。

（二）观点

行为主义认为，行为是主体对刺激最可靠和可以被观测的反应，由此，"S-R"模型得以建立起来。"S"即刺激（Stimulate），是主体感受到的环境变化。刺激必然引起反应——"R"（Reaction）。如果主体对某些环境变化没有觉察，就不会有反应R；反之，如果主体出现反应（R）则先前一定感受到了刺激（S）的存在。

（三）应用

"S-R"理论是最基本的心理分析思路。平时在人际交往中，常常会有闺蜜或死党没头没脑地问你一些问题，聪明的人会得出"一定有事发生"的结论，而这个结论笔者非常支持。在心理咨询实践中，主诉首次咨询的动机一定是伴随着某件重要事件的发生；而一些心理症状的首次或恢复发生，也一定涉及一些生活事件的产生。

（四）《生活事件量表》

当然，必须说明的就是，从刺激（S）发生后，行为反应（R）并非一定就是立即表现出来的，也并非一定是完全表现出来的。S对主体的影响会"储存"在"黑箱"中，但这种行为的能量以什么方式储存，储存多少，不同的主体是否相同等一系列问题，"黑箱"理论都不能给出回答。心理学上有一个最重要的心理测试量表——《生活事件量表》，就是对"黑箱理论"最实际的运用。它梳理了数百项对人存在重大影响的生活事件，如贷款、结婚、丧偶、生病等，并根据主体年龄的不同赋予这些刺激不同的"心理影响量"，由此来衡量主体的心理压力水平，或解释其已经表现出来的行为反应。

（五）不足之处

如果说经典条件反射是被动学习的过程，操作条件反射是主动学习的过程，社会学习理论是模仿学习的过程，那么"黑箱理论"合集就可以解释人与人的个体差异了吗？

生活在同一环境中的兄弟姐妹，甚至双生子，他们的刺激环境是如此相似，而行为反应、性格表现却是如此不同，于是，解释这些问题的压力，迫使我们一定要打开这个"黑箱"，寻找箱子里那个被行为主义忽视的答案——人格。

新行为主义心理学家朱利安·罗特[1]认为，经典的行为主义不能解释人类的行为，提出"行为潜能 = 期望 + 强化"，即行为的成因是对主体能否做到该行为（期望）和行为带来的好处（强化）的综合评估。前者较后者带有更强的主观色彩，表现更多的人格差异。这个理论强调逻辑分析，模型中没有体现出情绪的作用，与罗特本人5号[2]的人格有千丝万缕的联系。

三、传统的人格结构

（一）树形比喻

不管是识人、冷读、还是心理分析，理解自己，了解他人的方法这一话题一定能够引发读者强烈的好奇心。笔者经常将一个人的心理——上文所说的"黑箱"用树的结构来讲解。那些枝枝杈杈、叶子就好比是某个特定的行为，这些行为纷繁复杂，随着环境的变化而变化着，有一些旁人能理解，有很多他人却不能理解，还有大部分的行为做得很隐秘，甚至没有为人发现。心理学的一个目标就是找到这些行为背后的原因，描述这些行为潜在的规律，预测行为的产生。而在笔者的大树比喻中，这些行为的枝叶随着季节、天气等外部因素的变化而变化着，夏季茂密而冬季衰败，但无论如何它们都是来自树木的主干的，都是由树木的主干发展而来的，一定带有这棵树主干的特点。人与人之间内心这棵树的主干不同，枝叶一定有与众不同之处，这就是人格，稳定而与众不同。而学习就是为了去发现属于我们自己，以及我们感兴趣的他人的人格大树那与众不同的主干是什么。

人格的结构其实就是这棵大树的树干。通过分析我们将会得出，人格结构的哪个部分将幸运地，并且是责无旁贷地成为我们做心理分析时那棵大树的主干。把握了主干就把握了一个人的心理。

---

① 朱利安·罗特（Julian Bernard Rotter 1916—2014）美国心理学家，对心理学中的两大传统——强化理论和场理论做了整合，发展了社会学习理论。1988年获美国心理学会颁发的杰出科学贡献奖。
② 5号人格类型是本书后文中论述的九型人格中的一种人格类型，常见的名称叫"科学型""思想型"，或者"观察者"。

（二）传统的人格结构

通常从内在或外在特点以及能否被观察的角度来看，人格的结构包括外显行为、内心体验、潜意识和气质四个不同的层次[1]。这种观点笔者称为"传统的人格结构"。

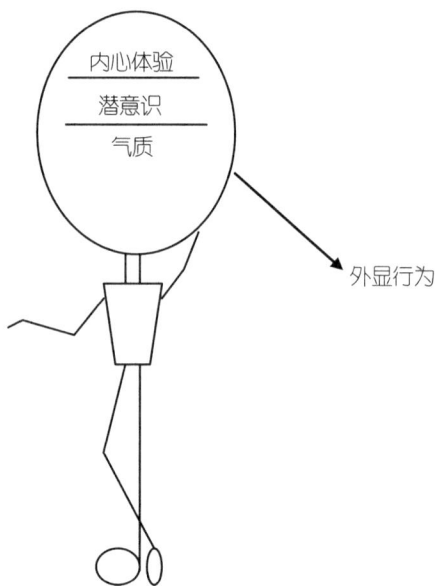

传统人格结构

1. 外显行为

> 任何人对我们的理解都要胜过我们自己对自己的理解。——卡尔·荣格[2]

外显行为是人格特点最直接的表达，无论当事人自己还是其他人都可以很容易地观察到。心理学成为一门科学的一个必要条件就是要将研究对象明确为人类的外显行为，因为外显行为是可以观察和测量的，而内心体验是一种主观意识。基于主观意识得到的

---

[1] 人格的四层次假设源于《解读中国人的人格》一书。该书通过词汇假设、因素分析法运算得出了中国人的七维度人格结构，包括"外向性、善良、行事风格、才干、情绪性、人际关系、处世态度"。这种研究方法是典型的特质人格理论研究方法。

[2] 人对他人的观察比对自己的观察更可靠一些，因为人习惯于用理性掩饰自己的情绪活动，且习惯于用情绪掩饰自己的利益变化。心理活动本人是很难自我剖析的。

结论一直遭到科学界的诟病，然而用客观科学的方法去研究人的主观心理活动却一直令人们失望和疑惑。

1）特质心理学

从外显行为入手开展的个性研究及其理论被笔者称为性格理论而非人格理论。特质理论就是最典型的性格理论。特质理论研究有一套比较固定的方法，一般第一步是搜集描述行为特征形容词，第二步是开展归类和简化，找到所谓"特质"。第二步使用的方法是统计学方法，比如相关、因素分析等，依据简化时同一特质内部涵盖因子相互之间联系的紧密程度，特质心理学在行为层面似乎找到了不同程度的特质，即对行为开展了不同程度的简化。常见的特质理论所研发的个性测验有"卡氏16种'人格'因素测验"（简称16PF）、"大五'人格'测试"[1] "艾森克'人格'测验"（简称EPQ）等[2]。特质内部各因子间的相关应该更强，而特质之间的相关应该比较弱。然而，不同的学者在不同的水平对行为开展了统计简化，给出了不同的主观命名，不同国家也纷纷开展特质理论研究，对人格的看法出现了诸侯割据的形势，却不能对心理分析、预测和治疗等应用环节产生更大的作用。

特质心理学用统计手段去把握人类的行为，其研究成果的最大贡献在于筛查测验，即通过大规模测试分离出行为偏离常态的人员。这种规模化的测验对测试的组织方是有利的，但被筛查、分离人员却不能从测试结果上得到自己改变现状的思路。

没有一个心理治疗流派是由特质流派发展而来的。只有有深度的人格理论才能发展成为一种心理疗法。

2）"16PF"

编制者卡特尔[3]使用因素分析的统计学方法，基于词汇学假设编制了这套最经典的性格测验，测试的结果从15个维度[4]上提供标准分来反馈受测人员的性格状态，然而，这种测验结果只能定量而不能定性。例如，一名测试者在"乐群性"（A因素）上的标准分为3分，表示其"对待他人的热情的水平"不高，但这样的统计排名式的反馈并不提供

---

① 五因素人格（Five Factor Model，FFM），也称大五人格（BIG5）、人格的海洋（OCEAN）模式，可以通过NEO-PI-R评定，是特质人格心理学最重要的研究成果。

② 笔者认为16PF、大五人格测验、EPQ测验不属于人格测验，而仅仅是性格测验，原因就在于其编制的方法是对行为的统计分析。

③ 卡特尔为了他的因素分析事业，付出了一次婚姻的代价。

④ 还有一个因素是卡特尔自己强加上去的——"聪慧性"。实践证明，"聪慧性"（B因素）这一指标是16PF中测量效果最差的指标。测量效果最好的指标是"忧虑性"（O因素）。

任何原因方面的分析提示。此外，一个成功的个性理论背后一定有一套成熟的心理治疗方法，由特质理论发展出来的性格测验工具16PF，其所依据的因素分析法虽然科学性较强，对临床心理治疗却缺乏指导意义。

2. 内心体验

内心体验包括情感和理智两个方面。这是个体在做出某种行为时伴随的内心活动，这部分内容只有当事人自己能够观察，其他人则难以观察。

3. 潜意识

即在个体行为和内心体验背后的稳定的目的性和导向性，反映的是个体对待自己、他人、事业、名誉和利益的稳定的倾向性。这部分内容当事人虽然能够观察，但却很难完全了解自己的全部动机，而其他人未经训练则无法观察。事实上，就算经过严谨的精神分析训练，对一个个案的潜意识分析也容易出现矛盾。

4. 气质

即个体的基础生理生化反应和神经系统活动变化的不同模式，或面对不同情境时基础生理反应和神经系统变化的不同。这部分内容无论当事人自己还是其他人都无法觉察或观察。

fMRI是揭示人脑活动的利器。fMRI成像的时间可以短至几十毫秒，空间分辨率可以达到1毫米，能同时提供大脑结构像和功能像获得准确的空间定位，可以无创性地多次重复实验。但fMRI测量的信号不是直接的神经活动信号，其测量的血氧变化信号一般滞后于神经活动4～8秒，目前能够达到的时间分辨率最多只能在数百毫秒数量级。可见，当前最高精尖的技术无非也仅能为大脑活动的区域拍个照，最多再录个像，而心理是如何运作的，行为产生的内部机制如何，仅靠这一张张"大脑云图"和心理工作者基于这些客观资料的主观臆测，恐怕不能满足人们对心理学的期待之情。

四、"情绪动力模型"

这一部分是全书的关键所在，是读者能做到观察、分析自己、他人行为，并确定人格类型的核心技术纲领，是本书心理学专业思维的集中阐述。

情绪动力模型视角下的人格结构紧扣人格的生理基础——三脑模型，从虫脑、嗅脑和脑皮层的心理学功能入手，展示人格的结构，以及它们相互之间的关系。根据三脑模型，人格作为行为的内部心理机制，由需要、情绪、理智三个部分组成，分别对应大脑的虫脑、嗅脑和脑皮层三个部分。

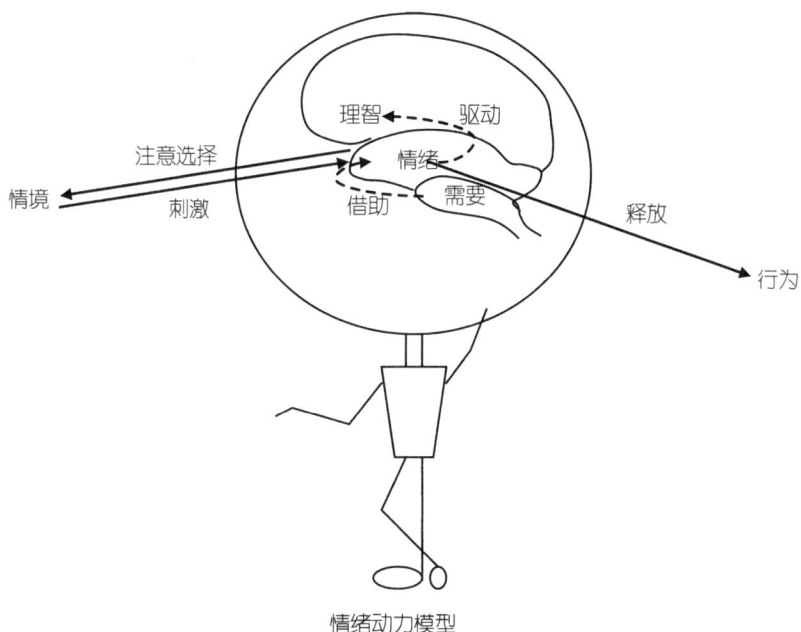

情绪动力模型

（一）行为是情绪的结果

"行为是情绪的结果"是本书一系列观点的基础。

基于这个观点，认知过程得以清晰，人格类型得以假设推理，人生观、哲学、伦理，甚至国家文化等人类文明将在情绪种类的划分下清晰可辨。

1. 行为与情绪的关系：行为是情绪的结果

情绪与行为的关系，笔者坚决反对詹姆士和兰格的说法。他们认为情绪是行为的附属品，而我认为，正是因为情绪的积累才发动了行为。

所有的情绪在本质上都是某种行动的驱动力，即进化过程赋予人类处理各种状况的即时计划。情绪（emotion）的词源来自拉丁语"motere"，意为"行动、移动"，加上前缀"e"，含有"移动起来"的意思，这说明每一种情绪都隐含着某种行动的倾向。情绪导致行动，是行为的驱动力。

麦独孤在《社会心理学导论》中提出本能与情绪的关系，进而提出了行为与情绪关系的模型。本能使机体驱向目标，每一种本能活动都有一定目的，都包含一个情绪内核，有一定的情绪相随，如逃避与畏惧、争斗与愤怒、母爱与温情相伴随。麦独孤还用本能-情绪说解释群体心理，认为情绪增强是使群体凝聚的黏合剂。他把群众过激行为视为初级本能与情绪作用的结果。

笔者认为，情绪产生造成了主体驱力产生，行为是驱力还原的方式。因此，行为是情绪的结果。

王尔德说过："世界上只有两种悲剧：一是得不到自己想要的，二是得到了。"前者说的是得不到时情绪不断积压导致的行为焦躁；后者说的是需要得到满足后，情绪得到释放，从而失去了继续行动的情绪能量所在。

两性关系中最常见的"症状"是：爱情使人忘记时间，时间也使人忘记爱情[①]。当有激情时，天长地久是恋人的口头禅；而当激情随时间褪去后，相亲相爱的行为数量也逐渐减少。

很多人不认为行为是情绪的结果。认为行为是理智的结果。这种想法不但是错误的，而且是自负的。

2. 理智与情绪的关系：理智是情绪的借口

> 理智受情感奴役。——休谟

理智是专门为"情绪化"的行为找借口的工具；笔者认为，所有的动物，包括人，所有的行为都是情绪的结果，因此，都是情绪化的。

当我们"理智"的时候，不是我们真的理智了，只是心理存在恐惧罢了。恐惧能够令人"理智"。如此，人理智之时就是恐惧之时。只不过这时的恐惧是阈下的情绪，程度很低，不足以驱动逃跑行为，但却足以驱动大脑最高级部分——脑皮层，开展逻辑推理等高级认知活动。

笔者在第一章讲面部表情时，就是想告诉读者：情绪是有明确概念的，是有明确的面部表情的，是规范的。情绪的实质是指挥心理活动的内部信号。第二章讲第二信号系统时，再次重申情绪最本质的功能是信号。这种信号是动物最基本的行动指挥载体，且

---

① 相亲相爱的行为取决于性唤起这种情绪的多少。然而，由于性唤起是一种正性情绪，令主体有愉快的体验，会使主体觉得时间过得很快。随着时间的推移，性唤起通过行为释放殆尽，引起性唤起的刺激也逐渐被主体脱敏。于是，亲昵行为减少，因为性唤起这种情绪减少了。

跨物种通用[1]。

情绪和理智相比，是一个更加明确的概念。理智似乎是一种理性，但在更有才的人眼里，某人所谓的理智不过是愚蠢罢了，以此类推，何处去寻找终极的理性呢？一个渺小人类的主观内心何以产生终极的理性呢？而情绪却是实在的、明确的，功能稳定的，跨物种通行的，没有歧义的。

理智的作用真的有那么大么？笔者认为，情绪的作用远比理智的作用更大，即使对人类来说也是如此。

1）理智和情绪，谁对行为产生的作用更早

从进化论的角度上讲，情绪产生所需的脑结构要比理智发生所需的脑结构简单、原始，因此情绪在进化上早于理智发生。哺乳动物具有情绪反应，然而，只有海豚、灵长类动物才具有早期的理性分析能力。

从实验的角度上讲，依然是情绪发生得更早。认知心理学实验研究发现，使用低空间频率（模糊图像）和高空间频率方法（精细图像）处理的恐惧表情图片，模糊的惊恐表情比锐化的惊恐表情能够更早地引发人类的情绪反应。从脑结构上分析，边缘系统（嗅脑）对图像粗略分析就已经引发了情绪反应，这种反应在图片信息到达大脑枕叶（脑皮层的一部分）精细分析以前就可能已经发生了。

2）理智和情绪，谁对行为的作用更大

实验证明，在"瞬间注意缺失"[2]这一现象上，一般词汇作为第二个信号时，被试会产生"瞬间注意缺失"的现象。但当第二个信号是与死亡或诅咒有关的，能引起人强烈情绪的词汇时，"瞬间注意缺失"就会被破坏——被试能够识别带有强烈情绪色彩的第二个信号。实验心理学中的这一现象说明情绪具有比理智更强大的力量。

再举一个例子。一个人若想得到50元就必须与他人商量好如何分享，若没有商量好就1分也得不到。对半开较为常见。而那些贪婪地想自己分到九成，对方只得到一成的人，往往会因对方的不合作而什么都得不到。根据理智的计算，其实哪怕分到再少也该接受，但不患寡而患不均。情绪而非理智决定了行为：没有达到心理价位，索性大家什么都得不到！

---

① 人工智能如果使用"情绪动力模型"作为编程指导思想，不久的未来，机器人将有情感，有个性，有生命。

② 指人在面对两个连续、快速闪现的视觉信号时，只有能力"看清"第一个信号的内容，而第二个信号的内容却无法"看到"。

阈下情绪启动效应①的相关研究也发现，情绪决定了认知，也决定了行为。巴奇（Bargh）和皮切莫纳克（Pietromonaco）的一项社会认知实验中，让被试进行一项需集中注意力的任务，同时呈现一些涉及人格的敌意特质的词，然后让被试读一段有关某人的描述，再请被试对该人进行评价。结果显示，被试事先被呈现的敌意词越多，对目标人物的评价就越倾向于负面，表明阈下情绪信息能对社会判断产生影响。墨菲（Murphy）和扎荣茨（Zajonc）的判断偏好实验是阈下情绪启动的典型实验之一。实验中给完全不懂汉语的被试呈现一个汉字，请被试猜测该字在汉语中是代表好还是代表坏的概念。在汉字出现之前，以4毫秒的时间呈现一幅表现正性情绪（如愉快）或者负性情绪（如愤怒）的面部表情照片。结果表明，被试更有可能将一个跟随着愉快表情的文字猜测为代表好的概念，而将跟随着愤怒表情的文字猜测为代表坏的概念。这也是情绪，而非理智决定行为的实验证据。

一次捡75元，和先捡50元后捡25元，选哪个？一次丢75元，和先丢50元再丢25元，选哪个？同样是实验证明，多数人选分开捡75元，一起丢75元。经济学的快乐痛苦四原则：n个好消息要分开发布；n个坏消息要一起发布；一个大的坏消息和一个小的好消息，分别公布；一个大的好消息和一个小的坏消息，一起公布。这就是情绪比理智在决定行为时起到更大作用的又一个证明。

也许人格心理研究缺乏著名的实验设计，但有兴趣的读者可以查阅社会心理学中的经典研究，如阿希实验、"破窗效应"、权威效应、鲶鱼效应、晕轮效应、罗森塔尔效应、斯德哥尔摩症候群等。这些社会心理学实验或者现象都可以用来证明：决定行为的，不是理智，而是情绪。

3）理智是情绪的借口

> 弗洛伊德认为，我们身上多数真实的东西都不是意识，而我们意识中的多数东西都不是真实的②。——艾里克·弗洛姆

从情绪积累到行为的发生，理智仅仅扮演了一个事后解释的角色，这是一个找种种

---

① 刘蓉晖，王垒.阈下情绪启动效应[J].心理科学，2000，23（3）:97—110.
② 笔者认为基于语言的意识是最不真实的，因为它是脑皮层对嗅脑压抑的结果，它绝非最重要的心理活动；而情绪是最真实的，它直接代言主体的利益，而又由嗅脑自动化产生，绝不欺骗主体。

理由为行为的正当性去证明的角色①。有了情绪就会去寻找支持情绪的理由。社会心理学经典实验费斯廷格的认知失调理论指出，人的态度是屈从于自己的行为的。社会心理学在研究助人行为的众多实验中发现，如果个体在助人情境发生前带有愉快或不愉快的情绪进入，助人的比例将会上升或下降。

2010年底，一首《忐忑》风靡全国。一阵无厘头的、节奏感强的叫喊行为，缓解了各种焦虑，将积蓄于内心的情绪用没有意义的歌词表达出去。情绪释放后驱力还原，产生快乐的感觉。这首没有明确歌词的歌充分说明：理智是没有价值的借口！情绪才是行为真正的动力。

人越是成熟就越是懂得控制行为，不是说情绪真的被理智战胜了，而是已有的经验能够在关键时刻令人考虑到自己的身份，考虑到行为的后果，考虑到他人的感情，由此而产生的恐惧情绪能抑制胡乱行为的冲动，这就是传说中的"责任感""理智感"。

理智就是种情绪化的反应。嗅脑产生的淡淡的恐惧所引发脑皮层开展的逻辑演绎就是理智。那些恐惧比较多的人会比较理智，会说那些悲伤和愤怒比较多的人属于不能很好地控制自己情绪的人。其实人的理智来源于恐惧，恐惧（适当的）令人理性，但并不能说明人就能很好地去控制情绪。情绪一直是人类的主宰；各有各的情绪，各有各的活法。

举个例子，火车上吵架。小孩子多动骚扰了前排的老人，老人提出意见但语气强硬。孩子妈妈并不买账，大声斥责"后排也是你的？"情绪最容易唤起相同类型的情绪。比如，愤怒容易唤起愤怒，恐惧容易传播给其他个体，悲伤也容易唤起其他个体的悲伤，这是情绪最基本的功能之一——传播。在这个事例中，老人的愤怒唤起了孩子妈妈的愤怒。言语的内容已经次要了，因为愤怒（情绪）是要使用攻击（行为）来释放的。吵架就是这种行为。吵架的言语内容除了显示各自的"吵架技能"以外，并没有太多的意义②。

3. 需要与情绪的关系：情绪是需要的载体

需要是稳定的动机，但行为是受情绪的指令而产生的。需要必须借助情绪，才能转化为满足需要的行为。

---

① 语言产生需要三个基础：群居、使用工具和劳动分工。因此，语言是个体在集体中劳作时谋求个人利益的工具。人一开口说话就是在谋求自身的利益，若是以集体利益为油头，真乃"胡言乱语"。
② 如何通过情绪管理做到高效沟通和压力管理呢？这个问题的解答集中在下一章的论述中。

读者会想：究竟需要对行为的影响更大还是情绪对行为的作用更大？比如性饥渴与害怕的情绪，又比如食欲与厌恶情绪，谁对行为产生更大的影响？不难发现，男性勃起障碍与恐惧情绪有很大的关系，而几乎与性欲的强弱无关。而对于不喜爱的食物，人们也常常采取了拒绝的行为，即便他们感到饥饿。极端情况下，比如地震后被困人员饮用自己的尿液，这并非是饥渴的需要战胜了厌恶的情绪，而恰恰证明了饮尿的行为是由对死亡的恐惧情绪而引发的。

一个"胸围与幸福指数"的调查对500对30～40岁的夫妻调查发现：女性胸围A杯的离婚率为37%，胸围B杯的离婚率为16.3%，胸围C杯的离婚率为4%，而胸围达D杯的女性离婚率1%都不到[①]。

强烈的需要容易诱发与需要相匹配的情绪，而情绪又转化为满足需要的行为。需要通过情绪才能够诱发行为，从而最终呈现获得满足所必需的行为。需要常常通过焦虑这种情绪去驱动主体开展行动，以释放这种焦虑。如果是性需求，则主体很最容易产生性唤起的情绪。这种情绪会降低主体对性行为客体的要求，即抑制厌恶情绪的产生。而缺乏性需求的主体，性唤起这种导致性行为的情绪就只能靠环境来刺激产生。这时能引起主体"性趣"的刺激一定要更强，否则很可能不能获得主体的注意。基本生理需求满足的个体，得到情绪的指挥趋利避害，等待下一次生理需求的来临。

需要是借助情绪转化为行为的。比如进食行为，它是在焦虑情绪的驱动下转化出来的行为。而焦虑情绪正是进食需要促发产生的情绪。可当人有饥饿感，却依然会拒绝进食恶心的食物。因为情绪被因不好的食物而诱发的厌恶情绪所控制，厌恶情绪更强，因此人哪怕是饿了，还是会产生拒绝进食的行为。这个拒绝行为就来自厌恶情绪的释放。可见，行为是由情绪决定的，而非由需要决定的。情绪才是行为的动力。

综上所述，情绪是行为产生的根本原因。情绪也是需要得以满足的载体；情绪还是理智得以活跃的"驱动程序"。行为是判断人格类型的客观分析来源。

（二）身处"情绪化"的世界

人格、注意、心理异常、社会性需要、记忆、世界观与情绪有着紧密的联系。这个部分详见本书"第二篇"的论述，此处仅仅简要介绍。

---

① http://www.douban.com/group/topic/17617136.

1. 情绪动力模型视角下的人格类型

这个部分详见本书第六、七两章的论述。这里仅仅提纲挈领地概括如下：人格类型是由个体在情绪和理智两个层面上的两种偏好排列组合而成。在情绪上的偏好称为"核心情绪"，有三个种类的核心情绪。在理智上的偏好称为"情绪习性"或者"核心情感"（也可简称"情感"），也有三类。人格类型就是在"核心情绪"和"情绪习性"（或称"核心情感"）两个维度上的排列组合。由于这两个维度每个维度上都存在三种偏好，3×3的排列组合就是人格类型，即九型人格。

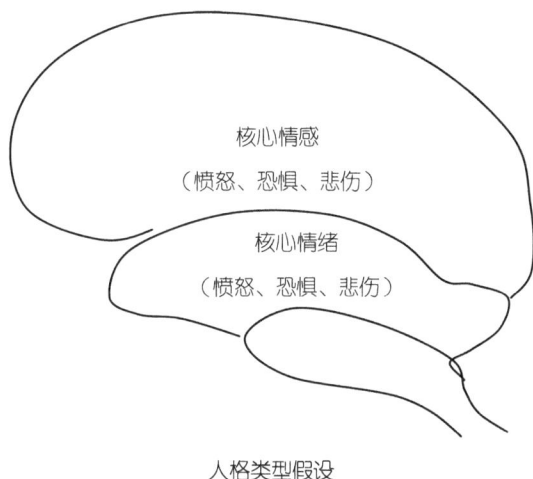

核心情感

（愤怒、恐惧、悲伤）

核心情绪

（愤怒、恐惧、悲伤）

人格类型假设

情绪动力模型是九型人格的心理学理论基础。三脑模型是情绪动力模型的生理学基础。

2. 情绪动力模型视角下的注意

这个部分详见本书第八章的论述。情绪是脑对个人利益与环境关系的运算结果，这个结果必然指导着注意去过滤感觉，形成主体需要的知觉。知觉即现实。可见，每个人心中的世界只不过是满足其情绪需要的片段而已。通过自己、他人"支离破碎"的对世界的知觉，我们可以反推自己、他人的人格类型，看看是什么样的情绪导致了注意的狭窄。

3. 情绪动力模型视角下的心理异常

这个部分详见本书第九章的论述。愤怒导致了强迫；恐惧造成了妄想；悲伤具有表演性质。

4. 情绪动力模型视角下的记忆

这个部分详见本书第十章的论述。情绪使得个体有选择地记忆、回忆。童年也许根本不是那么回事儿。此外，该章还探讨了情绪动力模型视角下的防御机制，以及客体关系视角下的九型人格。

5. 情绪动力模型视角下的世界观

详见本书最后一章的论述。情绪从注意就开始狭窄，到驱动个体产生自以为是的"理智"，甚至为个体填充片面的记忆，全方位影响着人的心理活动，以至于偏好不同情绪的人就很可能会选择某一种人生观，或者拥护某一种哲学思想。当某种情绪在某个国家的国民中"流行"，就会形成一个国家的文化。该章还探讨了伦理和生命的意义。

实际上，如果读者认同笔者提出的"第二信号系统"及其地位，我们身处"情绪化"的世界这一观点就不难接受了。

第二节　单个行为的心理分析技术

> 所有的情绪在本质上都是某种行动的驱动力。——《情商》[1]
>
> 找到导致行为发生的最初、最真的那一丝情绪，就是找到了行动的原因。——小明鹭[2]

本节主要论述如何开展某个行为的心理分析。根据"情绪动力模型"，外显行为的心理分析是有一定技术的。依据这个技术就能厘清该行为发生的心理学过程，从而为人格类型分析积累判定依据。单个行为的心理分析技术是开展人格分析的基础和前提。

一、行为是情绪释放的表现

无须去问别人是怎么想的，只要去看别人是怎么做的。

对于单个行为的分析，应把握其行为结果，同时获取刺激情境，结合情境与行为即

---

[1] 动物最基本的战或逃两种行为模式，就是愤怒和恐惧两个情绪活跃的结果。

[2] 如果能找到产生那"一丝情绪"的情境，也许就能找到改变这种情绪的办法，从而改变行为。

可推断得出是哪一种情绪导致的这一次行为。

举个例子。一个孩子小a看到自己的糖被小a的家长大A分给了来家里玩的邻居孩子小b。a当时也没有什么异议，随后a和b一起玩。2分钟后a打了b一拳，原因是a说b和自己玩的时候，b把a最喜欢的布娃娃丢在了地上。

对于a的攻击行为可作如下分析：行为是攻击，情绪是愤怒。

是什么导致的愤怒？是家长大A未经孩子小a的允许就拿走了a的糖果。这种愤怒又因A将糖果给了b而增加，再因b把布娃娃掉在地上而进一步增加，最终愤怒情绪的堆积导致了a对b的攻击行为。而a的理智只陈述了最利于自己的一个部分："那是我最喜欢的布娃娃"。

实际上，就算a是个成人，也往往意识不到自己的攻击行为背后所有的原因。单个行为的分析需要注意两点：一是用行为来反推是什么情绪导致了该行为；二是得出的情绪要结合情境具体分析，往往情境不只是当下的那么简单，情绪怎么来的常常是有故事的。这也是情绪动力模型在心理咨询方面的运用方向。

二、对多个行为的分析即可得出人格类型

人格心理学的用处就是从过去已知的行为去分析内在的人格，再由内在的人格去解释过去未知的行为，甚至去预测未来的行为。

一次是偶然，两次是必然，三次以上就成了模式。凡是被形成模式的东西，就一定是被需要的东西。论迹而知心。确定一个人的个性类型，必须对其个性化的单个行为开展分析，得到其行为背后的情绪。针对同一个体不同的个性化行为重复开展上述分析后，假如得到的情绪是相同的，那么这就是该个体的人格。人格即情绪习惯。

从新皮质产生的言语对话基本不能成为人格类型判定的依据；由边缘系统（嗅脑）产生的行为才是观察判定的有效资料。稳定的人生观是新皮质为了适应边缘系统而在生活中选择的观点，采纳时应注意是否为当事人自己真正喜欢的选择，这时宁愿相信自己的判断也不能相信当事人对自己的那些模糊的认识。

要强调的是，分析的对象必须是个性化的行为，即与其他人不同的行为。某些情境会刺激不同人格类型的人产生相同的情绪反应，并最终产生相同的行为反应。

根据笔者视角下的人格结构——行为、理智、情绪和需要，只有那些能够被简化的

部分才能够作为人格分类的出发点。显然，行为是千变万化难以简化的，以因素分析开展的行为简化是心理学对人类行为的感性认识。人格的四分法，如气质类型、性格色彩、DICS等都是基于对行为的简化而提出的。同理，理智也是难以简化的，人类的思想的种类远比行为更多元化，且难以测量。而需要在本书中，主要指的是生理需要。生理需要的种类很少，且不会发生偏好，因此不能用于区分人格类型。

传统的人格结构中还提到了潜意识和气质。潜意识也是难以简化的，因为难以测量，且对潜意识、动机等心理学理论，学术上存在很大的争议。最后，对于人格的基础——气质，即生理生化神经系统的研究，现代科技显然难以以生理测量为基础去开展人格分类，但这是研究方向。

情绪才是人格结构中最重要的部分。在情绪的种类这一问题上，心理学的研究已经得到了比较统一的看法。个体对某种情绪的偏好就是人格类型分类的依据。由于情绪种类的确定，人格类型种类也可以得到确定。

三、情境、行为、人格

"是她让我忘记了她的预约，甚至她的存在？" [1]

主体面对不同的情境会产生不同的行为，直接从情境到行为的关联、预测是在使用黑箱理论，等同于用统计学来统计和预测人的行为。这样倒是科学，但很大程度上失去了心理学的魅力。要真正理解行为产生的机制，必须懂得情境对主体情绪产生的刺激作用。我们很难直接预测他人的行为，却可以充分审视他人已经进入或者即将进入的情境对其情绪的激发作用。这个情境刺激主体产生了哪种情绪，那种情绪就会作为一种能量去推动主体产生某种行为。进一步讲，只要主体的情绪可以被推测出来，其产生的行为也可以在某种程度上得到理解，甚至是预测。

---

[1] 这句话是一位咨询师说的。一般而言，如果来访者预约后，咨询师没有忘记预约，则说明在面对来访预约这件事情上，咨询师是存在一定的情绪，如恐惧，这种恐惧情绪能够提醒咨询师不爽约。而"她"，即这位来访者，在与咨询师预约后，咨询师没有产生任何情绪变化，因为咨询师彻底忘记了和"她"的预约。这种情况对于咨询师而言是鲜见的。同样是咨询预约这种熟悉的情境，到了"她"这里就发生了"质变"。因此，是"她"的原因。她不能令人产生情绪——这可能就是这个个案中案主的心理问题所在。"她"总是令人忽略了她的存在。她可能是9号——习惯于将自己的利益压抑的人格类型。

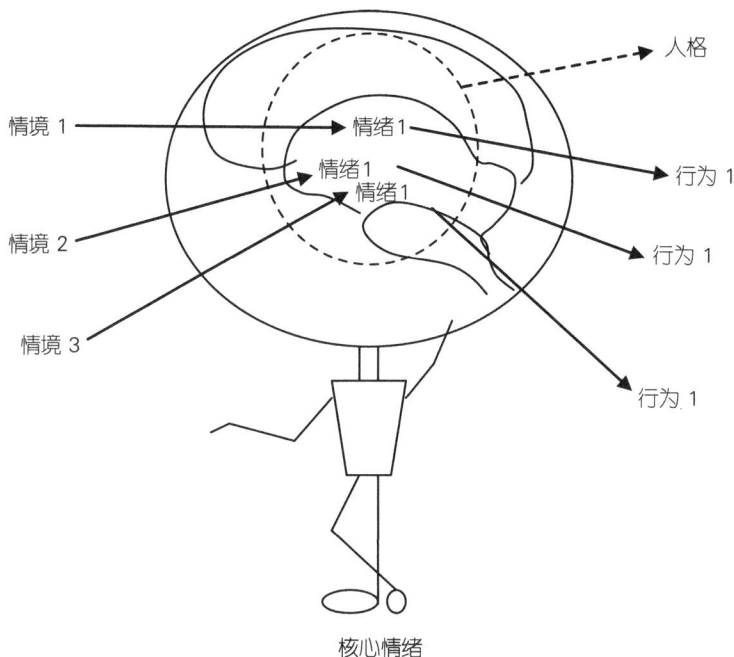

核心情绪

当人格越来越强大，主体就会在各种情境中都受到人格的影响，这时，情境通常不能刺激个体产生自己不习惯产生的情绪，而个体总是在不同情境下产生相同的情绪，这就是跨情境的情绪——核心情绪。核心情绪及其处理方式的组合就是人格类型。当人格类型确定下来以后，行为的理解和预测就更依赖于对人格的认识和分析。

情境、行为、人格，只要得到其中的两个条件，就可以对第三个进行分析，甚至预测。

（一）情境、行为用于分析人格

不同的情境产生不同的行为，多种情境下的不同行为如果存在情绪方面的共性，人格就被分析出来了。

当然，行为在顺应不同情境时自然会存在较大的差异，但如果这些行为的动力属于某种相同的情绪，那就说明该种情绪影响了不同情境下主体的情绪产生和行为选择。这显然就是主体的人格在发生作用。人格，就是超越情境而相对稳定存在的情绪。这里说的情绪往往是阈下的、长期存在的，挥之不去又非常容易产生的情绪，也可以称为心境。人格的实质就是某种心境是如何转化为行为的机制。

（二）情境、人格用于预测行为

不同人格类型的人在不同情境下会产生什么样的行为是可以预测的，特质人格理论可以做到，更不用说基于情绪动力模型的人格类型理论了。当我们吃透了最容易控制一个人的情绪是哪一种时，我们就对那种情绪在某种情境下是如何转化为行为，转化为什么行为有了推理的方向。

（三）人格、行为用于还原情境

人格类型确定，行为结果明确，自然能够反推该人格类型究竟遇到了什么样的刺激情境。这种刺激情境可能被忽略了，甚至遭到了遗忘。当心理咨询师需要对来访者开展记忆重建的时候，这个"人格＋行为＝情境"的分析技术可以找到来访者童年遇到的创伤。

第三节　"情绪动力模型"与传统人格结构的不同初探

> 人就是靠那一点点的"感觉"（对某事的情绪）活着。——小明警[①]

本节论述了"情绪动力模型"的特点，讨论其与传统心理学中部分经典概念的异同。

一、人格结构的不同

在"情绪动力模型"中，人格并不包括气质和潜意识两个层面。

（一）不探讨气质

气质在传统心理学中被认为是人格形成的基础——高级神经活动的特征，主要理论依据是巴甫洛夫对神经系统开展的动物实验，认为发现了高级神经活动的四种类型：活泼型、兴奋型、安静型、抑制型。然而，这种神经系统的特征并没有形成一种严谨的人格理论，而仅仅停留于人格的先天遗传基础。更令人遗憾的是，以神经系统活跃特征来

---

① 这里讲的"感觉"就是情绪。情绪是行为的动力，而"活着"需要由很多行为构成。

支撑该理论的学者，还是没有发展出一种对神经系统开展实验或者医学测定的经典方法，用以测量个体的气质类型，反而用自陈测验①的方式来开展测量，通过询问被试的性格特征来展示其高级神经系统的生理、遗传特性，有些文不对题，因果颠倒。笔者认为《气质类型问卷》是传统人格心理学中的败笔。

神经系统的活跃特性对人格的影响如果不能与人格类型对应起来，形成逻辑关系，就会失去因果关系的链条和轨道，沦落成为与性格理论相类似的相关研究。

（二）不探讨潜意识

潜意识是脑中心、心中心（定义见后文）的心理学家对人类低强度情绪变化和情绪习性的妄想。潜意识是自动化的还有一定道理，但将语言作为潜意识分析的工具就错了。语言是脑皮层活跃的结果。脑皮层要对大脑原始区域的一切情绪都"潜意识"地给出一个理性的理由吗？当然不会。认为人存在潜意识的本质还是认为人比动物高贵，因为人类有语言，语言可以承载着"潜意识"的流动。否定自己的动物性是人最爱好的心理活动。

"情绪动力模型"视角下的人格结构同样也不包含潜意识。在心理咨询实践中，对潜意识的分析工具有罗夏墨迹、主题统觉、沙盘、房树人、释梦和意象对话等。然而，不同的精神分析师对同一个主诉可能有完全不同的精神分析，甚至有一种精神分析类的疗法——钟氏疗法，采用虚拟童年创伤的方法治疗神经症，可见对潜意识开展精神分析的主观性和随意性。

在"情绪动力模型"中，情绪产生的那种自动化、快速化的过程，当其很难进行解释的时候，潜意识这种虚无缥缈的概念才获得了一席之地。

实际上，大多数情况下，情绪产生的原因都可以用环境、利益、习惯这三个维度加以解释。这种解释具有很高的操作性，比用潜意识来解释更加可靠和负责。后文读者将全面进入"情绪动力模型"的学习，一定会厘清动物和人类心理的机制。

二、对行为分析思路的不同

以往的心理学对行为的分析非常看中的几个环节有：需要、经历、动机、模仿、文

---

① 用言语书面地向受测试者问问题，然后提供选项，供受测试者作答的心理测验方法。

化，甚至潜意识。

（一）对需要的分析不是第一位的

需要是传统心理分析最容易脱口而出的所谓行为的原因，然而由于需要的种类太少，需要的本质是个体的存活，而非个体在群体中的关系，因此这种分析显得过于简单。本书中所讲的需要特指生理需要。于是人们开始使用"社会需要"这一概念来开展行为分析。这就是另一个极端——乱了套。生理需要虽然简单，但起码还比较规范。弗洛伊德把人类所有行为的最终原因都归结为性，这读者不会觉得有歧义。社会需要就截然不同了。首先社会需要有哪些是大家都需要的，比如交往的需要吗？哪些是个别人所特有的社会需要，比如进入上流社会？但我们很快发现，这种对社会需要的分析难度不亚于对行为的分析，且大家各执一词，根本无法统一，想在一个规范的体系下开展对一个人社会需要的述评简直困难重重。很多研究者开始用统计学方法去寻找社会性需要的种类，无异于盲人摸象。其实在笔者看来，社会需要已经是一个极其复杂、高级的心理现象，显然不能用它来对同样十分复杂的行为做出解释，否则，只会让需要解释的行为现象又蒙上了一层更加神秘的面纱。复杂的东西绝不能用同样复杂的东西来解释。人们寻求一个解释，一定是用简单的东西去解释复杂的东西。否则，就是忽悠。情绪是简单、规范，低等动物都有的心理现象，自然用它来解释复杂的心理现象，用它来解释行为才是一条靠谱的思路。

（二）后天经验的影响不是那么重大

很多心理学工作者强调经历、童年，认为以往经验是现在行为的原因——这种论调忽略了主体对行为的责任，而将主体放在一个被动的地位。如此，主体看上去就像个小媳妇，任由童年经历对其进行指挥。这种分析过于强调环境对个体的塑造作用，忽视了个体自身的主观能动性所承担的责任，因此不能解释相同环境下行为的差异性。把行为的原因归结为以往经验也是一种非常虚的解释方法，不以当前的心理机制来解释行为，一味寻找过去的那些所谓的经历，如此解释行为常常会获得存在类似经历听众的支持，而缺乏那种经验的人就很难真心接受这种解释了。

社会学习理论代表人物班杜拉用"交互决定观"将行为主义与认知主义融合了起来。信念、思想和期望成为补充"黑箱理论"的心理假设。

班杜拉曾举例：假定有一个你不喜欢的人请你一起打网球。你能想象得出和这个人待一下午会有多沉闷无趣，因此你的个人期望可能会使你拒绝邀请。但是，如果这个人许诺，你和他一起打网球，他就给你买一副你心仪已久的、昂贵的新球拍，情况又会怎样？转眼间，环境诱因的强大力量又改变了你的决定，于是你说："好吧，我们一起玩吧。"现在继续往下想，假设你最后得到了有史以来最让你欣喜的一副球拍，你和这个人配合得还挺好的，他甚至还会开一些玩笑，使这个下午过得挺有趣的，你也许真的就期望下一次再和他一起去打网球了。

　　对这个例子，"情绪动力模型"的解释是这样的：从厌恶导致拒绝到快乐导致接受。理智会去给个体一个行动的理由：从前没能认识到和他打球其实是愉快的。

（三）动机是个模糊的概念

　　动机，这个概念其实是非常含混不清的。无论是在心理学中还是在口语中，它对行为的解释由于缺乏规范，体现出来的也许更多就是解释者自己的投射了。在复杂的心理活动过程中，动机根本不是一个基本的心理活动单元，而一定是由多个心理活动单元组成的。

第四章　　　操纵情绪就能改变行为
——情绪与压力管理

> 人之所以不快乐，不是因为需要得不到满足，而是因为情绪得不到平复。身患重病但情绪好的人说出来的话都是格言。——小明警

读者一旦理解了"情绪动力模型"的要义，必然会联想到行为改变的途径，进而会设想出一套压力管理的思路。的确，"情绪动力模型"就像是一个解释认知、行为的高效工具，它犀利地指出了行为产生的真正原因是行为释放了主体的情绪这一根本观点。在这一观点的引领下，改变情绪，就成了改变行为、态度、压力等现实问题的最终答案。

第一节　情绪——导致行为改变的原因

人们一直以为语言和理性是导致他人改变的原因。然而语言依赖听者自己的理解，这可能与说者的本意存在巨大的差异。与其鸡同鸭讲，不如来探究一下，行为、态度改变的真正原因——情绪。

一般而言，心与境随[1]，即情绪会随着情境的改变而变化。曾有这样的报道："某医院眼科收治一名女童，家长和医生先后从她眼里取出9条活虫，取出的时候虫子还在蠕动！专家表示，这叫'结膜吸吮线虫'，主要是果蝇叮、吸人的眼睛及动物眼睛放出幼虫寄生而成，一般如狗猫等宠物是传染源。提醒有宠物的家庭要定期为狗猫驱虫，也要教育孩子讲究卫生，勤洗手，不要用手揉眼睛。"改变了情绪就改变了态度。看了这则报道，部分准备生孩子的准父母们很可能会开始考虑家里宠物的去处了：恐惧和厌恶替代了对宠物的喜爱情绪，导致了态度的转变。

情绪在变化着，理智也在变化着，观点也在变化着，行为也在变化着。那么，

---

[1] 心不随境，即情绪不随着情境的变化而变化的情况，将在本书的第二篇中以"核心情绪"的概念加以探讨。

如何改变他人的情绪，进而引发其观念、行为的变化呢？这就需要分析情绪是如何产生的。

一、情绪产生的途径

情绪产生的方式有三种：一是环境变化；二是认知流动；三是情绪偏好。

（一）环境变化

感官将物理能量转化为第一信号系统的神经冲动之后，这些神经冲动信号会得到脑的运算，脑运算的结论就是情绪。比如眼睛观察到危险的信息，脑运算得出了恐惧的情绪。因此环境，或者叫情境，是情绪产生的第一种方式。

（二）认知流动

语言，作为第三信号系统，在脑内活跃，同样会产生情绪。比如，恐惧情绪驱动着人在自己的脑中开展着基于语言的逻辑推理，尽管逻辑推理的背后是一种恐惧情绪，但这种恐惧情绪驱动的理性会引发主体产生其他的情绪，如轻蔑、愤怒、悲伤等。例如，一个人通过在自己脑中的逻辑推理发现，对手比自己能力小，力量低，于是就产生了轻蔑的情绪。第二信号系统能够驱动第三信号系统工作；第三信号系统运作的结果也能够回馈到第二信号系统中，并使其运作起来。

言语有调节情绪的作用，但作用并不大，所以，先调整好他人的情绪再施加这些宝贵的话，别浪费了。鸡同鸭讲也就算了，关键自己都不知道自己真正的需要、真正的情感，这就是人的心理世界：情绪常常以阈下的方式左右着主体的一切心理活动。带着情绪无法觉察，只会自动化地狭窄认知，自动化地将情绪带来的能量转化为自己所认为"理性"的行为。彩虹总在风雨后。情绪宣泄后的察觉才可能是觉察，才可能洞察。

（三）情绪偏好

当主体对某种情绪产生了偏好，这种现象就是情绪的发生出现了"惯性"。本书对此提出一个经典的概念——核心情绪。核心情绪是一个人情绪内容的重要来源，实质是一种主体的情绪偏好。

二、情绪产生时的特性

情绪在产生时有五种特性：快速、逐利、真实、自动化、非理性。

（一）快速

情绪就是刹那间形成的，如果没有新的情绪替代，这一念间的情绪将迅速决定思维套用什么样的理智，表达什么样的观点。

（二）逐利

情绪产生的规则是需要套用"经济人"假设的。这意味着情绪这一心理过程会不断评估主体的个人利益与环境、他人之间的关系。有利可图，却尚未获利时产生的是负性情绪：自己获得利益的道路上出现阻碍时产生的是愤怒；阻碍自己的对象比自己强则产生恐惧，反之产生轻蔑；利益丢失或"注定"会丢失则产生悲伤。得到利益的一刹那产生的是快乐。可见，要使得他人产生快乐，一定要给他人利益。有趣的是，这个"利益"也可以是心理上的，并非一定要是现实的。

（三）真实

情绪会不会骗人呢？应该这么说，情绪都是真实的，情绪比语言更加可靠。然而，有两个特性决定了我们看待情绪是否真实。一是情绪常常以阈下的形式出现，主体未经训练很难觉察，反而沉浸在这种阈下情绪发动的注意狭窄和思想活动中不可自拔。这种情况非常普遍，这也是读者通过阅读本书后能够提高的一种自我觉察力：降低感受自身情绪的阈限。二是情绪的产生一定是真实的，但往往可能掩盖了主体深层次需要解决的问题。比如恐惧是主体不能战胜对手时的真实的情绪反应，但恰恰是恐惧这个情绪，会掩盖了主体对对手的愤怒这一情绪，即掩盖了主体自己需要获得利益这一终极任务，而使得主体关注于躲避对手这一当前的、一时的任务。这方面的论述读者可以在本书第十章第二节关于防御机制的研究中加以揣摩。

（四）自动化

情绪的产生是自动化的，不需要主体消耗注意这种宝贵的心理资源。注意这种心理活动的指向和集中功能，反而是在情绪的调控下得以组织开展的。情绪这种自动化的运作模式，就像是人能够保持平衡地步行：自己说不清自己是如何做到的，反正是流畅地做到了，除非生理疲劳。

（五）非理性

情绪的自动化、快速，逐利性都是情绪的非理性这一特性产生的原因。理性是需要长期地、冷静地、客观地研究才能够达成的，是人类的终极梦想。情绪恰恰相反，情绪顾眼前，贪小利，自私、自大、爱面子。

第二节　基于情绪的沟通技巧

> 要改变别人的态度，先要改变别人的情绪。情绪改变了，态度一定会改变。——小明警

传统的沟通技巧最容易陷入的就是用语言去达到沟通的目的。然而，本节要带给读者的是一种全新的沟通技术：改变他人的情绪。

一、诱 发 情 绪

有人喜欢把情绪作为结果，而笔者喜欢把它作为原因。

通过情绪来调控对象的行为，最基本的思路就是要施加刺激，促使对象产生情绪。拥有某种情绪的心理活动是记忆的最基本条件。缺乏情绪的心理活动很难被记忆。

这部分的沟通技巧可以使他人对主体留下更深刻的印象。

（一）人格化

人格化是去人格化这个社会心理学经典技术相反的运用。社会心理学在攻击领域通过实验研究发现：被试在被赋予了囚犯的身份以后，统一的囚犯着装、口令、行为标准会引发其遭受攻击。社会心理学家认为，将与个性有关的信息加以去除——去人格化，

会使得被试在当权者的心目中无足轻重，从而会吸引更多的攻击。

犯罪心理学研究发现，罪犯在实施攻击时一般对受害人实施了去人格化的心理防御，以便为自己的犯罪行为找到"正当"的理由。同时，警务工作经验也告诉笔者，暴动、骚乱等社会动乱的社会现象中，平民转变为暴徒的第一个过程就是隐藏自己的身份和个性特点，使得警方无从调查，或者忘记自己的本性，从而为破坏、攻击行为做好铺垫。

人格化就是详尽地讲述自己的生活琐事、经历、个性特征、朋友圈等，使得他人能够快速熟悉自己，了解自己，记住自己，甚至对与自己有关的信息产生一些情感投入。人格化是个体融入团队最基本的技巧，也能够紧密与个别人物的联系。分享信息的私密程度与人格化的效果有关，通常分享越是私密的信息，人格化的效果越好，但前提是循序渐进。对不熟悉的人谈过于私密的信息会引发对方的疑惑和反感。反之，对亲密的人隐藏自己重要的信息，一旦被发现会疏远两人之间的距离。

先有情绪才能有理智；想得到一些理智（态度），可以先培养对应的情绪。假如语言不能直接唤起对方那种情绪，用故事把那种情绪加载在和对方关系密切的重要人物身上是一种有效的方法。

对于不熟悉的人，人格化的技术还有两个更具体的技巧。

（二）相似性原理

相似性原理认为人际交往中，我们会对与自己存在共同点的人更礼貌，产生更多的好感。社会心理学通过发放调查问卷来开展这个实验。研究发现，假如修改内含调查问卷的信封，用被调查者的姓名中的一个部分来作为调查人员的名字，回复问卷的概率翻倍。比如被调查人叫明晓华，将邮寄员姓名改成与被访问者相似的姓名时，比如叫陈晓华或者明晓芸，调查问卷成功回收的概率就大大地增加。保险销售员的销售记录研究也发现：销售员的年龄、宗教、政治立场、吸烟习惯等与顾客相似的，销售成功的可能性大。校园借1毛钱实验发现，穿学生装借到的概率为2/3，穿正装借到的概率不到1/2。

社会心理学实验是说服力极强的客观证据，正好弥补了人格心理学重思辨轻实验的不足。

（三）绝对接触效应

通过多次出现的方式提高对象对自己的熟悉程度。重复接触某一事物就倾向于喜欢它。沟通中忌讳有事才交流，没事时也应该保持适当的联系，不然关系就疏远了。

二、去 除 情 绪

当沟通对象被某种情绪所控制时，语言沟通的效果是极差的，效率是极低的[①]。因此，我们可以考虑使用去除情绪的技巧，以便后续的语言沟通产生效果。

（一）抽离法

这是简快心理疗法中用于处理陷入强烈情绪中，但主观想要摆脱这种强烈情绪控制状态的技术。主要的思路是从情绪中抽离，然后仪式性地结束某种情绪，并将注意转换至问题的解决上。

具体的步骤如下：

坐在椅子上，回想带来困扰的一件事。

站起来，走开数步。

看着椅子，想象那里坐着受到情绪困扰的自己。

说："你是×××（自己的名字）的一个重要部分，多谢你一直以来对他的照顾。你是负责情绪的，同时我是负责想办法解决事情的。为了我更好地工作，我想把情绪全部交给你，好让我能冷静地思考。你给我的讯息我已知道，我会记得处理这件事，无须再用这份情绪提醒我，我需要你的合作，可以吗？"

以情绪困扰中自己的身份回答一句："可以"。

再对情绪困扰中的自己说声："多谢！"

（二）宏观法

宏观法去除情绪的思路是给对象呈现一幅宏观的生态环境，使对象明白当前将其所操控的那种情绪是人生存环境中微乎其微，甚至可以忽略不计的小得失，这种小得失在自然界，甚至宇宙之中的发生太过频繁，也几乎没什么价值。人生的意义绝非由这些恼

---

① 情绪会狭窄注意，导致更多负面、片面的信息占据思维空间。情绪狭窄注意的原理参考"情绪与注意狭窄"一章的论述。

人的情绪所决定，而可能是其他超凡脱俗的理想与境界所带来的。

宏观法的思路是将生命对自己生存环境的关注打断，提供宏观的视野来对比生命的渺小，对比展示自然界不可抗力，由此引发对象对环境的敬畏感、焦虑感，并产生在有生之年寻求更高质量的幸福生活的心理防御，从而解除某种强烈的负性情绪对对象的严密控制。

1. 暗示法

关注地球自转、太阳系各大行星、银河系星云、黑洞、极点、大爆炸等天体物理的话题和照片，甚至宇宙中的生命、智慧生物、地球上动物的进化等涉及极长时间、极远距离的微观、宏观世界的自然现象，能够较好地发挥暗示作用，使得对象从眼前利益所引发的情绪中脱离出来，从而达到去除情绪的效果。

2. 人生曲线法

失意的时候，在一张纸上画上横纵坐标。纵坐标为开心的程度；横坐标为人生的阶段或者自己的年龄。不难发现，这条人生曲线非常像一条正弦波：首先人生有快乐有悲伤，不同的人生阶段有不同的人生体验；其次，大部分人的主观幸福感在"人生曲线"上都遵循着统计回归的规律，即快乐到了极致幸福必然减少，艰难困苦达到一定程度生活必然也会朝着好的方向发展。正如古语所云："祸兮福之所倚，福兮祸之所伏。"于是，对象明白困扰自己的小情绪也终将随时间过去。就像流行歌曲唱的那样：

> "天空飘来五个字儿，那都不是事儿；是事儿也就烦一会儿，一会儿就完事儿！" ——《倍儿爽》

3. 兴奋宝典

为自己完成一个极小的问卷。头一道题是："什么事情能让你兴奋1分钟？"这个题目不难回答，大家也愿意回答。比如有人会说捡到一块钱，等等。于是，活动就顺利开展起来。第二题是："什么事情能让你兴奋10分钟？"这次可能回答发年终奖什么的。再问："什么事儿能让你开心1小时？"可能的答案是出国旅游。继续问："那开心半天呢？""开心一天、一周、一个月的事是什么呢？"这会令对象陷入思考。"什么事能让你开心一年、十年，甚至更久呢？"显然，令人高兴时间短的一般都是些利益，时间长的是一些生存必备的条件，如健康、家庭美满等，但这些事项也容易被忽略。最终，通过游戏会发现，最能令人愉快，并且持续时间最长的是人生的意义或者自我的实现。于是，一时操控主体的小情绪被成功去除。

4. 刮刮地图

"刮刮地图"是一幅由不透明涂层覆盖的地图实物产品。使用者将自己曾经去过的地方在地图上找到，并刮去地图上该地域覆盖的涂层，以示自己曾经到过该处。"刮刮地图"可以展示当事人曾经去过的世界各地，或者国内各地，甚至是市内各地。无论刮掉的地图是多还是少，对使用刮刮地图的人会产生"镇静"的效果。人们会发现当前控制自己的那小小的情绪，在自己曾经经历过的事件面前，或者自己计划将要开展的人生旅程面前，并没有那么大的价值；或者，陷入对过去旅程的回忆。从而，主体开始关注于宏观的人生层面，将自己从某种情绪的控制中解脱出来。

三、诱发正性情绪

正性情绪是那些给主体带来愉快体验的情绪，在沟通中如能唤起这类情绪，可以缓解紧张的沟通气氛，拉近沟通双方的距离，降低敌对的状态，甚至增加双方的友谊。

（一）幽默

展示自己的能力低于对方可以唤起对方的正性情绪，一种方法是奇思异想，一种方法是贪图小利。

幽默可以诱发一种愉快的体验，唤起微笑，甚至是捧腹大笑。幽默的一个核心技巧是联想，直觉型（N）的人比实感型（S）的人更擅长联想[①]。幽默唤起的不仅是快乐的情绪，还可能是种轻蔑。

中国传统相声逗乐观众的法宝之一，就是穷尽绘声绘色之能事，塑造一个能力远不及观众的人物形象，唤起观众的轻蔑情绪，博取众人一乐。

（二）卖萌

除了诱发快乐，轻蔑也是令人愉快的一种情绪，因为轻蔑表达了对对方能力的否定。

---

① S、N是人感知过程中的两种偏好，是MBTI的相关知识。

现在的社会心理学研究发现，公开表扬员工给其带来的不是好处，而是坏处。因为被表扬者所占有的奖励引发了他人的愤怒，其能力引发了他人的恐惧，他人对自己体验到了悲伤。这就是羡慕嫉妒恨，都是负性情绪。

卖萌则正好相反，将自己笨拙的一面向他人展示，使其产生了"这人能力不如我"的体验，即轻蔑，于是有了一种愉快、放松的感受。这种感觉会导致归因，即考虑为什么会有这种感觉呢？答案显而易见，因为这个萌人、呆货呗！于是，自我的感觉变得良好，心情也更加愉快了。

（三）性感

性感是利于性唤起的一个外因。动物界中，雄性为了得到雌性的青睐，会使出各种各样的行为来吸引雌性，这些求偶行为的动力都来源于堆积在体内的性唤起情绪，这种大自然最具有活力的能量，令主体产生了破除艰难险阻的信心与力量。

在人类社会中，对异性展示自己的性魅力，一般都可以博取对方的好感。"男女搭配，干活不累"的俗话当然是有道理的。

有趣的是，无论男女，对于异性腰臀比都保持着强烈的关注。其次才是对异性身体部位的不同关注。通常男性关注女性的胸部，而女性关注男性的身高。当然，越是引发异性心动的特征，越是会引发同性的嫉妒。因此，使用性感来博取对方好感的技术要注意至少两个方面：一是会不会带来同性的反感，造成更多的损失；二是会不会诱发对方过度亲密的行为。

于是，身体和打扮上的性感显然缺乏技术含量，使用语言可以获得更佳的性唤起效果。实验研究表明，相比视觉、听觉，文字对人的性唤起作用更强。一些人际关系的高手都懂得在适当的时间与异性谈论感情史，以收获更紧密的人际关系。

（四）正念

正念是练习者为了防止负性情绪自动化地产生，而有意识地让注意力集中和保持在能诱发正性情绪的刺激（哪怕是极其微弱的刺激）上的一种心理训练技术。正念是一种反脱敏训练。人最容易对愉快的情绪脱敏。正念恰恰是在训练主体重新对微小的利益产生愉快的情绪。

四、利用负性情绪

当我们在沟通中难以唤起对象的正性情绪，或者正性情绪不利于沟通关系时，适当的负性情绪也是有利于达成目标的。

最常见的就是利用恐惧。适当的恐惧可以抑制不需要的各种行为，也可以诱发个体理智的活动。社会规则需要社会个体对它的恐惧，这就是敬畏之心，这就是行动的界线。同样，一名合格的领导人身上那种不怒自威的气质同样来源于其力量所诱发的恐惧。孩子对父亲恐惧，学生对老师恐惧，士兵对军官恐惧。人类社会、动物社会，只要是存在阶级的社会，恐惧就一定可以帮助维持和划分好不同的阶层，使社会井然有序。

展示力量，处置违规等行为可以诱发恐惧。使用祈使句后观察效果，同样可以确定这种恐惧是否存在。很多人对领导的要求有求必应，就是通过顺从行为展示着内心对于权威的敬畏。法家思想就是利用恐惧来达成意图的行动宝典。

当然，只有恐惧的下属可能被动、缺乏创意，但却是忠诚可靠的。

五、负性情绪的生生相克

当沟通对象被某种负性情绪完全控制，很难疏导，也很难诱发其产生正性情绪时，可以考虑诱发其产生另一种负性情绪，从而改变其行为，以减小前一种负性情绪对沟通的持续破坏作用。

情绪随环境压力的增大而发生的变化就是情绪的流动。情绪流动以负性情绪的流动最为有趣。主要就是愤怒、恐惧、悲伤这三大负性情绪相互转换的规律。悲伤能战胜愤怒，愤怒能战胜恐惧，恐惧能战胜悲伤。这是高级的情商运算法则。

（一）负性情绪的流动规律

一般而言，愤怒是人或动物遇到刺激以后容易最先发生的情绪，它的意思就是："谁

---

[1] 先争斗一番，相互之间才能产生些许的恐惧感。这种恐惧情绪会导致主体产生行为抑制，并同时增加思考。

挡我道儿了！"随后主体会进入战斗状态，评价对手的实力。假如对手比自己强，恐惧就产生了，逃跑成为恐惧驱动的行为反应。

战或逃是动物常见的两种交替出现的行为反应，也说明愤怒和恐惧是两种相互流动的情绪。

当悲伤在动物进化中出现以后，愤怒和恐惧的相互流动转变为从愤怒，到恐惧，再到悲伤，再到愤怒的方式。这就是三大负性情绪流动的规律。愤怒不能解决问题，说明对手力量很大；恐惧不能解决问题，说明逃避的行为没有发生作用，利益损失依然发生了，悲伤油然而生；悲伤从来就不能解决问题，只能吸引安慰；假如连安慰都得不到，愤怒是一定会产生的。于是负性情绪流动、循环的"车轮"运转了起来，动物有了多种行为模式来应对环境，避免了固着在某一种行为模式上而导致的环境适应困难。

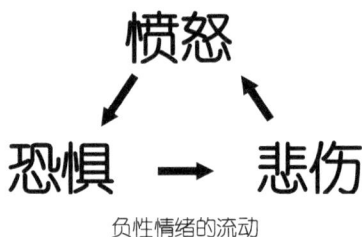

愤怒

恐惧 ➡ 悲伤

负性情绪的流动

不难发现，负性情绪流动是一个仅仅存在于负性情绪中的情绪变化规律，正性情绪的这种流动、转化现象并不典型。于是，负性情绪流动的规律也就简称为情绪流动。

情绪流动只能正向流动，即愤怒到恐惧到悲伤到愤怒这一逆时针的循环。显然，它代表着主体在环境压力不断增大的不利形势下的行为应对策略。在解决问题的时候，如果出现情绪的正向流动就说明问题不是在被解决，而是在被复杂化。例如管理上用强硬的政策将员工的愤怒压制，使其转化为恐惧，表面上问题是解决了，但员工的体验更加糟糕了，显性问题变成了隐性问题，行为的主动性被压抑成了被动性。

情绪流动很难在环境不变的情况下发生负向流动。比如悲伤的人很容易愤怒，却不容易恐惧，因为失去利益就等于维护利益的需要受到了阻碍。而愤怒的人可能会恐惧，但是不容易悲伤，因为争取利益的时候是关注利益，关注争斗的时候。

负性情绪流动的规律是后文中人格类型三大中心演化而来的最重要依据，也是指出了九型人格各人格类型自我提升方向的法门。

（二）负性情绪相克的思路

这是对情绪流动规律的反向利用。由于情绪是对环境自动、模糊的加工而迅速得出的行动指南，情绪流动必然会出现过于快速的状况。当使用一些办法降低流动的速率时，解决问题的潜力就释放出来了。

1. 怒克恐

不做亏心事，不怕鬼敲门。愤怒是治愈恐惧的良药。

恐惧是愤怒不能解决问题时自动产生的情绪反应。然而，固着于恐惧，一味采取逃避的行为如果更糟的话，沟通中就要注意采用唤起愤怒的办法，相当于人为地再次使用战斗的模式。

最典型的例子就是战争中的白刃战，显然主体在这种情况下一定会产生恐惧的情绪，为了防止这种有害情绪的产生，通常的做法就是用仇恨引发愤怒的产生。战士带着愤怒进入白刃战，可以避免畏战情绪的发生。轻蔑，这种对敌我力量的情绪判断也是战争期间士兵情绪调控的主要手段。"你们是什么？""狼牙！""你们的名字谁给的？""敌人！""敌人为什么叫你们狼牙？""因为我们准，因为我们狠，因为我们不怕死，因为我们敢去死！"

笔者2013年赴四川雅安地震灾区服务时也发现，地震结束后，以愤怒为核心情绪（核心情绪是人格类型的动力源泉，后文将加以详述）的人相比以恐惧为核心情绪的人更早地离开帐篷进入楼房居住。愤怒是战胜恐惧的利器。

制造双重信念可激发斗智：在表面一层要夸大敌人的力量，使听众认为必须有很大的勇气才能与敌人战斗；较深的一层，要使听众有坚定的胜利信心。例如："公理必定战胜强权""一切反动派都是纸老虎"。

2. 恐克悲

地震灾区中也容易观察到"恐克悲"的现象。当面对失去亲友的痛苦时，余震的发生常常可以暂停灾民的这种悲恸。在不需要愤怒这种攻击力量的时候，恐惧是控制悲伤的一种有效的方法。极度、持续的悲伤可能会导致指向自己的愤怒——自杀行为。后文在论述国家文化的章节中会提到这个规律。

以下的短信交流是民警利用手机短信规劝轻生者珍惜生命的对话，也包含了利用恐惧控制悲伤的道理。轻生者发短信道："一个人如果死在水里，脸会不会肿得很难看、很大？"民警回复短信："当然很难看，而且尸体还会腐烂，遭受不明动物的啃咬，家人根本无法辨认，需要毛发鉴定等手段才能鉴定出来。"

使需要控制悲伤的对象关注于一些需要其担心的事件，可以很好地控制其悲伤的程度。自杀者扬言："别管我，别过来，再过来就点燃（液化气）！"谈判专家："我知道你乡下有个女儿，你有意外谁照顾她呢？她将来知道，你让她怎么面对？你这个方式不是对的解决方式，而且我保证肯定不是唯一的解决方案。"

2014年5月，2名战士在执行救火任务中牺牲，当晚笔者在开展心理危机干预过程中就使用了"恐克悲"的技术，在一定程度上控制了事件对家属、对组织的伤害程度。

3.悲克怒

亲人是祖先留给我们的朋友，朋友是我们自己找到的亲人。

有没有想过，在注定要遭受父母或老师、领导的批评时，该如何减弱他们批评的强度呢？除了上文唤起正性情绪的思路以外，面对处于愤怒情绪中的人，唤起他们的悲伤能够有效地降低愤怒引发的攻击行为。

媒体曾经有两宗报道。第一宗讲的是老年人和年轻人在公交车上因抢座位而导致的打架事件。年轻人上班辛苦，老年人身体欠佳，都情有可原，但这些都是表面问题，座位资源有限和个人利益的满足之间的矛盾必然导致愤怒这种情绪的产生。第二宗报道讲的是河南郑州老年人高举"年轻人辛苦了！给年轻人让座！"的标语在公交车站宣传，立即收到了成效：年轻人看到这种标语后反而主动给老年人让座。这就是悲克怒。老年人的标语唤起了年轻人的悲伤——对身体欠佳的老年人乘坐车辆时没有座位的感同身受。这种悲伤能够有效拉近人与人的关系，降低因资源短缺而容易发生的愤怒情绪。

说完这两则媒体报道，回到如何面对不可逃避的被批评的情境，可做以下努力：试着用暗示的方法将自己、他人损失利益的信息传达给愤怒的对方。这种损失当然与对方愤怒的原因完全不同，而是另一种情境。比如对方愤怒的原因是工作没有做好，这时推送的引发悲伤的信息就应该与工作无关，例如生活的艰辛、感情的跌宕、老人的心酸等，甚至可以在愤怒的对象能够发现的地方放置一些与悲伤相关的媒体报道，比如天灾人难、突发疾病等。

对自己的悲伤很容易转化为愤怒，但被他人唤起的悲伤却是在关注他人的得失，这是拉近人与人距离的最基本动力所在。悲伤是最高级的基本情绪，是哺乳动物养育子代行为的动力来源。它更是令动物具备了移情的能力，使动物得以依靠群体谋求更好的生存条件。

悲伤也是动物自我意识产生的基本条件。处于悲伤状态的动物能够强烈地感觉到自己脱离了动物最基本"战或逃"的机械模式，而开始关注自己与他人的差异——内心情感世界和外貌长相的独特之处。

第三节　利益——情绪的主宰

> 安抚了那么多人，轮到自己时就失了分寸。

沟通技巧越多，越有顺利沟通下去的自信。然而，再高明的沟通大师也有情绪不佳的时候，这时无论有多么资深的心理学、管理学背景，沟通也会是蹩脚和无效的。原因非常简单，利益卷入太多诱发大量的情绪，而能力又远远不能保障自己的利益。在沟通和问题解决的过程当中，情绪的处理一直是现代社会问题处理的焦点。以下就从能力、利益两个方面，从"三脑模型"的角度，讲一讲如何开展情绪，管理压力和解决问题。

一、能力与情绪的关系

> 情绪是能力不够的产物；智慧是情绪不够的产物。情绪是不费力就流露的，智慧是费大力才挤出的。改变靠能力，适应靠智慧。——小明警①

"艺高人胆大"这句俗语恰恰说明了能力与情绪的关系。笔者观察到这样一种现象：大多数麻雀是害怕人类的，但一些麻雀能够降落在离人类几米甚至更近的地方，啄食地上的食物。在离人类如此近的距离下麻雀凭什么控制住了恐惧的情绪，没有出现逃离的行为，或者很好地控制住了自己的逃离行为呢？一个重要的原因就在于它具

---

① 这里说的"能力"指顺利解决问题的理性，"智慧"指成功压抑情绪的自我慰藉。

有飞行的能力。

当我们感受到自己产生负性情绪的时候，一定是自身能力不足的时候。负性情绪就是一种提示——它越是明显就越是说明我们需要学习、实践、提高。越是有能力的人，就越有宽阔的胸襟，越显睿智。

这里也要讲讲能力，本书中的能力不单单是指知识和技能的储备，更偏重于运用语言说服他人与自己合作的口才①，即合作能力。它也包含了自己与自己的合作——为行为的正当性找到的理由——说服自己的个人伦理道德思考。

能力体现了脑皮层对嗅脑的服务。作为更精密的中央处理器，高级的脑是为低级脑服务的，但采用的方式是压抑，凭什么来压抑？嗅脑靠情绪来压抑虫脑产生的本能；脑皮层靠运用语言的能力来压抑情绪。语言能力不足，主体的意识中就会明确地体验到情绪带来的生理反应，如心跳加速、出汗心悸等。

当我们大脑中浮现出各种各样的自言自语时，我们应该明白这是一种淡淡的情绪驱动的结果。如果内心中的某种情绪挥之不去，总是不由自主地冒出来，那就是在提示我们有以下两种原因：一是正如上文所论述的，是能力不足导致的情绪波动；二是下文即将要论述的，利益与情绪的关系。

对于能解决的问题，情绪变了问题也就自然会得到解决；对于不能解决的问题，情境变了都没法去解决，又何必为它赔上自己的情绪。

二、利益与情绪的关系

从脑进化的过程可以看出，产生情绪的嗅脑是在产生需要的虫脑之后才进化出来的。由此，纵观生命存在的条件，利益这个抽象的经济学概念便显得特别重要。对于生命而

---

① 无论使用哪一个观点说服自己和他人，靠的就是口才，即理智服务情绪，帮助情绪找到文饰的理由，才能实现自己情绪释放的需求。"中国式矛盾"：光阴似箭——度日如年；出淤泥而不染——近墨者黑；兔子不吃窝边草——近水楼台先得月；在天愿作比翼鸟——大难来时各自飞；好男儿宁死不屈——大丈夫能屈能伸；嫁鸡随鸡，嫁狗随狗——男怕选错行，女怕嫁错郎；宁可玉碎，不能瓦全——留得青山在，不怕没柴烧；瘦死的骆驼比马大——拔了毛的凤凰不如鸡；三百六十行，行行出状元——万般皆下品，唯有读书高；人不犯我，我不犯人——先下手为强，后下手遭殃；善有善报，恶有恶报——人善被人欺，马善被人骑；车到山前必有路——不撞南墙不回头；一个好汉三个帮——靠人不如靠己；退一步海阔天空——狭路相逢勇者胜；金钱不是万能的——有钱能使鬼推磨；小心驶得万年船——撑死胆大的，饿死胆小的；得饶人处且饶人——有仇不报非君子；明人不做暗事——兵不厌诈；百事孝为先——忠孝不能两全；邪不压正——道高一尺，魔高一丈；人定胜天——天意难违；双喜临门——福无双进，祸不单行。

言，空气、水、食物、繁衍的实现就是利益的获得。对于植物而言，这些利益可以自给自足，于是植物基本不会运动。

动物则不同。大部分的动物一生都在寻求食物和水，并努力繁衍后代，似乎除了空气这种资源无须争夺之外，动物的脑从产生的一刹那开始，就是为了获得生命存在的必需品——利益，这就是虫脑产生的最根本原因所在。

虫脑只能支持经典条件反射这种学习形式，其被动性可见一斑。仅仅配备虫脑这台简单设备的动物对环境是被动适应的，并不能做出主动的选择，这是由其简单的感官和简单的脑的生理机制所决定的。一些动物不甘于被动，发展出了能够探测远方的感觉器官之后，嗅脑便产生了。显然，嗅脑产生依然是服务于动物本身，依然是为动物获得利益而运作的。我们不知道我们的大脑是如何运作的，却可以体会诸多情绪，其实这就是我们自己从环境中获取利益的主观体验。

情绪是感官将环境信息情报搜集后，嗅脑对这些情报是否能使主体获得利益的研究结论。所有的情绪都是在描绘主体的利益与环境的关系。比如，快乐这种情绪，就是主体在利益获得满足的一刹那产生的心理信号和主观体验；愤怒，是主体在利益实现过程中受到了阻碍而产生的心理信号和主观体验；恐惧是威胁主体利益的对手比主体强大的嗅脑信号；悲伤是利益受到损害；厌恶是在判断哪些不是利益。

在情绪产生以前，第一信号系统是一种抽象的、个体的主观信息加工系统，它完全以信号的形式在神经中传递，并直接以行为作为最终释放的形式。这是动物具有主观世界的基础。但第一信号系统是一种完全的信号系统，与互联网这种通讯信号相似，也可以说这并非一种主观世界，而仅仅是一种低等动物神经系统活动的自然现象。

情绪产生以后，外显的表情成了一种特殊的行为。它的特别之处在于，情绪这种行动的策略将以其他外显行为作为其真正的功能，而表情并不会减弱情绪的能量，只是表达了这种情绪的存在，并非是情绪能量释放的终结，而是一个过程，因为情绪最终会驱动其他非表情的行为产生出来。于是，表情成为主观世界存在的一个重要证据。由此可以推论：假如哲学是指主观世界智慧的结晶，那么文字绝不是哲学的最原始表达方式，情绪才是哲学最根本的源头。通过情绪来表达的哲学是一种生命在环境中获取利益的生存哲学。

显而易见，存在情绪的活动就一定存在利益的得失。于是，要想处理好情绪的波动，不妨想一想，有没有哪些利益是引发情绪产生的原因，而面对这些利益，有没有其他的

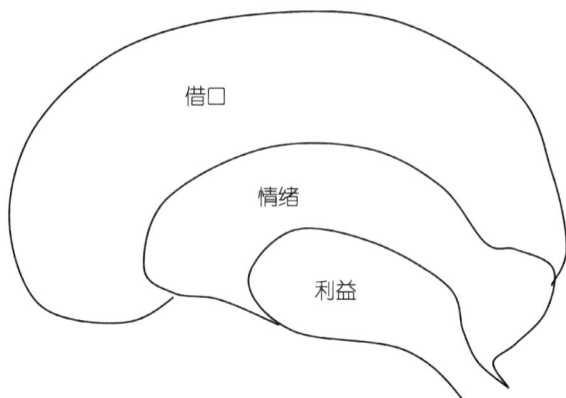

利益、情绪、借口在"三脑模型"中的对应关系

处理方式。利益处理不好，情绪就一定处理不好；处理好了利益得失，情绪自然就不再会纠缠、困扰①。

三、欲　望

研究了这么多大脑的结构和心理的机制，想起常有人说："人生的不幸福来源于两个字——欲望"。但其实这个词可以拆分为"欲"和"望"，从两个角度来理解。

"欲"就是需要，需要得到满足的一刹那产生的是快乐的情绪，但快乐是最容易被人类脱敏的情绪。人类远不能因食物的果腹而感到持续的幸福，人们期待更强烈的快乐，于是欲壑难填，越来越难以满足自己，遂陷入不幸福的感受之中。这是一种比较平常的对人生不幸福的归因方式。

"望"，是希望、盼望，不能实现也会导致幸福感的降低。希望产生之前一定要有看到、听到更好的生活水平这个环节。但开阔视野真的一定是好事儿吗？会不会引起心理不平衡呢？答案是肯定的。当看到周围的人物质生活水平逐渐高于自己，人的心态最容易失衡。这就是中年人参加小学聚会时最大的风险来源。"守本分"这种心态对于经济条件差别很大的两个无关的人还能起到心理调节的作用，但对于出身相似的"同学"而言就容易起到反作用。回到大脑的进化上，不难发现，大脑越是高级，主体的感官越是发

---

① 我们之所以活得累，是因为：放不下架子，撕不开面子，解不开心结。其实，想开了，世界上的一切问题，都能用"关你屁事"和"关我屁事"来回答。

达，接收的信息越是丰富，发生心理失衡的情况越是频繁。其实，越是简单的动物越是有较高的幸福感；生命的智慧越高，越是在追求生活质量的动物，越难以获得幸福感。感官给动物带来的负性情绪一定是多于正性情绪的，但动物也通过负性情绪获得了行为的动力。不同负性情绪驱动行为、思维的效果不同，人格正是建立在此基础之上。

第四节　行为的伦理分析

> 伦理学是关于人的使命的学说。——别尔嘉耶夫[①]
>
> 认识是对恐惧的胜利，也是对痛苦的认可。谁喜欢甜蜜，他就不能认识。善恶的区分是最痛苦的认识，因为生命的价值和意义在其中获得揭示。——《认识中的客体化》

"情绪动力模型"就揭示了行为背后的心理动力机制。每个人，每个动物的每一次行为都符合这一心理机制。而行为是对情绪的释放这一理念也必定会影响着对行为道德、伦理的判断与分析。

一、释放自己的情绪

情绪的最本质属性是信号，指挥动物发生行为的信号。这个信号从个体内部衍生出来，逐步分化，最终成为同一物种，甚至不同物种之间交流情感的载体。情绪是第二信号系统。

行为是对情绪的释放。只要存在行为，一定是存在指导行为产生的神经信号——情绪。这个情绪不是别人的情绪，而是主体自己的情绪。因此，每一个行为都是在释放自己主体的情绪能量。每一个行为从本质上讲都是自私的，因为其释放的情绪是自己产生的。动物如此，比动物进化得高级一些的人类亦是如此。

无私是道德创造出来的概念，激发个体产生对道德的恐惧情绪，恐惧情绪有抑制行为的作用，从而使人表现得道德起来。对非道德行为的抑制也是一种行为，它是由自己

---

① 别尔嘉耶夫（1874—1948），俄罗斯哲学家，剑桥大学荣誉神学博士，20世纪最有影响的俄罗斯思想家。

的恐惧情绪产生的，是在释放自己的恐惧情绪。既然是释放自己的情绪，那又谈什么道德楷模呢？

助人行为更是如此。为了释放悲伤情绪而转化出来的行为常常包含助人行为，其目的是实现悲伤情绪招惹他人注意的需求。助人行为也是在释放自己的悲伤情绪。既然是在为自己的情绪释放出力，助人行为也谈不上无私，也是自利的。

养育行为亦是如此。如果没有看到幼儿时自己产生的愉悦情绪，或者担心幼儿摔倒、生病等情况发生的恐惧情绪，养育行为从何而来？父母如果不是为了释放自己与孩子互动中自己产生的情绪，就不会产生养育行为。也许有读者认为养育是种本能。的确，但所有的本能都需要依托一个神经信号才能实现肌肉和肢体的运动，而这个神经信号就是最原始的情绪，没有这个信号就没有行为。于是，所有的行动都是这个信号的功劳。所有的行为也就不存在高尚之说，其本质是自利的。

二、站着说话不腰疼

每一次的选择都是当事人在当时的最好选择。对于个体的行为，一定是在通过行为释放自己的情绪，且使用了个体当时最好的能力去将情绪以主体最高的技术含量转化为行为。如果有更好的选择，要么不是当时而是事后诸葛亮，要么要恭喜自己现在获得了比那时更强的分析能力，或者是在后悔自己当时的情绪太过于强大，以至于产生的行为带来了不良的后果。

羡慕别人的选择是徒劳的。原因有两点：一是自己与别人在相同情境下完全可能产生不同的情绪体验。情绪不同，产生的行为自然很有可能是不同的。二是就算别人与自己在那种情境下产生了相同的情绪，但每个人将自己情绪转化为行为的技能又是不同的，而别人拥有的技能可能更高，如果自己在那时不具备这样的技能，可能导致行为缺乏策略性。其实使用技能或者策略去转化行为，这种心理操作是需要恐惧这种情绪来保障的。与其说是自己与别人生存技能存在差距，不如说别人有更多的恐惧，因此才更加理性。没有恐惧就没有理性。

评判他人的行为是没有必要的。因为他人在那个情境下产生的心理活动和自己永远都是一样的，都是在产生情绪并用行为加以释放。从这个角度上来说，每一个人也都是平等的，不存在教育和被教育。聪明的人可能只是恐惧的人而已，并没有什么值得骄傲的。但他人的行为可以被分析，还原其遇到的情境是什么，产生的情绪是什么，为什么产生这种情绪，为什么这种情绪会转化为这种技术水平的行为，为什么会缺乏恐惧情绪的产生。这种平等的解析似乎更能够为人所接受，更能帮助到他人。

积情成行，积行成习，积习成言，积言成性，积性成命。本书的第二篇论述的是基于"情绪动力模型"而产生的"人格类型假设"，读者更容易发现人与人之间相互产生的摩擦、误会等人际问题背后的原因——站着说话不腰疼。没有别人的体验，用自己的体验凌驾于他人的体验之上，最终对他人行为的评头论足很容易落入鸡同鸭讲的窘境。

三、正 能 量

正能量包括正性的情绪和升华了的负性情绪。给别人正性的情绪，别人才可能反馈给你正性的情绪。升华负性情绪的要领是将其转化为真正服务他人的想法和行为，前提是客观现实。

四、善 恶 伦 理

"情绪动力模型"的主要观点在于，个体的行为是释放情绪这种能量的方式，行为是情绪的结果。由于行为释放的是主体自己的情绪，于是行为一定是利己的，无论是客观的利己还是主观的利己。那么，在所有行为都是利己的情况下，行为是不是都是恶的，就没有善的行为存在了呢？

（一）主观动机出发点

母爱常常被认为是伟大和无私的，它是由无数的亲子行为所构成的，如"情绪动力模型"所说，这些行为也都是在释放母亲自己的情绪，那么母爱的行为依然是利己的。利己的行为似乎就谈不上什么伟大了。生活中我们都有这样的经历，孩子不觉得天气冷，父母一定要给孩子添衣服，试问这种母爱行为是不是在通过强迫孩子多穿衣服来释放父母自己的恐惧情绪呢？穿衣服是小事儿，考大学呢？选专业呢？婚姻呢[①]？人在成长的道

---

① 人格是自我保护的工具，再亲密的关系也会因人格的不同而相互感到可笑。——小明警

路上有两个最大的敌人，一个是自己，一个就是父母。父母的意见当然是有海量依据的，但它终究不是孩子自己的意见，替代了孩子的意见，孩子就始终不能学会自主——使用好自己。听父母话的孩子在离开父母的庇佑步入社会之后就会表现出竞争的乏力。当然，听话的孩子成长过程会更安全。

行为是释放情绪的方式，情绪本来就是自动化、快速、模糊、利己和非理性[1]的。那么，由非理性的情绪所决定的行为，其善恶如何考量呢？有没有什么人是善良的？假如人的本性是恶的，怎么做才能更善良一些呢？

首先，正如"情绪动力模型"假设的那样，行为是情绪的结果，情绪的自私性、非理性[2]等特性决定了行为的出发点就是将自己的利益凌驾于他人的利益之上而衍生出来的。因此，行为从主观出发点而言一定是恶的。阅读后文的读者会反驳，9号调停者的注意力一直都在过滤"他人的利益"，2号给予者的注意力一直都是想获得"他人的认可"，他们都是为他人着想的，怎么会是恶的呢？这个问题的关键就在于无论是9号作为一个腹中心，被迫对他人友好，还是2号这个心中心用各种的方式讨好别人，他们都是在满足自己情绪顺利转化为行为的需要，都是在安抚自己的情绪。他们获得的"利益"就是自己的情绪得以平复。于是，善恶的考量无论主体自己是否意识到，答案一定是肯定的，都是利己的，都是"恶"的。

> *钱和良心，你总不能两个都要吧？——电影《判我有罪》*

（二）客观行为效果律

既然行为都是有意无意地在实现自己的利益，那么还有必要弘扬善么？答案当然是肯定的！因为笔者相信，地球上的绝大多数人面对这个问题时都会做出肯定的回答。这就是人性。人性是向善的，但人格是本恶的。善不能战胜恶——生命的目的是永恒的创造，而不是对规范和原则的服从。除了通过法律和规范以外，善不知有战胜恶的其他

---

[1] 我们常常能原谅一贯犯错误的人，却不能原谅偶尔犯一次错误的人。当一个从不会向你说好话的人偶尔对你说句好话，会让你激动不已；而一个一贯对你说好话的人偶尔冒出一句不好听的话，会让你难受几天。这些往往是因为我们自己的判断和思考出了问题，是我们的心理在作怪。亲则疏，远则香！

[2] 不争馒头争口气。

方法。

　　既然善是没有纯粹善的主观出发点的，于是亚里士多德提出"人的善就存在于人的功能中"，认为行为的结果如果能令他人获益，该行为就是善良的。很多人格类型都会以此为自己的行动准则，认为高技术含量的行为，无论自己主观想法如何，只要他人获益，就是善良的；低技术含量的行为，就算自己主观多么善良，一旦他人利益受损，就是邪恶的。

　　有人认为，苛求美德就是傲慢、自私和怨恨的体现，但面对主观动机出发点和客观行为效果律，笔者以前者为善恶评判的对象，认为良心要比善行重要。

（三）良心

　　严于律己，宽以待人的祖训诚然是向善之举。评价他人客观一点，使用客观行为效果律，只要第三者受益，他人行为就是善良的；但自我要求要主观一点，首先承认自己的行为一定是由自己负责的，且一定是在实现自己的利益，然后我们就要多思考为他人谋取利益。对于别人的行为，只要客观上是利他的，就应多一些肯定；对于自己的行为，不仅客观上要能够帮助到别人，主观上也要力争向善——虽然这属于悖论——行为是满足自身的情绪的，"潜意识"一定是利己的，但意识上应该是利他的——这是不能放弃的道路，也是良心之所在。

（四）一刹那的善

　　自动化的利他行为是善举；但凡通过意识的权衡与思索，必定是在为某些情绪能量寻找处理的突破口，哪怕最终形成了利他的行为，那些"犹豫"所花费的时间就是自利的体现。虽然说，任何行为都是在宣泄自己的情绪能量，笔者还是承认有善的存在，条件就是：从情绪直接到利他行为，几乎没有意识参与。危急时刻挺身而出，牺牲自己，保全他人就一定是善举。

　　行为都是为了释放自己的情绪，都是自私的，问题是：行为的效果是否能惠及他人。觉悟者是自我的，他的行为令自己舒适，也令他人获益。他并不会否认前者，也不会苛求后者。

人格理论用于个人问题的解决叫心理咨询；用于矫正心理障碍叫心理治疗；用于刑事侦查叫心理画像；用于教书育人叫教育心理学；用于商业叫人机功效、广告心理，或者公共关系、人力资源；用于人才测评叫心理测量。人格心理学是心理学中最具有价值的研究方向之一。

"情绪动力模型"关注的是单个行为产生的动力学机制，论述的是情绪，而非其他心理活动才是行为产生的根本推动力。"情绪动力模型"也是一个认知心理学模型，详尽地说明了环境对主体是如何发生作用的，主体又是如何将环境中存在的部分刺激转化为自己的心理活动，以及主体能意识到的主观世界又是怎么样的。

使用"情绪动力模型"对个体的一组或一段时间的认知过程和行为过程加以分析后，其心理活动在"情绪动力模型"的解析下会呈现出九种有规律的模式，即存在九种心理活动的范式。这就是基于"情绪动力模型"的"人格类型假设"——九型人格。本篇头一章（第五章）介绍传统的九型人格理论。从第六章开始，将详尽地从"情绪动力模型"的角度对九种人格类型的各种心理过程开展更贴近心理学的解析。

尽管每个人都是独特的，但他们也许属于某一个更大的范畴。

　　了解自己是需要勇气的。研究发现，人们宁愿相信一份以人群平均分为各指标描述的人格测验报告，也不愿相信那份自己亲自做的人格测验报告。

　　人格是内部心理机制，是外显行为的产生原因，具有间接性、稳定性和相对的独特性。

　　间接性是指人格是主体内心的机制，不能直接观察到，只能通过观察行为加以推测。优秀的人格理论不仅可以解释个体的种种行为，也应该是心理治疗的基础，是解析行为产生的动力模型。此外，优秀的人格理论不能将理论假设完全建立在凭空想象的基础之上，应该以生理基础为蓝本完善心理机制的研究，使理论模型具有根基，牢不可破。

　　稳定性是指人格这种心理机制对于每一个个体，无论是动物还是人类，其理论模型都是一样的。这种心理机制是稳定的，无论哪种个体，均能够使用该人格理论进行行为分析与预测。本书提供的"情绪动力模型"就是这样一种人格理论，小到如何去分析一个女生打耳洞戴耳环的行为，大到如何去理解一个国家、民族的文化、传统、哲学，都能够加以解释。当然，动物的行为也是可以解释的。在"情绪动力模型"上的偏好是个体人格类型的稳定性。

　　相对的独特性是指人格类型的特征。人格类型是人格活跃的几种具体规律。"情绪动力模型"是认知心理学理论；九型人格是"情绪动力模型"活跃的九种具体的规律，是人格心理学理论。某种人格类型相对另一种人格类型而言是独特的，但相同人格类型的人，行为具有相似性，因此其人格活跃的规律不可能完全独特。如果个体的心理机制是完全独特的，那么心理学就不可能存在，因为个体的内心是无规律可循的。

　　本章介绍"九型人格"这一人格类型假设，为下一章继续通过"情绪动力模型"对九型人格各种类型、各种心理活动环节开展解析进行铺垫。

第一节　九型人格的来源

　　宗教是人类情感的寄托与归纳，无论人类社会如何发展变化，情感是恒久不变的话题。而九型人格恰恰源于宗教，是一门关于情感的精妙学问。

一、九型人格科学吗？

九型人格是个什么工具？人凭什么分成九种？它科学吗？要回答这些问题，我们得先明白什么是科学。

知识分两种：先验和经验。通过统计等数学方法研究实验结果而得出的结论是经验的，仅仅通过推理而领悟的想法是先验的。九型是先验的，是通过启发学习，掌握其精髓后，再加以常理开展推理后形成的一套识人理论，而正是这套看似简单的理论，它的体系却能够吸收当今心理科学研究的大量成果，而笔者更是将九型作为自己心理学专业思维的理论体系。其他诸如星座、生命数字密码、生辰八字算命等带有强烈的宿命论色彩，以先验之名让部分经验之人信服，属于神秘主义。

科学讲究实证，基于经验主义传统，以证据和命题的可证伪为原则。如此，科学心理学就只有行为科学和生理心理学这两种从人格的表面和根源研究的途径。殊不知生理只是心理的开始，行为仅仅是心理的结果，放弃研究内部心理活动的所谓科学心理学是不能揭示心理规律的。而当前，研究人类内心意识，甚至是潜意识变化的可行性依然很低，因为当前科技尚不够给力。依靠现在的科技，想用经验主义方法去诠释人格心理学，是不可能像先验主义那样对人格进行假设来得深刻的。

科学讲究实证，而内部心理活动这种研究对象不能作为证据，潜意识、情感、体验这些内部活动看不见摸不着，太主观了，无法成为证据（证据最怕造假，而心理自陈是非常容易有意无意地造假的）。由宗教脱离出来的九型人格尚不具备科学证明的条件，所以九型人格中的很多推论都来自个案，应用于个案，不是科研结论。但九型对心理学的价值却一定很高，因为基于九型人格的心理分析在实践中效果良好，应该成为科研人员研究的一个方向，关键看其实验设计是否得当。

现在的科技很难解决心理学的问题。宗教对人类情感规律的把握正是补充了当前科技对于心理学爱莫能助的空白部分。九型更是基于宗教对人性的分析和行为推理而集合的理论假设。笔者认为，九型人格分类的核心是情绪、情感的排列组合，只是九型走在对情绪科研的前面很远，对科学心理学的研究提出了假设。

当前，只要谈及人格心理学，似乎只有使用行为科学方法而编制的特质人格理论，如大五人格才是科学的。殊不知行为科学最讲究的是统计分析和实验设计。统计分析包括描述统计和推断统计，前者只定量不定性，后者在可能出错（α或β错误）的前提下定性，却严格禁止将结论推广至与样本不同的其他总体中使用。而心理学实验设计包括横向研究和纵向研究，前者得不出可靠的因果关系，后者受限于实验伦理难以有所作为。心理学源于哲学，却几乎被行为科学替代，人格心理学日渐落寞。

科学心理学不会一下子接受九型人格，主要是因为九型人格的"出身"不太好，与宗教、神秘主义关系密切，那个九宫图LOGO更是显得很悬。再加上没有可靠的测试方法，没有充分的实证研究，故尚未得到"严肃心理学"的接纳。难怪很多人将其与星座、血型相提并论。

笔者心理学科班出身，长期从事警察选拔、心理测试、心理训练、危机干预工作，对九型人格比较了解，教授该课程逾八年时间，算下来九型人格的课也上了不下四五百节。对这个理论与心理学的关系有一些自己的看法。

九型人格对人格类型加以区分的内在逻辑是"情绪动力模型"。

"情绪动力模型"（生理学理论基础是"三脑模型"）认为：人的心理活动，行为表达都是人释放内心情绪的结果（人从来都是情绪化的，所谓的"理智"只不过是淡淡的恐惧罢了），于是情绪种类决定了行为、思维的种类。愤怒、恐惧、悲伤这三种情绪将人分成三大类[1]；而面对自己的情绪时，人又会产生愤怒、恐惧、悲伤三种情感[2]。九型人格就是愤怒、恐惧、悲伤在情绪、情感两个维度的排列组合，即三乘三得九的人格类型理论。

例如，愤怒的情绪加上恐惧的情感，是9号和平型，其最大的特点就是敢怒不敢言，和事佬，如《三国演义》中的刘表、鲁肃，《水浒传》中的林冲等；悲伤的情绪加上悲伤的情感，是4号浪漫型，其最大的特点就是用独特的方式吸引他人的注意，但依旧很容易伤感，如《红楼梦》中的林黛玉，《甄嬛传》中的沈眉庄等；恐惧情绪加愤怒情感被称为"反转的恐惧"，最大的特点就是及时行乐，如《射雕英雄传》中的周伯通，《鹿鼎记》中的韦小宝等。

九型人格分类的逻辑并非是价值观，而是情绪情感的排列组合，该组合才是决定心理、行为的根本因素，价值观也是人在使用自己情绪情感组合过程中逐渐形成的。

---

① 详见下一章关于"三个中心"的论述。
② 详见下一章关于"核心情感"的论述。

跳出三乘三组合的人也是存在的，但概率很低。不符合情绪动力模型基本观点的人也存在，但一部分是心理异常人员（比如常人用性行为来释放性唤起这种情绪，有人却用吃掉别人的脸来释放性唤起，这个现象就属于心理变态，本质是情绪转化为行为这个环节的变异过度）。因此，三乘三的情绪情感组合——九型人格能够概括大部分人的人格类型。

但实际操作却和理论推演有较大的距离。很多人难以发现自己确定的人格类型，主要原因就是不能在自己的情绪、情感两个维度中分别确定自己最常用的到底是愤怒、恐惧还是悲伤。因为上述人格分类的逻辑存在一个非常困难的特点，就是所说的情绪、情感都是"阈下"的，即当事人很难意识到这些感受（包括情绪、情感）是如何作用于自己的心理和行为的。而认知心理学上，关于"阈下情绪"对心理活动的各种影响（启动效应等）尚处于争论和实验阶段。还处于认知实验的理论推演自然没有可靠的应用心理学技术来编制测验，故尚无可靠的九型人格测试方法，最重要的原因在于阈下情绪、情感的测定难度太大。

于是，这门学说暂时与规模化的心理测试无缘，也就加剧了实证研究的匮乏。

那么，九型人格的价值在何处呢？

在于对他人的分析和对自身的反思，也可以用于心理治疗中。

掌握了情绪动力模型，对他人行为、注意力、语言、童年经历、世界观、人格障碍等环节就有了清晰的观察、识别的要点，在九型的理论框架下探讨对人的心理分析就成为可能。有了他人九型人格类型的假设，就能够对其行为、人际、能力等做进一步分析和预测。（使用这些技术前是需要一定时间的培训的；这些技术也不可能完全有效，不可能用于分析任何人格心理学现象。不同人格类型的分析、确定难度不同；不同场合下人格类型的表现程度也不同；长期职业化的人是很难用九型人格很快确定其人格类型的，但某些时候，对某些人即使没有交流，仅仅凭借观察，也能确定其类型。）

将上述这种分析方法用于自我分析，就能够得到自我成长，也可以用于心理治疗，解析来访者的心理动力。当前，九型人格的许多商业化行为会夸大其作用和应用范畴。实际上，它是一门超前的人格心理学理论。虽然同样不可能解释一切疑问，但是，如果读者对心理学有兴趣，却对它嗤之以鼻，作为警校《犯罪心理学》《表情识别》《人格分析》的授课老师，笔者会觉得"太浪费了"。九型人格所带来的对"严肃心理学"的作用，可以说仅次于精神分析学派对心理学的贡献，一棒子打死，可惜了。

二、实验心理学中脑成像技术的局限性

功能性磁共振成像（fMRI）仪成像的物理学基础是核磁共振现象。fMRI成像的时间可以短至几十毫秒，空间分辨率可以达到1毫米，能同时提供大脑结构像和功能像获得准确的空间定位，可以无创性地多次重复实验。但fMRI测量的信号不是直接的神经活动信号，其测量的血氧变化信号一般滞后于神经活动4～8秒，目前能够达到的时间分辨率最多只能在数百毫秒数量级[1]。

可见，当前最高精尖的技术无非也仅能为大脑活动的区域拍个照，最多再录个像，而心理是如何运作的，行为产生的内部机制如何，仅靠这一张张"大脑云图"和心理工作者基于这些统计学资料的主观臆测，恐怕不能满足人们对心理学的期待之情。

三、九型人格的起源

九型人格起源于伊斯兰教的分支——苏菲教。苏菲是羊毛的意思，九型人格是中东牧羊人发现的一种人格分类的方法。20世纪初，俄国探险家葛吉夫在中东石窟中发现了当地人崇拜的图腾：九柱图。葛吉夫将该图背后的识人理论带至美国。九型人格后经智利心理学家依查诺、美国心理学家唐利索等发展至今，后传入中国台湾地区并于21世纪初期传入大陆地区。

九型人格来源于宗教，其宣扬的"压力走向""提升方向"数字序列更为其披上了一件神秘主义的外衣。因此，以科学标榜自己的传统心理学难以将这门关于人格类型的成熟理论纳入教学体系，使其游离于心理学学科目录之外。

笔者受传统心理学教育多年，但正是九型人格这个体系将笔者心理学专业所学的理论从割裂变为融会贯通。可以说，人格类型九分法对正统心理学将起到翻天覆地的作用。

无论是九型人格还是佛教、基督教，其对人类心理运作机制的看法是殊途同归的：情绪才是影响心理活动最根本的变量。厘清这个思路后，从动物到人类的行为分析就存在了一个固定的范式："情绪动力模型"。"情绪动力模型"是九型人格投身"正统心理学"的出路。

---

① 摘自中华心理学论坛。

四、关于九型人格的测验

九型人格的测验还是以自陈量表为主，国内常见的有108题的和144题的问卷。由于出题者、测试者对题目的理解和对题干描述内容的觉察，以及所依据的出题理论等影响因素的存在，现有的九型人格问卷的信度、效度都不能令人满意。九型人格问卷的信度和效度远比MBTI[①]要低很多。其实这就是"人格类型学"最大的短板——缺乏行为科学有力的证据。其原因在于：人格类型学认为，只有真正的觉察者才能正确判断自己的人格类型；另外，同一种人格类型的人，行为依然是五花八门的，且常常与其他类型发生重叠。因此，人格类型的测试困难是极大的。这使得人格类型学饱受诟病。在行为科学领域站得住脚的类型学也只能是那些简单的四分法，充其量只能成为"性格类型学"，而非"人格类型学"。

在此，笔者提示读者，不要轻信人格类型心理问卷的结果，包括自陈量表和投射量表。想了解自己的类型，学习类型的理论才是最重要的。因为它能带来觉察。觉察之后才是自我发现和对人生正确的规划。真正懂得类型学的人才可能因地制宜，正确地与人沟通。

基于"情绪动力模型"而制作的人格类型测验尚在研究中。本书提出以"情绪动力模型"来解析九型人格，其核心技术就是阈下情绪偏好这一心理现象的量化，以及情绪习性（核心情感，简称情感）这一管理阈下情绪的习惯的量化。然而，当前在实验心理学、认知心理学方面，有关阈下情绪、阈下情绪偏好的研究还不是那么给力，核心情感更是一个笔者提出的新概念，具体理论见下一章的论述。

未来的人格类型测定技术，必然是摆脱了自陈量表的种种束缚，超越测验主体自我觉察程度，主要利用不随意认知行为进行数据建模的认知心理学测验。此外，必然会将类型的思想转化为能力的思想，对不同的能力[②]开展量化测定。

第二节　九宫图

九宫图是九型人格理论的"LOGO"。本节将根据这个"LOGO"介绍一些经典的九型人格理论。由于古老的九型人格理论有较强的神秘主义色彩，笔者将逐一使用"情绪动力模型"解析这些理论背后的心理学依据，努力将九分法纳入传统心理学体系。

---

① 基于荣格的《心理类型学》思想所编制的人格类型测验，在企业招聘、职业规划等方面应用广泛。
② 有几种人格类型就意味着有几种不同的能力。人格类型的不同也可以视为人在这些能力上发展程度的不同。

一、九种人格类型的简要介绍

九型人格对人格类型的划分是使用阿拉伯数字进行标识的，因为用固定的词汇来归纳一个人格类型的心理和行为总会有失偏颇，相同类型的人也会有不同的心理健康状况。后续的章节会描绘心理异常的人在九型人格中是如何进行划分的。其实，用数字代表人格类型体现了对每一种人格类型的公平和尊重。当然，书中还是会为人格类型选取一些词汇来帮助初学者更快地掌握其核心，但要注意的是，这些词汇仅仅提示了该人格类型某一方面的行为特征。忽略了对一些行为特征的概括，简单地望文生义会对某些行为产生错误的推导。

（一）第1型：完美主义者

> 生活不一定要五颜六色，但绝不能乱七八糟。——1号的话

第1型，也叫1号，常见的名称有"完美主义者""革新者"等。

1号对正确性有很高的内在标准，并希望自己能达到那些标准。他们能轻而易举地找到自己和他人的错误，并且知道应该如何改进。因此，1号给有些人的印象是过于严厉或者吹毛求疵。如果事情没有按照1号所认为的正确方式去做，他们将很难接受。假如1号答应做一件事，那就意味着他们一定会把它做好。虽然平时1号的情绪不易外露，但是当别人办事不妥或者行事不公、不负责任时，1号会表达不满的情绪。1号总是工作在前，享乐在后。而且为了完成工作，会抑制自己的欲望。

1号是那种是非观念、正义感、道德感比其他人要高的人。无论对待工作和生活，他们往往是一丝不苟的。这种追求高标准、严要求的习性使得他们从其他人格类型竞争者中脱颖而出，稳获"完美主义者"的殊荣。

（二）第2型：给予者

> 你有两只手，一只用来帮助自己，一只用来帮助别人。——赫本

第2型，也叫2号，常见的名称有"给予者""助人型"等。

2号对别人的感受很敏感，无论是否认识对方，都能轻易地了解他人的需要。在看到别人的痛苦与不幸的时候，2号会感到无奈，因为他们想为别人做更多。2号愿意主动为别人提供帮助，往往会因为投入过多的精力去照顾别人而忽略了对自己的呵护。然而，假如有人想轻易地利用，甚至操纵2号时，2号也懂得说"不"。2号希望自己在他人眼里是一个热心肠的好人，但是如果得不到别人的重视和赏识，2号会变得十分情绪化，甚至有些苛刻。2号注重良好的人际关系，而且愿意努力营造良好的人际关系。

2号是一个温柔的倾听者和聪明的沟通者。和他们沟通会感觉到自己受到了尊重，会非常享受他们的恭维，并不知不觉地提高了自己对他们的喜爱。2号不但会用语言使沟通的气氛融洽，他们频频点头、欣赏和赞美的眼神也令人受用不已。2号是幽默的，但他们也会带有一种小羞涩，这种萌萌的谈吐惹人喜爱。

（三）第3型：实干者

> "不要给我做不到的理由，给我做到的方法。"
>
> "就算我们只有自行车的外表，也要保持一颗飞机的心。"

第3型，也叫3号，常见的名称有"实干者""成就型"等。

追求完美是3号的行动机，多年来的成就使3号能够得到许多赞誉。3号一生会做许多事，而且几乎每件事都是成功的。3号会十分认同自己的所作所为，因为其坚信一个人的价值在于他的成就和别人对他的赞誉。因此，3号总是希望在有限的时间里尽可能地多做一些事。为了把事情做好，3号常常忽视自己的感觉，也顾不上反省。因为经常有事要做，3号难得闲着，也难得休息。另外，3号会对那些不会利用时间的人缺乏耐心，甚至从那些办事太慢的人那里抢活干。3号喜欢体验高高在上的感觉，崇尚竞争，绝对是一名出色的竞赛选手。

3号在沟通中总是瞄准了项目的目标，日常的沟通中也非常注重社交的广泛和技巧。说话时，3号控制不住自己的眼睛，会紧盯着他们沟通的对象，根据对方在对话中的身体语言或其他线索不断调整自己的沟通策略。3号是谈判高手和策略专家，他们的积极能量总能感染着沟通的对象。

（四）第4型：浪漫者

第4型，也叫4号，常见的名称有"浪漫者""悲情浪漫者""个人风格者"等。

4号是一个敏感的人，感情强烈。由于觉得自己与众不同，4号经常被人误解，而且感到孤单，难免敏感，情绪夸张。在别人眼里，4号的行为就像是在表演，而且应该受到批评。但4号却一味地渴望与他人进行感情交流，交换强烈的情感体验，也想拥有几乎不可能得到的东西，又总是在唾弃自己已经得到的东西，这令其人际关系并不融洽。4号一生都在寻求心灵的沟通和理解，却总是由于知己难寻而郁郁寡欢。4号很想知道为什么别人活得更快乐。4号对美学很有天赋，因为他们有丰富的情感世界。

4号是讨论小组中的创意专家，因为他们的品位绝对胜过其他人格类型。4号在生命的障碍里找寻自由。当前的流行趋势、工作的意义、项目的定位这些高大上的问题是他们喜欢的话题，至于执行、程序、保障等琐碎的工作绝不是他们喜爱的话题。

（五）第5型：观察者

第5型，也叫5号，常见的名称有"观察者""科学家""思想型"等。

5号是一个性情安静、善于分析的人。通常，5号喜欢在一旁观察事情的进展，而不愿意身陷其中，也不喜欢别人对其提太多的要求，而且不喜欢别人了解自己的感受。比起大多数人来说，5号喜欢多一些时间去独处。独处时，5号能更深入地体会自己的感受，而且经常能从旧事重温中得到经验。当独身一人时，5号从来不会觉得无聊，因为其精神生活十分活跃。对5号而言，保留独处的时间与精力，过一种简简单单的生活，以及尽可能地保持自给自足都是很重要的。

5号在沟通中会有意无意地具有一定的攻击性，可能因为他们的专业背景，或者他们在沟通前会做充分的背景资料分析，也可能因为他们天生就注重逻辑而忽略了别人的感受。他们的发言会充满逻辑性，思路清晰，引经据典，令其他发言者的意见黯然失色，甚至无言以对。如果一定要搞懂别人的意思，5号常常会询问对方所使用的词汇的确切定义。比如"你说的'执行'的意思是？"

（六）第6型：怀疑者

> 有悬崖自己不愿跳，我叫别人把我踹下去，我边降落边长出翅膀，在恐惧中长大。——李阳
>
> *Feel the Fear and Do It Anyway*[1]

第6型，也叫6号，常见的名称有"怀疑论者""忠诚型"等。表面上看，忠诚和怀疑是一对反义词，然而，这正是6号的典型特征。

6号极富"想象力"[2]，尤其是在安全受到威胁的时候。6号常常能发现危险或者有害的东西，而且立刻就可以体验到灾难真正来临时的害怕与恐惧。通常，6号会避开危险的正面挑战。另外，"想象力"还使6号变得机智和幽默。6号希望生活变得更确定，但却总是怀疑自己周围的人和事。6号常常能发现别人观点中的失误和不足，因此他人会觉得6号很机敏。6号常常怀疑权威，却也会觉得自己并非权威。6号能看出别人观点中的错误，也善于找出失败的原因。一旦6号决定为某个人或理想奋斗后，就会死心塌地地去做。

年少时内向、自卑、回避，成年后自大、偏执、狂热，这背后都是恐惧：对年幼时家教严厉的恐惧和对生存环境的恐惧。6号的对话会有很多试探。顾左右而言他是6号喜欢的沟通方法，这种测试与情报获取特别相似，所创造的语境也非常灵活多变，进可打破砂锅问到底，退可一笑了之全身而退。有时他们仅仅通过别人对他们说话的简单反应就可以开展大量推断，指导他们进一步的行动策略。6号在与别人的对话时是若有所思

---

[1] 苏珊·杰弗斯（Susan Jeffers）所著的一本书。

[2] 在下一章中，笔者引入两个概念——"妄想"和"想象"。妄想是基于恐惧而引发的思维活动；想象是基于悲伤而引发的思维活动。这里所谓的"想象力"，指的是妄想。

的，这使他们的目光会经常离开交谈的对象。

（七）第7型：享乐主义者

> *"游戏是小孩子的工作，工作是成年人的游戏。"*

第7型，也叫7号，常见的名称有"享乐主义者""活跃型""乐观主义者"等。

7号是一个乐观的人，喜欢尝试新鲜有趣的事。7号的思维非常活跃，思想可以在不同的观点中飞速跳动，甚至喜欢将一些交织在一起的观点汇成一张图。7号会花许多精力将原本不相关的概念联系在一起，却对无聊或重复的事缺乏耐心与兴趣。7号喜欢计划和准备阶段的工作，因为这一阶段会有许多有趣的选择可以发挥；而一旦对某些事失去兴趣，7号很难继续做下去，因为7号会投入到另一件让其兴奋的事情之中。就算遇到沮丧，7号也会将注意力转移到令人愉快的事物上——"我相信人们有权利过快乐的生活"。

7号的谈话内容总是与有意思的信息有关，这让他们的对话最容易偏离谈话的主题，除非话题非常有趣，否则7号一定会创造出好玩的话题。7号的逻辑性也是很强的，这使他们的语速很快，也非常期待别人能满足他们的好奇心。

（八）第8型：挑战者

> *打不是糟蹋，打不好才是糟蹋。——"狼爸"萧百佑*

第8型，也叫8号，常见的名称有"挑战者""领导型"等。

8号的行事方式比较极端，要么是要么不是，尤其是处理那些与他们相关的事情。8号崇尚坚强、独立的品质，不轻信他人，喜欢别人以直率的态度对待自己，不喜欢别人拐弯抹角，最恨受到欺骗，更不喜欢受别人指使。8号很难容忍软弱的人，有时难以很好地自控，特别是生气的时候，完全不能掩饰他们的感受。遇到是非纠葛，8号通常站在朋友和爱人一边，尤其是当他们受到不公正对待的时候，8号自愿挺身而出。

社会是弱肉强食、适者生存的，这种社会状况会长期存在。8号喜欢与利益有关的话题，了解他人获得、丢失自己利益的故事，搞清人际关系中每一个人的来龙去脉是在竞争中处于不败之地的第一步。黄色笑话是8号喜欢的话题，这正好说明了他们的情绪没有受到太大的压抑。

（九）第9型：调停者

> "在哪里跌倒了，就在哪里躺一会儿吧。"

第9型，也叫9号，常见的名称有"和平型""和事佬"等。

9号能够全面地看待事物，但由于老是看到事物的利与弊，所以9号容易缺乏明确的观点。9号能凭借这种能力帮助别人解决分歧。有时候这种能力还使他们可以更清楚地看到别人的处境以及他们的优点。9号心烦意乱时会轻重不分，捡了芝麻丢了西瓜，不知道什么是真正重要的，也会为了避免纷争去迎合别人。所以在他人眼中，9号是一个随和的，能让别人舒服、放松的人，因为9号通常不会当面对人发怒。9号喜欢舒适、和谐的生活，喜欢得到别人的接纳。

9号在对话中总是在认同别人的看法，甚至为别人的行为寻找合理的解释，给人感觉十分贴心，却很难在紧急情况下做出灵活的反应。9号沟通的思路简单、直接，虽然常常能一语中的，有时甚至一针见血，但言辞内容也显得单薄、简单，缺乏全盘、纵深的考虑。

二、"三种状态"

九型人格认为每一种人格类型在不同程度的压力下会呈现出三种状态，即在毫无压力下呈现安全状态，在一般情况下呈现日常状态，在高压力下呈现压力状态。九宫图提供了每一种人格类型三种状态的解析提示：即某一人格类型的压力状态是其延伸出来的箭头所指向的人格数字，即压力点。安全点则是箭头的反方向所指的人格数字。例如，根据"九宫图"，9号的压力点是从9号发出的箭头所指向的6号，6号是9号的压力点；9号的安全点，则是3号，因为指向9号的箭头反向是源于3号的。

要讲清压力点这个概念，需要从九型人格的图标——九宫图（或者被称为九柱图）讲起。

（一）九宫图

如图所示，九宫图是一个由圆、线条、箭头组成的图标。这个图标集合了压力点、放松点、影子点、联盟点等众多的传统九型人格理论知识点。因此，九宫图也成为九型人格爱好者津津乐道，甚至引以为傲的谈资之一。

九宫图是从最外圈的圆画起的。圆是由无数的点组成的，每一个点都代表着一个人，预示每一个人都能够用九型人格来解析，必然属于九型中的一种。这个观点笔者是赞同的，但会从其他角度[①]来解释它。

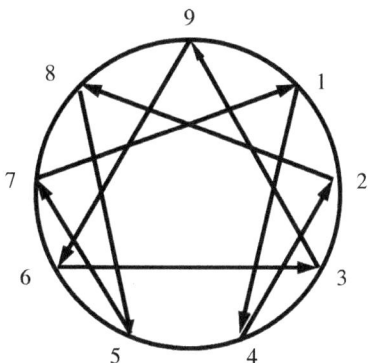

九宫图

（二）核心人格

圆画完后，在圆内部画一个正三角形，标3、6、9三个数字，代表着实干者、怀疑者及和平者三种人格类型。这个正三角形代表了九型人格对推动世界的力量的理解：这个世界发展由三股力量，而非仅仅是前进和后退两股力量组成，第三股力量就是9号所代表的调和，协调与调和也是一股推动世界的力量。这个观点与一般理论对事物某维度非高即低，非好即坏的二元论有了较大的不同。3号代表的就是前进的力量，而6号代表了抑制和后退。三股力量以稳定的三个点的结构构筑于九宫图的三个方向。

3、6、9三种人格类型也称为"核心人格"，他们的规律是都采用了遗忘的方法处理其核心情绪。这些道理后文中将有更详细的论述。

（三）压力走向

核心人格画完以后就要标注核心人格的压力走向，即图标中的箭头。如图所示，3→9→6→3。压力点是某种人格类型在遇到压力时所呈现出另一种人格类型的行为特征。注意，不是变成了另一种人格类型。压力走向也叫解离方向。"解离"是指人格失去了保护主体心理健康的功能，也就是主体使用人格应对环境，却以失败告终的情况下，

---

① 用后文中的"图形与背景的视角"来解释。

会对自己和世界失去信心。

压力点是九宫图中自己发出的箭头所指向的那个点。

1. "3下9"

3号实干者在付出努力却得不到公正的回报时，感受到压力，当压力逐渐提高时，3号会感受到挫折，并展示出一种类似9号那种无所谓和远离纷争的生活态度。这时，9号就是3号的压力点。3号处于压力下体现出9号的状态，九型人格爱好者们也称之为"3下9"。

2. "9下6"

"9下6"是比较好理解的。9号和平型习惯平静的生活，遇到打破其平静的压力来临时，9下6，展现出6号谨慎、多疑的行为。

3. "6下3"

"6下3"则很好地解释了6号在压力下来不及，也不可能处理好事情时，展示出3号的那种行动迅速，但也可能会鲁莽行事。

三种核心人格在九宫图上的压力点由箭头指出，不是太复杂。六种非核心人格在九宫图上的画法和压力走向就比较复杂一些了。

（四）非核心人格

非核心人格包括1、2、4、5、7、8六种人格类型，在画九宫图时如图所示，按顺时针的方法在圆圈外面提前按数字从小到大的顺序标注，然后按照1→4→2→8→5→7→1的原则[①]，在圆圈内画线条和箭头，于是九宫图就顺利画完了。

也许读者会觉得这个顺序难以记忆，其实有两个办法来记忆。首先，$1÷7 = 0.142\,857\,142\,857\,142\,857...$这个无限循环数恰恰就是九宫图中非核心人格的压力走向。这一数学运算和九型人格关系的发现为九型理论蒙上了浓厚的神秘主义色彩。当揭示因果关系的理论完全不能被解释的时候，这种因果关系就可以被称为神秘主义。循环数字揭示了人格类型的理论，这的确具有传奇的色彩。第二种记忆的方法是将$142\,857$分成14、28和57三组，后一组基本就是前一组的两倍。要理解非核心人格类型的压力走向也

---

① 世界上最神奇的数字。据说142 857发现于埃及金字塔内，它是一组神奇数字：$142\,857×1 = 142\,857$；$142\,857×2 = 285\,714$；$142\,857×3 = 428\,571$；$142\,857×4 = 571\,428$；$142\,857×5 = 714\,285$；$142\,857×6 = 857\,142$。表现为同样数字调换了位置反复出现。那么把它乘与7是多少呢?我们会惊人地发现是999 999。

并非难事。

1. "1下4"

"1下4"的情况在生活中有相当多的例子。那些对自己道德品质有较高要求的1号完美主义者，遇到无法融入的环境，经常会展示出4号的浪漫诗人情怀。同样是具备攻击性的腹中心[①]人格类型，1下4的这个特质使得1号比8号更具人文气质、诗人情怀。"刚中带柔"说的就是1号[②]。

2. "4下2"

"4下2"解释起来比较特别，由于4号以我行我素来标榜自己的独特，当这种独特受到挑战和否定的时候，4号终于从自己沉浸的小天地中探出头来，展示出如2号般关心他人，关心世界的态度。其实，乐于助人的4号可能是一种处于压力下的表现。

3. "2下8"

> 原发的爱，继发的恨。——小明警

"2下8"就不多解释了，这体现了从有耐心到没有耐心的过程，一种触发的原因很有意思——爽约。敬酒不吃吃罚酒。

4. "8下5"

"8下5"理解起来也不难，平时过分依靠威吓达到目的的8号，遇到比其威吓力量更强的压力，当然是要表现出5号的退缩和好学啦。所以8号的压力状态也是其自我成长的一条道路。

5. "5下7"

"5下7"的特征是由专业精通变成东学西学，伴随着对职业前景的忧虑。"5下7"是比较难以理解的。其实5号是靠学习本领来谋求生存的人格类型，当其发现自己的专业不能解决生存问题的时候，会像一个7号享乐主义者一样不断重新了解世界，与更多的人交流便成为5确定新发展方向的必由之路。

6. "7下1"

"7下1"则解释了7号在缺乏选择，被逼无奈的压力情境下展示出来的如1号一般的

---

① 腹中心是比九型人格更加基本的人格类型，下一章中有其产生的详细推导。

② "柔中带刚"说的则是4号。柔是指4号的细腻；刚是指4号的追求和坚持。

死板、挑剔与暴怒。

压力点是九型人格极富魅力的理论思想，它说明了人格的本质，即一套应付压力的内部模式。当压力发生了变化，人格也展示出了不同的功能。对人在压力下的人格特征的描绘，九型人格可谓比四分法的性格类型理论、十六分法的MBTI等其他理论超前很多。

（五）安全点——人际沟通中的利器

安全点是九宫图中指向自己的那个箭头的反方向的那个点。

安全点是在主体没有心理压力，甚至是长时间的度假过程中表现出来的性格特征。人一生中处于安全点的时间是比较短暂的，然而其在安全点中表现出来的状态却常常成为人们对自己形象的认识。比如1号的人认为自己是幽默、豁达而活泼的，这就是1号处于安全状态下所展示出的7号人格的特征，这种状态称为"1上7"。

安全点的一个妙用是在交际场合中使用人格类型开展交流。例如，在面对不太熟悉的交流对象，而又需要分析其性格特征时，日常状态、压力状态的人格分析语言都会显得过于严肃，令对方不悦。对安全点的分析语言既能放松被分析者的紧张心态，又能展示出人格类型理论的深度和实用性。

1."1上7"

在沟通中，1号完美型人格类型的人对他人讲述其非黑即白的性格表现是非常反感的。如果能从1号在安全状态下7号的一些行为表现来谈，比如随遇而安、热情积极、充满活力、好奇心强等，就可以拉近与1号的距离。1号会感到久违的认同感。

2."4上1"

同理，要恭维4号的人，也要从其安全点的特质入手。明事理、有追求、冷静有主见，有管理才能等都是"4上1"的优质表现。

3."2上4"

"2上4"的姿态是一种懂得自己的需求，优雅而从容的状态。这个时候的2号知道自己是被爱的，不再忙碌于关心他人，而是将自己放在了正确的位置，优雅地处理人与人的关系。

4."8上2"

"8上2"的变化则更加明显，关注于帮助他人，热忱、豁达、娴熟地处理各种关系，温暖他人的心房[1]。

5. "5上8"

"5上8"则体现出智勇双全、侠肝义胆的豪放，有勇有谋地为团体贡献着自己的力量[2]。

6. "7上5"

"7上5"会令人五体投地，惊叹上帝创造出一个充满追求而又学识渊博的人生导师。

7. "9上3"

"9上3"是9号对生命的超越，是理想主义者用实际行动去推动人类的发展，实现人生的意义[3]。

8. "3上6"

"3上6"是实干者获得了自身的价值后，懂得思考生命的意义，懂得选择前进的方向，懂得聆听自己内心的渴望。

9. "6上9"

"6上9"是怀疑论者获得足够的能力，懂得靠自己的力量后体验到的信任、幸福和恬静。

综上可见，安全点是人们渴望的心理状态，是人们对自己理想形象的憧憬。难怪学习人格类型理论的学员在初次聆听自己日常状态的人格特征时，都觉得难以接受，甚至产生敌意，因为他们内心中的自己都是处于安全点下的那个天真无邪而又懂得"魔法"的孩子。

（六）用"情绪动力模型"去理解"三种状态"

下面的两点解释请读者在掌握下一章的内容后，回过头来再阅读一遍，可以加深理解。

1. 情绪的流动

从"情绪动力模型"的推导过程中，读者就可以发现情绪如果不能解决主体的问题，就会发生流动的现象。例如，如果愤怒这种情绪不能解决主体的现实问题，主体常常会

---

[1] 问："怎样变得坦率和温柔？"答："一想到大家总有一天要死，就觉得该对喜欢的人好一点，就这样啊。"

[2] 问："王阳明的'知行合一'到底如何理解，又怎样运用到实际生活中？"星光居士："知道做不到，等于不知道。""5上8"的状态，就是不但知道，且能做到，并且大气、自信。

[3] 笔者撰写此书，就是一种9上3的表现。愿天下的9号都能从平凡中苏醒过来。

感到恐惧，即发生了情绪流动：从愤怒流向恐惧。恐惧会指导主体用逃跑的行为来替代攻击的行为，以解决主体面临的现实问题。同样，当恐惧这种情绪也不能解决问题时，情绪流动就会发生，即用悲伤这种情绪去促发吸引别人的关注，为主体提供了一种新的行为方案。悲伤又很容易流动至愤怒。

按照情绪流动的观点不难发现，核心人格9→6→3→9的压力点分布规律就是上述情绪流动的方向。而非核心人格1→4→2→8→5→7→1的压力点分布也体现出情绪在压力下的变化。

压力会导致主体情绪发生变化。情绪不同，行为也不同。

2. 压抑的变化

压力点往往与日常状态中的人格类型表现截然不同，这实际上也是情绪产生后如何转化为行为——情绪习性[①]这一环节上的变化。比如，平时内向，压力下则外向：4下2、5下7、6下3。而平时外向的人，压力下则可能表现得内向：1下4、8下5、3下9。有些人格类型无论压力与否，基本上都是外向的：比如2号，2下8时也是情绪外露的。而有的又基本上都是内向的：比如9号，9下6时的9号依然是拘谨和小心翼翼的。由此可见，平时人们争论的内向、外向的问题，在九型人格上基本不是个问题，而是人在压力下管理情绪的习惯——情绪习性发生变化而已[②]。

三、影子点与联盟点

影子点、联盟点是九型人格中比较有趣的另一个理论分支。其价值有二：一是引发读者去思考，如何改善、提升自己；二是引发读者思考那些与自己性格犯冲的人，其人格类型与自己的人格类型究竟有哪些不同，这些不同的背后有没有在提示自己哪方面的不足。

影子点——逆时针方向的相邻性格类型，有了它，性格可能会更阴暗；

联盟点——顺时针方向的相邻性格类型，它是自己性格类型的解毒剂，拥有了它，自己的性格会更健康。

---

① 情绪习性这个概念将在下一章中更详尽地论述，并最终被笔者称为"核心情感"，或者简称为"情感"。

② 情绪、情感的组合就是九型人格的逻辑所在。详见下一章中关于核心情绪和核心情感（"极简的人格类型假设"）的论述。

（一）影子点

　　影子点这个概念可以引导我们通过对方所表达的其厌恶的人生观或个性去推测对方的人格类型。——小明聲

　　影子点的概念很有启发作用：人格之所以成为人格，是因为它具有特点，而这种特点之所以醒目，是因为其他特质没能成为"特点"。这些为特点陪衬的特质假如一股脑地出现在他人身上，那个人的个性特征就是人格的影子点。换句话说，影子点的个性特征与人格类型本身的个性特征往往是相反的。

　　比如，内向的人的影子点就是外向的人。因为要成为一个内向的人，就必须去除自己身上外向的那些特征。而在去除这些外向的特征时，人才能成为一个内向的人。此时，外向的人就成为内向的人的"影子"。这就是"影子点"这个概念的精妙之处。排斥、去除，甚至贬低了另一种模式，才能确立自己的模式。人际冲突的一大来源就是影子点所造成的。比如内向、外向的人相互抹黑，嘲讽。

　　有趣的是，谈恋爱的时候，人往往被具有自己影子点的异性所吸引。最典型的就是2号女性容易被5号男性所吸引。现实生活中两人结为夫妻的案例比比皆是。

　　传统九型人格理论，在九宫图上，从人格类型的号码开始，逆时针后退一格的人格类型为影子点。影子点所代表的行为策略与自己本身的人格类型所具有的行为策略是相左的。一些九型人格的书籍上写道：如果经不起影子点的考验，放弃了自己原本的人格类型，而选择影子点的行动模式，是人格不健康的表现。

1. 9号是1号的影子点

　　要成为完美主义者，就不能够对是非对错采取沉默的态度，那种默默无闻是完美主义者要摒弃的态度。然而，当指出错误可能成为一种错误的时候，1号开始与自己的影子点——9号搏斗起来。一旦影子点胜出，1号将失去自己，丢失掉真正属于自己的思想与行动方式，成为一个内心充满憎恶，表面上又"你好我好大家好"的伪君子和不负责任的人。

2. 1号是2号的影子点

　　与人为善，助人为乐是2号人格的核心特质。这种特质的存在必须要排除严厉挑剔、愤世嫉俗的生活态度。然而，好心的援助也存在遇人不淑的情况。如果好人没有获得好

报，甚至付出不但得不到感恩，反而沦落成一种应该履行的责任，任他人利用，甚至横加破坏时，2号警惕起来了。2号开始学会用极高的要求去审视那些与自己交往的人，这些要求完全不亚于1号完美主义者对他人的评价。于是，2号被自己的影子点吞噬，只对他们认为重要和值得的人付出，对无关紧要的人不屑一顾。

3. 2号是3号的影子点

这源于3号是目标导向，"事本"而非"人本"的。要成就一个项目，就需要团队的成员如同自己一样去付出努力方可赢得赞誉，然而2号那种以关系为本的行为方式在3号眼中却可能成为缺乏原则、插科打诨，缺乏上进心的表现。然而，现实社会中的评价体系更趋多元，在目标不能实现或得不到客观评价的挫折中的3号，会不自觉地向其影子点靠近，使用2号那些讨巧的方式来满足被关注的需要。利用满足某些重要人物的需求来达到自己目标的3号就处于完全受到了影子点控制的状态，不择手段成功的背后是自我的迷失和抛弃。

4. 3号是4号的影子点

"个人风格者"是4号在九型人格中最新的名称。作为极具艺术气质的人格类型，抛弃世俗观念束缚，崇尚个性的张扬与自由是4号人格的核心特质。这种特质与3号那种追求世俗中的事业与成就是背道而驰的。在品尝过自己所引发的众人瞩目之后，若不能承受真实和自由可能带来的孤芳自赏与默默无闻，放弃了真实的自己，而一味地寻求成功带来的光鲜和关注，4号就会丢失自己，而被影子点3号吞噬。

5. 4号是5号的影子点

5号是那种客观、全面、冷静、科学地分析问题，用一种严谨的科研态度对待生活的非常理性的人。理性的另一面是感性，于是跟着感觉走、情绪化的4号感性风格就是5号观察者需要排除的性格特质。然而，当5号经过研究分析所认定的真理得不到环境的认可时，5号倍感压力，却常常会用他人觉得毫不讲理、自说自话的方式来表达自己的意见，这时的5号体现出了其影子点4号的那种自我中心，受情绪所控制的行为状态。

笔者研究发现，《卡氏十六种人格因素测验》（简称16PF）中的智慧性与微表情识别中对悲伤的识别正确率呈现低等程度的极其显著的负相关（-.298**）。越聪明的人可能越不懂得悲伤为何物。

6. 5号是6号的影子点

6号是最容易在环境中发现问题和隐患的人，于是摆在6号面前最棘手的选择就是如何处理自己发现的各类问题。对于发现隐患就远远躲开的是正6号，笔者会用"+6"来表示；对于一旦发现问题就积极应对，迅速解决的是反6号[1]，用"-6"来表示。

6号无论用"忠诚型"还是"怀疑型"来命名，其本质都是对环境的观察、分析和判断。6号的人格决定了其更愿意和应该投入在人际社会之中，因为团体解决问题的力量一定是大于个体的，这与5号沉浸在自己的世界之中是不同的生活风格。然而越是看到社会竞争的激烈，6号越是在投入社会与社交退缩之间摇摆不定。6号羡慕5号的那种专家形象，却因为自己担心的领域太多，没有精力一一搞懂而不可能成为依靠自己的专家。对于6号而言，看到问题后积极寻求解决可以获得安全感。一旦这种安全感难以满足，6号可能抛弃对他人的信任，笃信自己的看法，多疑、猜忌、固执甚至偏执，被5号的影子点控制，自以为成了发现问题，甚至替天行道的义士。

7. 6号是7号的影子点

7号是在及时享乐中不断创造机会的人，这种创新、尝鲜、灵活的性格特质恰恰位于6号怀疑论者那种谨慎、保守、传统的性格特质的对立面。显然，缺乏思索是不存在创新的，缺少周密的计划，成功也一定是偶然的。当7号在追求更大的成功时，其身上体现出来的小心谨慎恰恰就是其影子点6号的表现。当7号完全被可能存在的糟糕后果和纷繁的情报线索淹没的时候，保守、逃避的行为成了7号被影子点吞噬的信号。

8. 7号是8号的影子点

8号是具有英雄气概，遇强则强，狭路亮剑的勇士，他们的稳重、自信是容不得怯场、逃跑这种行为发生的。而7号享乐主义者就是8号的影子点，是懂得绕过危机，能屈能伸，及时行乐的人。尽管8号打着正义的旗号与天、与地、与人斗，但也会偷偷羡慕投机倒把、自得其乐的7号生活方式。唯享乐、重私利而又言而无信、不择手段的8号被影子点吞噬，一身匪气。

9. 8号是9号的影子点

9号表面上是祈求和平的人，但内心中却因愤怒而意志性很强。失去和平主义者的身份，9号将不存在，而内心中渴望权利和尊重的9号将会羡慕自己的影子点——8号挑战者。9号心情极度不佳时会对一些与自己无关紧要的人发发脾气，这种欺心怕恶的行为就是9号被其影子点8号吞噬的证据。9号对8号的评价是"一将成名万骨枯"；1号对9号

---

[1] "无论来源于何处，恐惧都是一个难以战胜的敌人。正因为此，你应该主动挑战它，布莱恩曾说过，'建立自信的方式就是做自己恐惧的事情。'挫折是在所难免的，坚忍不拔正是自信的钢筋骨骼。"这是一种典型的-6号思维方式。

的评价是"阿Q精神胜利法"; 2号对1号的评价是"像真的一样"。

（二）联盟点

和影子点相对应的概念是联盟点。被影子点吞噬的我们将展示出自己人格背后的一种邪恶力量，然而如果展示出联盟点的性格特质，我们将得到成长，展示出人性的善良，并实现自我的价值。如果把影子点比喻成人格的毒药，那么联盟点就是人格的解毒剂。在九宫图上，联盟点位于人格类型顺时针向后数的一种人格类型。

1. 1号的联盟点是2号

也就是说，如果1号能更多地展示出关爱他人的行为，更多考虑到他人的疾苦和感受，1号就会更受人欢迎，他冷冰冰的原则就会展现出柔软和温度。

2. 2号的联盟点是3号

事业心、职业规划、工作的投入会令2号这位大众情人更具竞争力和人格魅力，也能够提示2号工作的重心、目标和方向。

3. 3号的联盟点是4号

显然，如果3号能够在工作快速推进的同时，尝试像4号那样体察自己真实的情感，设身处地地觉察他人的情绪反应，3号会更有自己的主见，更受追随者的爱戴。

4. 4号的联盟点是5号

如果浪漫者能够像5号观察者那样去投入一个领域，沉浸在其中，掌握一项专业技术来展示自己在艺术、文学、音乐、舞蹈等方面的天赋，他就能够获得自己的舞台和人生的意义。

5. 5号的联盟点是6号

5号是那种研究做得很透，却不一定把自己的知识贡献出来与他人合作的人。5号的联盟点是6号，6号生存的方式是关注外部世界，关注人际关系，这种方式对5号是个有力的补充，能将5号的智慧在人际合作中投向更实际和有意义的方向。

6. 6号的联盟点是7号

6号是谨小慎微的悲观主义者，如果能获得其联盟点7号的积极、大胆与乐观，就一定可以焕发出6号的活力，成为一个既可靠又富有魅力的人。

7. 7号的联盟点是8号

7号的古灵精怪常常会给人留下深刻的印象，但其另一个特质常常被人忽略——强大的学习能力，于是7号依靠着这两种能力游走于各种领域。如果能够获得8号那种看中实际，迎难而上，领导他人的能力，7号会成为一个优秀的商业领袖或资深律师，成为令人着迷的人。

8.8号的联盟点是9号

8号如果能像自己的联盟点9号那样学会控制自己的脾气，一定能减少很多不必要的麻烦，并意外地收获很多在冷静状态下才能发现的人生道理。

9.9号的联盟点是1号

9号倒是"冷静"，但只有具备了其联盟点1号的那种犀利的分析和明确的观点之后，9号才能配得上沉默是金的恭维，才真正脱离了随波逐流，拥有了自己的发展轨道。

（三）用"情绪动力模型"去理解"影子点""联盟点"

影子点、联盟点是传统九型人格理论的一部分。

人格类型实质上就是人在认知、行为时在情绪动力模型上各环节上的偏好。这种偏好一定会导致某一种功能的使用超过了另一种功能。影子点的概念就是，想要对一种功能产生偏好就必须放弃对另一种功能的偏好。比如，同样是面对内心的愤怒，擅长表达愤怒的8号成为习惯于放弃表达愤怒的9号的影子点。而联盟点的概念则是非偏好的功能对人格类型是存在平衡作用的。例如，假如9号能像自己的联盟点——1号那样将自己的愤怒用一种合情、合理、合法的形式有节制地表达出来，对9号的心理健康是有利的。

从下一章起，笔者将从"核心情绪""情绪习性"（或者被称为"核心情感""情感"）这两个关键环节讲授"情绪动力模型"视角下的九型人格。这两个环节实质上就是"3×3＝9"这个人格类型假设的推理核心。"3×3"的人格类型思路是主体在"情绪动力模型"揭示下的认知心理发生偏好的结果。

本章的内容笔者称其为"第四道"。什么是第四道？

第四道是一个理念。俄国探险家葛吉夫认为：

第一条道路，着重对肉体下功夫。苦行是第一道。

第二条道路，是僧侣的方法，是情感之道。信奉宗教就是第二道。

第三条道路，着重对理智下功夫。印度的瑜伽是第三道。

第四道主张了解他人，了解他人真正的人格。如使用九型人格的方法去快速地了解他人。如此，人才能看到自己无法发现的世界，人们的相处才会变得融洽，世界才会和平。学习和了解人格类型就是第四道。

笔者在本章中讲授的"第四道"，就是人格类型的由来，即情绪[1]、情感[2]两个变量在不同取值时的排列组合，是本书最重要的部分。

了解他人，就是要了解其行为产生的原因！既然说行为是情绪的结果，那么只有通过分析清楚对象行为背后的情绪，才能理解行为产生的心理机制，才可能真正了解对方。

一般而言，用哪些行为来释放哪种情绪能量是有固定搭配的[3]。攻击行为是对愤怒情绪能量的释放，逃跑行为是对恐惧情绪能量的释放。本章我们关注的是，这些情绪能量是从哪里来的，又是如何转化为行为的，以及最终是如何形成自身规律——九型人格的。

第一节　核 心 情 绪

> 愤怒急需要表达；悲伤你归要补偿；恐惧一定要填补。——小明警

---

[1] 这里是"核心情绪"的简称。核心情绪在本章第一节中有详细的介绍。

[2] 这里是"核心情感"的简称。核心情感是对情绪习性的一种理论假设，在本章第三节第四点中有详尽的论述。

[3] 用什么行为去释放情绪是有规律可循的，如果个体很大程度上违反了这种规律，就可能属于心理异常的范畴。比如，拒绝行为是释放厌恶情绪的正常行为，但如果个体用进食行为来释放厌恶情绪，如"吃粪便"，这就是严重的心理异常现象。相关论述见"情绪与人格障碍"一章中"情绪与异常心理学"的讨论。

一、"情境情绪"与"核心情绪"

　　情绪源于感官对环境信息的收集，随后主体开展自动化的评估，评估的结果就是情绪，评估的标准是个体利益的满足。有趣的是，在相同的环境下，不同个体会产生截然不同的情绪，导致其最终表现出可能完全相反的行为。于是，我们需要对环境刺激后产生的情绪种类进行区分。

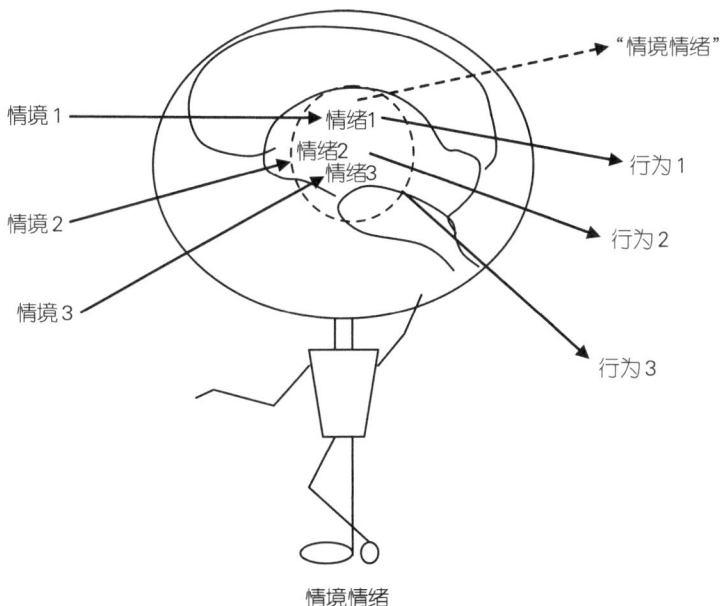

情境情绪

　　情境情绪——大多数个体进入某一情境后所产生的相同的情绪。比如地震、火灾、战争情境下，大部分人都会产生恐惧的情绪，产生这种情绪与个体差异无关，仅仅与情境实况有关。这种情绪就是情境情绪。

　　核心情绪——个体进入不同的情境时，最容易产生的相同的情绪，或者在进入情境前就已经存在的影响个体进入情境的情绪。核心情绪的发现与它的定义正好相反。当个体进入某一场景，没有产生情境情绪，却产生了另一种情绪，而这种情绪对于该个体来说是常有的事儿，在各种不同的场景下都会产生，与个体的人格息息相关，这就是核心情绪。研究人格类型心理学，核心问题就是研究核心情绪的来源和发挥作用的心理机制。

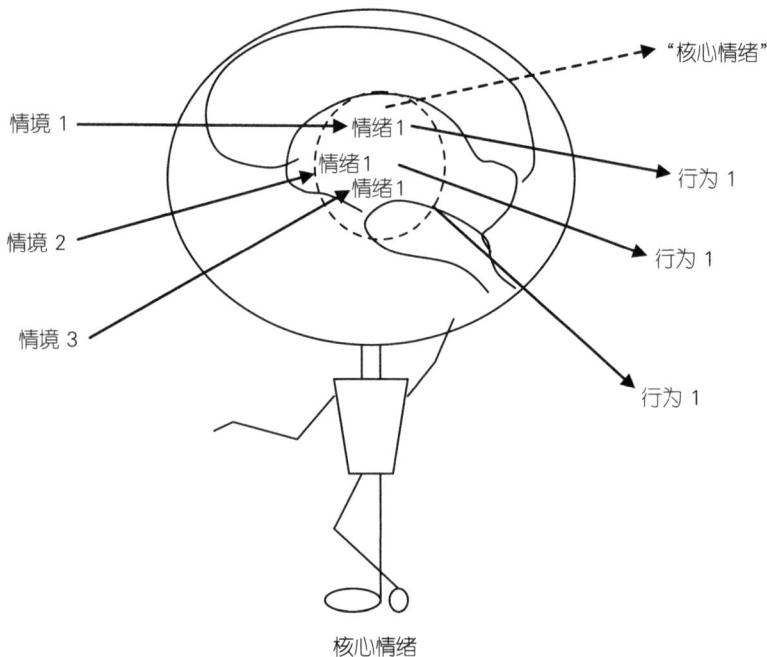

情境 1 ——→ 情绪 1
"核心情绪"

情境 2 ——→ 情绪 1 ——→ 行为 1

情境 3 ——→ 情绪 1 ——→ 行为 1

行为 1

核心情绪

　　2012年广东佛山市发生的"小悦悦事件"能够帮助我们理解情境情绪和核心情绪这两个概念。该事件中，一名在交通事故中受伤的女童躺在路边，18名路人走过都没有伸出援手，最终一名老奶奶出手救援。当媒体大肆讨论国人道德水平的时候，笔者从情绪动力模型的角度来分析这起事件。对于未伸出援手的18名路人而言，昏暗的灯光下，被汽车碾压的女童引发了他们的恐惧情绪，这个情绪是必然用逃离的行为来释放的，于是18名路人走开了。这个情境下诱发出不同的人产生相同的情绪，这种情绪就是情境情绪。情境情绪的产生与环境联系紧密，与个体人格关系不大。而事件中最后一名伸出援手的老奶奶在该情境中产生的却不仅是恐惧。由于她没有出现逃离情境的行为反应，她救援行为的背后一定有一种情绪战胜了恐惧，成为主导并支撑她产生了与众不同的行为，这种情绪可能是看到受伤儿童而产生的悲伤，也可能是见义勇为而产生的愤怒。此外，在如此典型的情境下，她的恐惧没有占据主导，可见她所产生的悲伤或者愤怒的情绪对她具有更强的影响力。如果这种悲伤或者愤怒的情绪一直对她产生影响的话，这种情绪就是她的核心情绪。

二、基本人格类型——三个中心

艾森克认为：人格最基本的维度是那些在变异上具有进化意义的维度。情绪就是人格最基本的维度，愤怒最原始，悲伤最高级[①]。——小明警

本书一开篇和读者探讨的就是为数不多的几种情绪，即基本情绪。艾克曼认为有七种跨文化的基本情绪，它们是快乐、厌恶、愤怒、轻蔑、惊讶、恐惧和悲伤。这些情绪哪些才能成为影响个体一生的核心情绪呢？哪些只会成为影响个体一时的情境情绪呢？

回答这个问题至少需要考虑两个问题：一是这个情绪在我们的生活中所占的分量；二是这个情绪能否在个体进入某一情境之前就存在，从而影响个体对情境的认知。

显然，惊讶、厌恶、轻蔑这三种情绪在人们的生活中所占的比例似乎少一些，而且这三种情绪一定与刺激物紧密联系，产生后会立即用行为来释放这些情绪能量，于是不太可能跨情境存在。排除了惊讶、厌恶、轻蔑三种情绪之后，我们就剩下快乐、愤怒、恐惧和悲伤四种候选情绪了。

人的不高兴是不需要理由的，高兴才需要理由。很多心理学教科书认为，快乐、愤怒、恐惧和悲伤是四种对动物而言非常重要的情绪。从情绪的两极性来说，快乐是正性情绪，愤怒、恐惧和悲伤是负性情绪。核心情绪可能由正性情绪承担吗？

答案当然是否定的。如果个体的核心情绪是快乐，那么其最多能够做到的就是成天傻傻地笑。显然，正常人都不这样。于是，留给我们的就只有愤怒、恐惧和悲伤这三种候选情绪了。

依据愤怒、恐惧、悲伤三种情绪（核心情绪）对人格进行类型划分的结果是三个中心，即腹中心、脑中心和心中心，这三个中心构成了基本人格类型。

（一）腹中心

核心情绪是愤怒的人，我们称其为腹中心的人。腹中心是一种基本人格类型，这种人的行为特点由愤怒这种情绪能量所决定。笔者认为（假设）腹中心的人在嗅脑这个脑的部位是偏好产生愤怒的。

---

① 从进化的角度上讲，不同的情绪种类出现的时间不同。悲伤应该是进化上最晚出现的情绪。而人类得以称霸地球，并非因为人类是最快的动物或是最强壮的动物，而是因为人类最懂得合作。而恰恰是悲伤，能够更好地驱动合作行为。

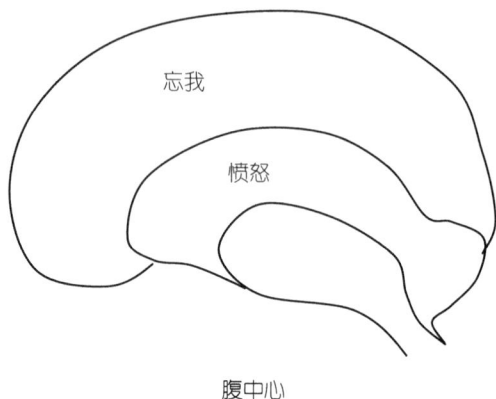

忘我

愤怒

腹中心

愤怒是一种原始的情绪能量，它的产生是非常快速的，产生后非常显著，不像悲伤那么隐晦。于是，快速、明显、力量大这些情绪的特点就成为腹中心的人（以下简称腹中心）的性格特质。

腹中心是最关注现实问题的人。解决现实问题的主意多，能力强，动作快。哪些问题是现实问题呢？生存问题，比如如何获得安全、住所、食物等。腹中心的人对这些生活中的柴米油盐问题有着很好的解决能力，也可能擅长这些领域。

腹中心是那种思想比较简单，脾气大、力量大的人，因为愤怒是那种来得快，去得也快的情绪，所以腹中心的人比较直爽。由于愤怒产生的原因是获取利益的过程中受到阻碍，因此腹中心的人说话习惯直奔主题，谈清问题的本质——利益，开宗明义，却不小气，开朗豁达，却也会显得粗枝大叶。

> 愤怒的人更乐观。"9·11事件"后，体验更多愤怒的人希望未来少发生恐怖袭击，而体验更多恐惧的人更悲观，认为那样的事儿会越来越多。

1. 两种状态：压抑VS攻击

核心情绪是愤怒的腹中心常常处于两种情绪处理的状态：不是压抑就是攻击。愤怒产生以后，要么转化为攻击行为加以释放，要么一时没有条件释放，那就只能将愤怒压抑。于是，这两种状态相互转换，构成了腹中心留给他人的最深印象。

2. 注意力焦点：意志的强弱

见第八章"情绪与注意狭窄"。

3. 时空驾驭：活在未来

> 从前之事皆不重要，重要的是眼下。——《甄嬛传》

总体而言，腹中心是活在未来的人[1]，因为他们习惯于用简单的方式提前解决未来可能遭遇的问题。任何未来的生存形势一旦被预见到，腹中心就会雷厉风行地行动起来，绝不拖延、观望。一旦做出决策，一般会按照自己的决定和承诺行事，虽然简单草率，但却可靠有力。

4. 思维方式：忘我

由于愤怒这种情绪产生后会抑制高级心理功能的活动，使人的行为狭隘于攻击这个唯一的选项，于是腹中心的人在攻击时是勇敢无畏的，可谓忘记了自己的存在。

此外，愤怒这一情绪能量是非常容易通过行为释放干净的，这就是俗话说的不打不成交，攻击过后就没有愤怒的情绪存储了，于是思维的活动失去了情绪的动力而显得空洞无物。失去愤怒的腹中心处于一种放空状态，什么都不用想，也不会多想——忘我。

腹中心的性格是最靠近猛兽的一类，他们获取生存的利益——如地盘、食物后会停下来休息，腹中心一般性行为较其他基础人格类型会发生得更早[2]。腹中心在小学高年级就会对异性产生性兴趣，并在初中产生相互抚摸的行为，到了高中、大学时期很可能产生直接的性行为，这比心中心、脑中心的人要早。腹中心像猛兽一样活着，有时甚至更像是大自然、动物世界中的一员，一旦填饱肚子，驱力还原就忘记了自我的存在。

5. 外貌特征

腹中心在食物上是难以节制的，因为愤怒带来的力量赋予了他们对自己身体充分的自信，因此腹中心是最容易发胖的一群人[3]。

腹中心有懒惰的一面，也有勤快的一面。在梳妆打扮上，他们是忽视的。腹中心女生甚至为了方便剪了短发；讨厌首饰带来的累赘，因此可能不爱使用；忽视皮肤保养，甚至出油，留下愤怒地和青春痘作战的疤痕。勤快的一面表现在腹中心的家中往往是清

---

[1] 腹中心的人虽说是活在未来的，但他们很少幻想未来；心中心的人说是活在现在的，却总是在当下想入非非。——小明警
[2] 8号（腹中心的代表）男生轻松地与同事开着颜色玩笑。——小明警
[3] 腹中心中，相对最不容易发胖的是1号完美主义者，但1号到了中年以后，也不能像心中心那样继续保持身材，而更可能最终显露出腹中心容易发胖的基本特质。

洁、整齐的，因为脏、乱、差的小窝会引发腹中心那容易产生的愤怒，从而诱发收拾家的行为。愤怒多的人冠心病风险高；压抑愤怒的人可能患肝病。

（二）心中心

"有时候，自己都不知道自己在难过什么。"

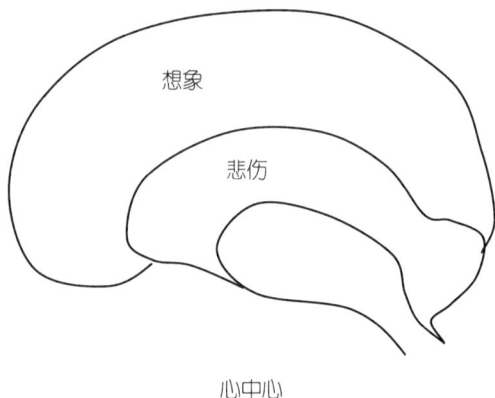

核心情绪是悲伤的基本人格类型称为"心中心"。心中心的性格特质必然也是由悲伤这种情绪的特点决定的。

首先，高级动物才可能存在悲伤的情绪，而很多拥有愤怒情绪的动物却不一定拥有悲伤的情绪。因此，在进化的角度上，悲伤比愤怒更高级，心中心也比腹中心更远离动物的本性。哪些行为是远离动物本性的呢？显然，对美的欣赏和创造是非常高级的心理机能，文雅的举止，人际交往的擅长都是更细腻的行为。一般认为，哺乳动物才拥有悲伤的情绪。笔者认为，亲代有主动照顾子代的行为，这种动物就已经拥有了悲伤的情绪。因此，悲伤是一种拉近同类之间关系的情绪能量。鲁迅笔下的祥林嫂在丧子之痛的悲伤驱动下，产生了更多的与人交流的行为。心中心的核心情绪是悲伤，他们渴望与人的交流和融合，情商是极高的。

其次，悲伤是一种淡淡的，挥之不去又容易反复产生的情绪。这些情绪的特点塑造出心中心的情绪多变和敏感。最有趣的是，心中心人的毅力要比腹中心和脑中心的人更强，因为悲伤在推动行为产生时，会起到持续的作用。行为释放愤怒的效果好比汽油被点燃，剧烈但不持久，因而一旦愤怒被完全释放，就不存在持续化的行为了。而悲伤却像是沼气，不温不火，燃烧能持续很长时间。

悲伤令人敏锐。2013年，笔者在对微表情识别研究中发现：对微表情中悲伤的识别正确率与对微表情识别总成绩呈现极其显著的中等程度相关（.555**），且与微表情训练后的训练效果呈现极其显著的中等程度相关（.596**），又与情绪智力测验EIS中的运用情绪得分呈现显著的低等程度相关（.296*）。熟悉悲伤就可能熟悉其他情绪，就懂得如何运用情绪。心中心的核心是悲伤情绪导致的敏锐，这份敏感表现在对情感的感受力很高，甚至对环境也会有很高的觉察。例如在夏天，心中心的人常常会希望腹中心的人空调不要开得太冷。

1. 两种状态：认同 VS 敌意

胸怀悲伤的人的互动行为当然是在寻求安慰的。得到他人的安慰，其必然出现认同他人的状态，反之，悲伤得不到安慰，甚至遭人耻笑，那必然就会进入对那个人的敌意状态。和腹中心比较可以发现，腹中心脾气可是大得多了，不是压抑就是攻击，而心中心就算是不高兴了，也只是敌意而已。然而，脾气再大的腹中心粗枝大叶起来也非常豁达，敌意再弱的心中心一直保持敏感，敌意多了也有爆发的一天。

2. 注意力焦点：形象的好坏

见第八章"情绪与注意狭窄"。

3. 时空驾驭：活在现在

心中心是活在现在的人[1]，他们靠此时此刻的觉察来修正自己的行为，因此他们做出的决定往往是在感受每一个选项的过程中所决定的，如果他们的感受变了，那之前的决定一定会被抛弃，这使得心中心有些琢磨不定，这就是感性。

4. 思维方式：想象

心中心的核心情绪是悲伤，悲伤所驱动的思维活动就是想象。穿越、虚幻、武侠等不羁于现实的文艺作品能满足悲伤的渴望。想象中的情境脱离了现实和理性，充满了跳跃、色彩和时空的元素，使得心中心上课走神时会呈现出一种白日梦的神游状态。

5. 外貌特征

通过"形象的好坏"的审查之后，心中心一定能给他人留下美丽、有气质，或者独

---

[1] 问："前半生与后半生的分界线在哪里？"答："此时此刻。"

特的印象。从发型、面容、服装、鞋子、包包这些可见的细节入手，悲伤转换出一种打扮自己的浓厚兴趣。但这仅仅是个开始，身材、肤色、姿态、举止、气味、语调、言辞，也能够成为骨灰级的心中心（4号）一丝不苟的"专业领域"。

心中心站在镜子前摆弄服装和配饰的时间是最久的，卸妆护理的时间也会很长。他们是使用装饰物最多的人，新潮时尚的电子产品也深受他们的喜爱。

心中心对色彩的把握是很有天赋的，服装的颜色趋于温暖和明亮，也常常使用粉粉的颜色。服装的图案花样，常常是写意的模糊图案，这恰恰与腹中心厚实的写实图案不一样。

（三）脑中心

核心情绪是恐惧的人属于脑中心。脑中心这种基本人格类型的性格特质是由恐惧这种情绪能量的特征所决定的。

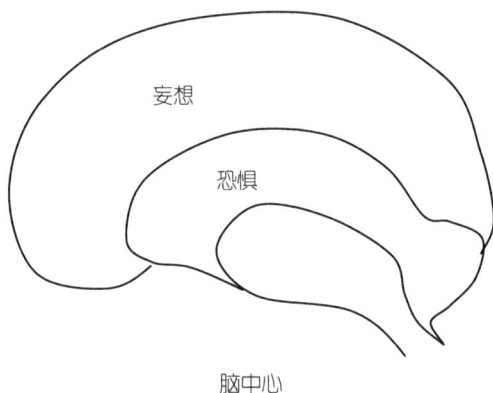

妄想

恐惧

脑中心

恐惧是应对环境时，主体出现能力不足时的主观体验。恐惧具有抑制行动的能力，因为能力不足时的贸然行动是极其危险的。因此，脑中心的人其行动速度很可能会低一些，因为其头脑中充斥的是各种不安全的可能性，这些可能性会形成种种周密的逻辑体系。于是，脑中心表现出对书籍和知识理论的天赋。就像心中心拥有超高情商一样，脑中心的智商似乎也会更高一些，而腹中心善于生存，拥有较高的逆商（逆境商数）。

恐惧和悲伤相似，都不像愤怒那么容易用行为释放完全。因此，恐惧也能够持续地产生行为——与防患于未然相关的行为，比如储存钱财、食物、知识、古玩，甚至储存时间、空间。

1. 两种状态：安全 VS 焦虑

脑中心的恐惧（核心情绪）发生作用的时候，呈现的状态自然是焦虑，而当其缺乏行动的时候，很可能是处于能够控制其恐惧的所谓安全状态。焦虑状态下，脑中心想的、做的一定比其他人要多，要乱。但恐惧带来的逻辑性会使得脑中心对自己的焦虑难以认识，觉得他们采取的措施都是必要的[①]。

2. 注意力焦点：信息的多少

见第八章"情绪与注意狭窄"。

3. 时空驾驭：活在过去

"一日不读书，无人看得出；一周不读书，开始会爆粗；一月不读书，智商输给猪。书可以让软弱的人变得坚强，让贫穷的人拥有财富，让忧伤的人开始喜悦，让失败的人取得成功，让生病的人恢复健康，让年老的人回归年轻，让迷路的人找到方向，让失望的人看到希望，让困境中的人汲取力量……多读书，读好书。"

脑中心对知识的渴望使得他们成为活在过去的人，因为知识的来源一定是在总结过去人类的经验。脑中心脑力过剩，是那种博学，爱好阅读的人。

4. 思维方式：妄想

脑中心的孩子会批量地删微博。

恐惧是一种推动思维快速运转的情绪能量。这里所说的妄想，偏重于描述恐惧所引发的线性逻辑推理，这种推理既可能是合理的，也可能是杞人忧天，但一定有自己的道理。脑中心的妄想与心中心的想象不同，后者是发散、跳跃、不羁和充满色彩的涂鸦式的，而妄想是论证式的。于是，脑中心似乎更擅长理科，而心中心似乎擅长文艺的多些。

心理学实验发现，在吊桥上搭讪成功的概率比地面上大，因为人们将吊桥带来的恐惧感解释为对异性心动的感觉——关系妄想。其实，是高空的恐惧导致的关系妄想。微博发得多的人更可能是脑中心（妄想），发些诗情画意的是心中心（想象），腹中心脑子

---

① 雾霾天戴口罩的人可能是脑中心，不戴的可能是腹中心；没雾霾戴时尚口罩的可能是心中心。

不动（忘我），发帖会少。

人生唯一能预知的就是世事难料。脸上有这么多面部神经，如果青春痘长脸上，挤出来会不会发炎？青春痘对于心中心和脑中心的人而言，很可能是不挤的。心中心爱美，怕留疤痕。脑中心会担心发炎，炎症可能会顺着面部神经侵蚀大脑。痘印，可能是识别腹中心人的一个线索，因为腹中心图爽快，欠考虑。

在笔记本电脑键盘保护膜的使用上，不同基本人格类型的人可能存在不同的使用规律。腹中心的人为了图方便、手感，不太会使用笔记本电脑键盘保护膜（1号可能例外）；脑中心的人可能因核心情绪（恐惧）的作用，更容易去使用此类提供保护的产品；心中心的人要用一定是用好看的。

5. 外貌特征

脑中心的恐惧会使得他们对安全与健康高度敏感。他们不像心中心那么在乎打扮，有意思的是，他们也会使用一些饰物来祈祷平安或健康。他们对着装、品牌的选择可能更具策略性，饰品和图案中存在着历史，甚至是风水方面的知识。

三、基本人格类型的不同表现

三个中心是三种基本人格类型，每个中心包含了三种人格类型。腹中心由8号挑战者、9号和事佬、1号完美主义者组成；心中心由2号给予者、3号实干者、4号悲情浪漫者组成；脑中心由5号观察者、6号怀疑论者、7号享乐主义者组成。

需要特别说明的是，三个中心的划分是从核心情绪入手的，由于核心情绪的处理在不同的人格类型上体现出不同的复杂程度，于是，三个中心的性格特质在其所辖的三种人格类型上的表现程度是不同的。核心情绪处理方式简单的，表现程度高，反之则可能表现较弱，甚至在个别性格特质上出现相反的情况。

（一）腹中心的不同表现

对腹中心性格特质的描述比较适用于8号。8号并不会用压抑的方式处理核心情绪，于是愤怒得到了自然的流露，成为腹中心的代表。当遇到与自己无关、地位较低的人服务不到位时，9号腹中心计较"意志的强弱"的一面会表现出来，常常会令旁人"刮目相看"。对于腹中心的性格特质，9号会表现出那些符合自己情况的特点，比如慵懒的身体姿态，像"意志的强弱"这种争强好胜的性格特质，9号只是埋在心底。如果说8号是有仇必报的话，9号就是将仇恨埋在心底。1号身上那些腹中心特质的表现就更加复杂了。比如腹中心慵懒的姿态，随意的着装，先对人后对事的粗放的思维，耗尽愤怒后的困倦和发呆等，这些性格特质在1号身上很可能以完全相反的形式出现[1]，原因就在于1号处理核心情绪的特殊方式——内化。后文将详尽论述情绪习性对核心情绪的影响。搞懂了情绪习性这个概念，也就能够进一步理解三个中心在不同人格类型上的表现差异，并最终懂得如何识别与利用。

（二）心中心的不同表现

以悲伤为核心情绪的基本人格类型是心中心，它包含2号助人型、3号实干型和4号浪漫型。尽管心中心性格特质的代表人物是4号，但在这三种性格类型上的表现基本还是比较均衡和明显的。2、3、4都看中"形象的好坏"，只是表达的方式不同。2号是用对别人好，让别人开心来实现提升自己形象的。有时2号甚至会采取自毁形象的方式——扮丑，来吸引别人的注意力。尽管2号是走"可爱"路线的，但扮丑也可能是一种可爱。3号则是走成功路线的。对于3号而言，形象的高大上是件严肃的事情，儿戏不得。3号通常在事业和身材上下功夫，儿女学业的出人头地也是3号努力的方向。

4号多把自己塑造成文艺青年的形象，走诗人或艺术家的路线。2、3、4都很注意着装和皮肤的保养，但有些2号男生会略微粗糙一些，因为其生活的环境会鄙视过度打扮的男性。2、3、4可能都会被武侠剧或言情小说吸引，这就是心中心"想象"的思维方式的体现。

（三）脑中心的不同表现

脑中心包含5号观察者、6号怀疑论者和7号享乐主义者。脑中心的性格特质在这三种人格类型上的表现最特别的就是7号享乐主义者。5号是脑中心的代表人物，前文对脑中心的性格特质的描述都可以在5号的身上找到。在5号、+6[2]号身上，脑中心的"妄想"表现得淋漓尽致，二者也会因偏重思考、分析而显得行动犹豫了些，但−6号和

---

[1] 泳池里，一位1号男生戴了专业的游泳手套，做完准备活动后，叫了句口号："燃烧卡路里！"随后跳入水中，自由泳动作非常标准，连续游了500米不停歇。——小明警

[2] 6号怀疑论者常常被分为两种。对于发现隐患就远远躲开的是正6号，用"+6"来表示；对于一旦发现问题就积极应对，迅速解决的是反6号，用"−6"来表示。

7号的行动力却是一流的。6号无论是+6还是−6，"妄想"的思维方式都是很丰富的。5、+6、−6的状态符合脑中心"不是安全就是焦虑"的规律，5号更多是表面"安全"的状态，6号会比较焦虑。有趣的是7号，乐观、阳光、积极、有行动力等特征表面上都与脑中心无关，但7号对生活和世界的好奇心表达了脑中心的根本特质——对信息的渴望。

四、三个中心的相互影响

"三个中心的相互影响"学说来源于经典的传统九型人格理论，缺乏有力的心理学理论支撑，但却有独到之处，即对实际生活中形形色色的性格现象另有一番归纳和解释。该理论认为，在九宫图中位于三个中心交界处的六种人格类型，会受到交界中心（基本人格类型）的显著影响，用交界中心的方式表达自己中心的核心价值。具体可以表述如下。

（一）与腹中心交界的人格类型

根据九宫图，可以看到有两个类型与腹中心交界。一是2号给予者，二是7号享乐主义者。2号的本质是心中心，但与腹中心交界，表现为用腹中心那种积极行动的方式来表达心中心那种看中自身形象的核心价值。2号的确是行动派，助人行为最基本的要求就是快速将助人的动力能转化为助人的行为。而7号则更是用腹中心的行动实现脑中心对外界环境尽情体验的渴望，因此7号是最具有行动力的脑中心，既能快速行动，又天生具备脑中心的策略与智慧，可见7号能力之强。

（二）与心中心交界的人格类型

1号完美主义者属于腹中心，与心中心交界，即受到心中心的影响，用情绪化的方式来表达腹中心强化自己意志的行为。1号是正义感很强的人，也是最善于用文艺的方式去表达、提倡、传承正义、传统和道德的人，在书法、写作、歌唱、主持人等领域常常会看到1号人的身影。

5号观察者属于脑中心，与心中心相邻，用情绪化的方式来表达脑中心对世界的逻辑分析。很多思想家的助理都会提到，有思想的人与人相处时的表达方式常常都缺乏思想和策略，显得直来直去，甚至对违逆自己学术思想的人或专业上稚嫩的人缺乏耐心和礼貌。很多大科学家的配偶、助理、学生在访谈中都会提到5号人的情绪化行为，这种行为从青少年5号与其母亲的互动模式上就可以观察到。

（三）与脑中心交界的人格类型

4号浪漫者就是心中心，但与脑中心交界，用脑中心善于学习、勤于思考的方式来表达心中心追求美好形象的初衷。4号需要的是独特、高贵的形象，于是通过脑中心那种大量的阅读、主动的思考来表达自己的观点，成就自己的高贵。阅读王尔德的名言，读者就会发现，像王尔德这样一个心中心的4号是如何使用脑中心这一工具来武装自己的。

8号挑战者属于腹中心，他们使用脑中心的计谋来巩固自己的地位。8号是酷爱历史故事的人，阅读钩心斗角的故事，使用控制他人的计策是脑中心学习和策划能力的展示，这些技巧来源于脑中心的影响，却维护着腹中心的价值。

五、佛教中的"三毒"——贪嗔痴

一个优点的背后是难以修复的缺点[①]。

九型人格三个中心的基本人格类型划分与佛教对人生的看法不谋而合。佛教把人生最容易犯的错误称为"毒"，认为通常人们会犯"三毒"，即"贪""嗔""痴"，分别对应脑中心、腹中心、心中心。

"贪"即贪婪，偏爱顺利的环境，非得到不可，否则，心不甘，情不愿，对应脑中心，表现为对时间、空间、精力、财富、权力、给养的渴望和占有，背后的情绪动力源是恐惧。

"嗔"即生气，对逆境的厌烦和愤怒，没称心如意就发脾气，不理智，意气用事，对应腹中心，表现为愤愤不平，背后的情绪动力源是愤怒。

"痴"即痴迷和执着，不明白事理，是非不明，善恶不分，争强好胜，爱慕虚荣，对应心中心，表现为对美好事物的不懈追求，背后的情绪动力源是悲伤。

---

① 对行为驱动能力最强的莫过于核心情绪，可恰恰就是这行为动力的源泉却是一种负性情绪。如果说一直背负着负性情绪是一种"缺点"的话，那么这种负性情绪所驱动出来的行为必然为主体带来力量与希望，从而转变成了主体在某一方面的优点。例如，腹中心者生存能力很强，因为内心中总有一种愤怒。生存能力强是优点，而内心一直背负的愤怒就是其难以改变的缺点。

佛教认为，人类的苦难源于自身的贪欲心、怒心和愚痴心，即所谓"三毒"。这"三毒"是人类恶行的根源。笔者认为，佛教的"三毒"其实质就是人嗅脑中自动化产生的三种（核心）情绪：愤怒、恐惧和悲伤。佛教教导人们要"勤修戒定慧[①]，息灭贪嗔痴"，就是要人们通过"戒""定""慧"的自我修养，去除贪欲心、怒心和愚痴心，净化自己的心灵。

从论述九种人格类型的逻辑来源的角度，前面所有的文字仅仅是讲述了九型人格是如何将人群划分为三大类的，即腹中心、心中心和脑中心。这是九型人格分类理论逻辑上的上半部分。下半部分我们将要展示的是三个中心如何在情绪习性的作用下进一步细分成九种人格类型。

第二节　情　绪　习　性

情绪习性，指主体面对情绪时，习惯性的处理方式。情绪习性的生理基础主要是脑皮层对嗅脑的压抑，或者称为管理。

在九型人格类型理论中，存在两个最基本和最神秘的问题。第一个问题是：核心情绪是如何形成的？第二个问题是：情绪习性（核心情感，或者简称情感）是如何形成的？如果这两个问题得到了解答，人格类型的塑造和改造才会成为可能。遗憾的是，这两个问题恰恰是最难以回答的，尤其是第二个问题。

情绪习性（核心情感/情感）

核心情绪

核心情绪与情绪习性

---

① 戒，是用有规范的生活标准，对治人的贪心。定，是培养专注和耐心，对治嗔恨。慧，是如实了解生命以及宇宙，超脱世俗的认识，从而对治愚痴。

情绪习性的理论是将三种基本人格类型，即腹中心、脑中心和心中心再细分为更细致的人格类型，如九型。因为三个中心的生理基础在于嗅脑（旧皮层），而人类还拥有发达的脑皮层（新皮层）。因此，对脑皮层，即"情绪动力模型"中"理智"这一环节也要开展理论假设，包括以下几种。

一、"情绪动力模型"的观点

"情绪动力模型"认为，情绪是行为的动力。然而，情绪是如何转化为行为的？是立即转化还是存有延时？是所有的情绪都能够转化为行为还是部分情绪能够转化为行为？不能立即转化为行为的情绪怎么办？处理的办法会产生怎样持续性的影响呢？这些问题的答案就在于情绪习性这个情绪处理的环节之中。

（一）外化

1. 形成假设

以腹中心为例，在腹中心的孩子尚未形成情绪习性，尚未产生8、9、1其中的任何一种人格类型时，这个腹中心的孩子是如何处理愤怒这一核心情绪的，这一方式一旦形成后，情绪习性就已经形成了，而该儿童的人格类型也就具体落在了8、9、1这三种人格类型之一上。让我们构想这样一幅画面，这个腹中心的孩子由于核心情绪的作用，经常会产生愤怒的情绪，这个情绪对应攻击行为，如果这个孩子将愤怒的情绪转化出来的攻击行为实施在一个弱者身上，他就会顺利完成情绪释放，立即将情绪转化为行为的方式也会得到强化，如果一段时间内他攻击的对象都是弱者，这个孩子就将立即转化情绪的方式变成了自己的习惯——情绪习性。对于这个孩子而言，他会成为腹中心中的8号挑战者，他形成的情绪习性叫"外化"，指立即将情绪转化为行动的情绪处理习惯。

2. 性格特质

"外化"这种情绪处理方式的形成所需要的条件在后文中会有所探讨。有趣的是，外化的情绪习性一旦形成后，就与核心情绪一样难以改变，这种情绪处理方式与核心情绪一样会带来一些明显的性格特质。

首先就是外向，行动力强，先做后想，近期目标感强，但跟随远期目标的毅力会弱一些。因为情绪被轻易地转化成了行为加以释放，缺乏情绪能量的持续推动，持续化的行为是缺乏动力、无从谈起的。其次，以外化为情绪习性的人格类型更可能体验"烦躁"的感觉。当主体找不到合适的行为去释放情绪，即时释放情绪的习性就会令主体体验到那种不能习惯的焦躁。而使用内化和遗忘这两种情绪习性的人就可能习惯于情绪的含而不发，焦躁的体验会少一些。第三，外化的情绪习性可能带来更多的自控感和自信的体验。因为情绪是主体利益的最真实的体验，主体利益的实现必然需要行为的促动，外化这一方式是最直接、快速获取自身利益的转化方法。

（二）内化

1. 形成假设

（1）压抑不能外化的情绪

压抑也是一种关注[①]。——小明警

很显然，外化情绪的情绪习性通俗地讲是不太压抑自己的情绪处理方式。仍以腹中心的孩子为例，经常发生的愤怒情绪如果转化出来的攻击行为受到了外界更强力量的反击，而孩子又不能控制这种反击时，其愤怒的情绪转化为攻击行为就成为一个错误。因此，必须形成另一种处理愤怒的方法，无论是权宜之计还是长久之道，压抑情绪一定是处理无法外化的情绪的第一个步骤。随后，内化情绪和沉睡情绪成了两种以压抑为特征的情绪习性的最终解决方案。

（2）储存后释放

压抑不能转化为攻击行为的愤怒情绪后，只是暂时将这种攻击能量储存起来，以避免贸然的出击带来的惩罚，然而，这个腹中心的孩子依然要对何时使用这个被压抑的情绪能量做出决断。内化是将情绪储存在内心中，一段时间后或时机成熟后再转化为行为加以释放。如果那个腹中心的孩子选择了内化这种情绪处理方式并最终形成内化的情绪习性，其1号完美主义者的人格类型就形成了。

---

① 压抑是暂时将情绪能量的锋芒收起，将能量储存起来。虽然没有直接转化出来的外显行为，表面上比较低调，但实际上是针对情绪的一系列心理过程，这种内在的心理活动同样体现了主体对情绪所关注的问题的聚焦，而且很可能聚焦的时间会更长久。

2. 性格特质

以内化为情绪习性的人格类型会呈现一些相似的性格特质，比如由于储存或压抑了情绪，就会想法多，比较深刻，因为需要更多的语言来压抑这种情绪；会比较有毅力，因为被压抑的情绪实际上对行为有着更持续的驱动力；自我意识更强烈，因为如何储存情绪能量是需要因地制宜，因人而异的；会更自我中心一些，且用要求自己的标准去要求别人，往往要求比较高；更容易有自己的格调、信仰和主见。

（三）遗忘

遗忘，也称为远离、沉睡、暂停。

1. 形成假设

继续腹中心孩子的例子，对于不能转化为攻击行为的愤怒情绪，除了内化这种情绪习性以外，遗忘也是种有效的压抑方式，并且，将情绪遗忘，几乎能够永久消除直接将情绪转化为行为所带来的风险。遗忘的情绪处理方式如果成功用于核心情绪的处理，就成了情绪习性，对于腹中心的孩子而言，9号和平型的人格类型就形成了。显然，能够将核心情绪都遗忘的个体在性格上一定会呈现出某些特质。

2. 性格特质

笔者在学习测谎时有这样一个体会，作为受测者，如果完全放松面对测谎，测试者往往能够通过测谎仪掌握受测者的心理。然而，一旦受测者在测谎过程中将心理活动忙于指向无关事件时，测谎成功的难度将极大地提高。这个经验的启发是，如果想遗忘一些事或一些情绪，最好的方法不是更用力地去遗忘，那样只会记得更牢，而是让自己投身于其他事件的忙碌之中[1]。有趣的是，遗忘这种情绪习性所带来的性格特质也符合这样的论断。

采取遗忘的情绪习性的人，往往需要隔断自己最真实的体验，采取的方法就是让自己忙于其他事件。9号用遗忘来对付愤怒，就让自己忙于细枝末节的事情，这样才能麻醉那容易产生不满的自己。3号是用遗忘来对付悲伤，是让自己忙于学业、事业的追求之中。6号则让自己忙于对这个世界的审视和担忧之中，来遗忘根植于内心的恐惧。

遗忘带来的另一个性格特质就是隔绝自己最真实的感受，这是情绪习性处理核心情

---

① 读者不要认为将注意力转移到某些事件上，并忙碌起来就能够完全对抗测谎。这种方式只是一种心理防御罢了。参加测谎的人越是不按规定去放松自己，越是有撒谎的可能。

绪以外，面对一切情绪都会带来的附加影响。表现为搞不清自己最真实的喜恶，更不能表达自己内心的向往。此外，由于遗忘是一种情绪压抑机制，因此核心情绪带来的性格特质会受到压抑，要么不表达，要么就会以强烈或幼稚的方式剧烈地呈现，吓人一跳。

尽管遗忘是一种情绪压抑方式，但依然不能完全消除核心情绪带来的对行为的影响，三个中心的性格特质依然会有所体现。

（四）客体关系的观点

情绪习性除了在"情绪动力模型"中寻找假设以外，心理学中最具有动力模型性质的精神分析学派的理论中也提供了一些情绪习性的假设。这部分的内容参照第十章第三节的论述。

二、其他理论的观点

（一）弗洛伊德的理论

弗洛伊德的人格结构理论认为，自我、超我、本我是人格的基本组成部分。九型人格与其对应关系为3、7、8为自我型，1、2、6为超我型，4、5、9为本我型。3、7、8、1、2、6、4、5、9这个顺序基本上也是不需要专业背景的工作岗位上，一个人的工作能力高低的顺序。即3号的工作能力最高，而9号的工作能力最低。这个能力顺序揭示了一个道理：

> 骄傲使人进步，虚心使人落后。

1. 自我型

自我对应嗅脑，善于实现自己真实的需要，包括3、7、8三种人格类型。弗洛伊德认为，自我是平衡本我与超我的协调人，而3、7、8正好也是擅长与他人协调，并实现自己诉求的人格类型。自我型的特征是善于从环境中获取资源，善于与人沟通、协商、谈判，甚至讨价还价，最终实现在人际关系中胜出，即满足自己的欲求，获得更多的利益。有趣的是，自我型在实现自我利益最大化的过程中是注重人际关系的，他们积极的态度和娴熟的沟通能力是保障自己利益的本领。但就算是再积极乐观的人也有柔弱的时候，尤其是女生[1]。

2. 超我型

超我对应脑皮层，对低级中枢产生抑制作用，他们更理性和审时度势，尊重社会规则。包括1、2、6三种人格类型。弗洛伊德认为，超我代表着道德与规则。实质上，超我是环境对个体种种限制的结果，而1、2、6恰恰是相对更看重社会规则、道德品质，更容易因社会规则或他人的要求而受到限制的人格类型。超我型的特征是更遵守普世规则，当然，违反普世规则的潜在冲动也更强烈。在个人利益面前，他们更讲道理，愿意为了某种要求牺牲自己的利益。同时，他们也非常看重自己在别人眼中的形象，否定那些只为自己而抛弃集体的个人和行为。

3. 本我型

本我对应虫脑。虫脑是自主神经系统中枢，只管自己，所以抽离型的人也多自顾自，内倾些。包括4、5、9三种人格类型。这三种人格类型与弗洛伊德关于本我的论述存在对应，表现为更看重自己的体验，用自己的方式去对待他人，而不太会真正为他人改变自己，更可能从自己的角度表达自己的诉求，显得我行我素，但也常用沉默或"呵呵"的方式避开不必要的争论，保持自己的独立[2]。4号追求自由和独特，一定是看重自己的感受而鹤立独行的。5号看重自己的时间、空间，用专业术语毫不留情地更正着他人的错误，同样是更看重自己的。9号表面上是附和他人的，实际上内心中有着不偏向任何一方的观点，9号不会真的因为认同别人而主动地改变自己，他们只是表面上同意，实际上却是最固执己见的一类，也属于本我类的。本我类的人格类型不屑于为他人改变自己，因为他人的看法往往是不如自己的。

（二）霍尼的"神经症解决方案"

参照第八章第三节的论述。

（三）里索的"应付方式"

唐·理查德·里索在其九型人格专著中认为，面对人际互动带来的困难时，态度的积极程度存在三种不同的应付方式。

---

[1] 那个总是谈笑风生，看起来很开心的女孩（3、7、8），也是那个可能会一个人哭到睡着的女孩。——小明警
[2] 当我（4、5、9）最想说什么的时候，也是我最沉默的时候。——小明警

1. 积极期待的应付方式

包括2、7和9号三种人格类型。他们在面对问题来临的时候，对他人提出的挑战、质疑会更多地以积极的态度去看待。"他们说的有道理""他们有自己的苦衷"或者"这个质疑有利于我的成长"。2号人格类型一直是以关系为本的，遇到他人的挑战基本会开展自我反省，会以此为机会，改善自己与不同性格人群相处的技巧。7号人格类型是追求快乐和积极生活的人群，在面对困难时会积极想方设法加以解决，哪怕是剑走偏锋、别出心裁也致力于营造轻松的人际关系，解决误会创造机会前进。9号调停者虽然是退缩型的人格，但其习惯于替他人着想来避免人际冲突。

2. 崇尚理性的应付方式

> 任何时候，一个人都不应该做自己情绪的奴隶，不应该使一切行动都受制于自己的情绪，而应该反过来控制情绪[①]。无论境况多么糟糕，你应该努力去支配你的环境，把自己从黑暗中拯救出来。——奥里森·马登《一生的资本》

1、3、5号人格类型在面对人际中的困难来临时，更善于控制住自己的情绪波动，选择理性分析来处理问题，体现出更强的理性在人际困难中运用的技巧。"发脾气不能解决问题""不要做情绪的奴隶""驾驭情绪的人才是真正的智者"是他们遇到困难时内心的独白。1号对自己的言行有着最强的理性管控机制，几乎对每一个行为都进行道德的评判与反思，能够很好地克制自己的情绪，开展理性的思维和分析。3号本来就是情绪管理的能手，目标才是他们直奔的主题，结果比自己的小情绪重要得太多了，关注前进方向的实干者没有时间纠结于人际纷争。5号本来就最反对情绪对理性和逻辑的歪曲，认为唯有理性才能够真正促进科技的发展、人类的进步和人类文明的昌盛，面对问题时，更是能够将情绪抛开，积极地开展理性分析。遗憾的是，当5号推出自己的一番科学严谨的调查、分析和论断之后，一旦遭遇了否定，5号会以非常情绪化的方式去维护自己的理性研究成果。但至少在面对问题的一开始，5号能够控制住自己的情绪。

3. 真实自我的应付方式

4、6、8号三种人格类型在面对和自己有关的人际纷争时更忠实于自己的感受，他

---

① 这句话也充分体现了5号的控制欲。

们会不留情面地表达自己的不悦和愤怒。"这种事儿换在别人身上也会这么做！""老虎不发威当我是HELLO KITTY！"4号将压抑的悲伤作为能量，在人际冲突中找到爆发的理由。6号则认为，想要获得人际关系中的地位，必须要让周围的人员保持对自己的敬重，合作的过程中"有礼有利有节"是理想，而现实是有理有利就有力，攻击是最好的防守。8号是个直肠子，任何不愉快的感受都会立即释放，忠于自我，没有自我压抑和控制的习性。

三、核 心 情 感

这个部分是本书的重点、难点和创新点。

第三节 核 心 情 感

如果嗅脑可以说用愤怒、恐惧、悲伤三种情绪来管理虫脑对利益的需求，那么脑皮层运作产生的外化、遗忘、内化三种情绪习性是不是也能够用三种情绪来替代，以减少不必要的概念呢？如果情绪是嗅脑的功能，那么恰恰情感不就是脑皮层的功能吗？

情感，这个概念的定义是：对持续一段时间的情绪的认知。根据这个定义不难发现，情感也属于一种理智，可以说是高级的脑对低级脑功能的认识。承载情感的常常也是一种情绪感受。

实质上，如果更高级的神经中枢可以理解为更加精确地延续低级神经中枢早已具有

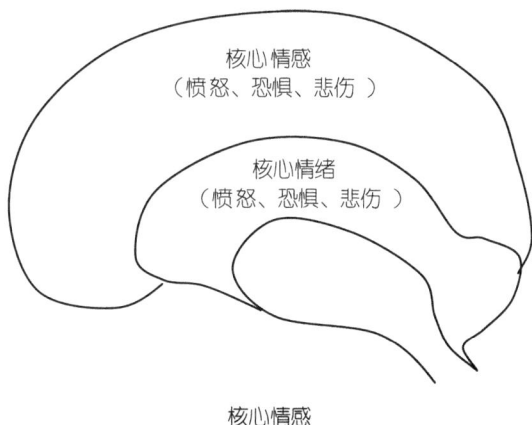

核心情感

的基本功能的话，愤怒、恐惧、悲伤这三种核心情绪就同样能够以情感的方式活跃于脑皮层这一最高级的神经中枢。

笔者将核心情绪释放时所带来的最多的情感体验称为"核心情感"。这里同样有"核心"二字，即经常、稳定地产生的对核心情绪的认知体验。

那么，外化、遗忘、内化三种情绪习性又是如何对应愤怒、恐惧、悲伤的呢？

一、外化即愤怒

显然，外化这种处理方式是在实现低级神经中枢的功能，愤怒就是一种外化。比如虫脑对利益的渴望，而愤怒恰恰就是为了利益而产生的情绪，即外化了生理需要，为需要的满足添砖加瓦，铺平道路。由此可见，将情绪习性中的外化用愤怒来理解是有一定道理的。

（一）8号挑战者：愤怒（核心情绪）+愤怒（核心情感）

实际情况下，8号也恰恰是对愤怒的情绪产生了愤怒的情感，从而将情绪能量迅速转化为有力的攻击行为的。有趣的是7号和2号。

（二）7号享乐主义者：恐惧（核心情绪）+愤怒（核心情感）

7号对于恐惧情绪所带来的焦虑同样是缺乏耐心的。他们会尽快用愤怒去加速恐惧的转化，即用行动去释放恐惧——用最快速的行动去获取信息填补恐惧。

（三）2号给予者：悲伤（核心情绪）+愤怒（核心情感）

2号的行动力同样是惊人的，其悲伤的核心情绪所持续迸发出来的能量在愤怒这种情感的协助下也能够尽快地转化为行动力——用简单直接的行为去获得别人的喜爱。

这三种人格类型是比较符合通俗意义上讲的"外向型"人的。实际上，愤怒这种情绪，或者说愤怒这种情感，就是用来促成低级中枢的（生理）需求[1]的。

---

[1] 虫脑产生的需要叫"生理需要"，主要有饮食、排泄、性。嗅脑中的情绪也会导致其产生"赶紧得到释放"的焦虑，这就是"社会性需要"：嗅脑中的愤怒产生的社会性需要是权力，嗅脑中的恐惧产生的社会性需要是安全，嗅脑中的悲伤产生的社会性需要是被崇拜，或者叫自我实现。

二、遗忘即恐惧

除了焦虑，恐惧实际上也可以是一种悬而未决的状态，它可以导致个体退却的行为，也可以令个体处于静止的抑制状态，并保持着警惕。因此，恐惧同样是一种观望的力量。

（一）3号实干者：悲伤（核心情绪）+恐惧（核心情感）

3号可以理解为对自己的悲伤产生了恐惧，即自卑心理，所以才会有寻求成功的不断努力。3号会害怕自己一无是处，碌碌无为，这就是对悲伤情绪的恐惧情感。3号的恐惧情感，还表现在对自身发展的忧虑和高度投入之上。在陌生的环境中，3号的恐惧情感会促使他们更审慎地观察新环境中的各种细节，思索谋求自身的发展。

（二）6号怀疑者：恐惧（核心情绪）+恐惧（核心情感）

6号则是恐惧的叠加，对恐惧的情绪产生了恐惧的情感，+6号更加谨小慎微，-6号则显得一惊一乍，或者极具攻击性。恐惧的情绪导致6号需要大量的信息，但恐惧的情感却促使6号对得到的信息半信半疑，最终形成观望他人，伺机而动的个性特征。

（三）9号调停者：愤怒（核心情绪）+恐惧（核心情感）

9号最好理解，对愤怒情绪带来的攻击欲望感到害怕，徒有攻击的本性，却只能处于恐惧的情感中矛盾挣扎。

恐惧这种情绪、情感明显有一种抑制行为的作用。处于恐惧状态下的个体必须先控制住自己的行为，搜集更多的信息以便指导下一步的行动。从"情绪抑制性"这个角度上而言，3、6、9号这三类人格属于"内向型"人。但由于人们不能清晰、准确地发现"情绪抑制性"在他们身上的微妙过程，同时，像3号、-6号习惯于用行动来释放焦虑的人，看起来又特别符合"外向型"人的特征。实际上，这三类人的情绪抑制反应，会在与陌生人交流和不熟悉的场景中展现出来。

三、内化即悲伤

内化是一种对情绪无可奈何的情感，和悲伤是最接近的。内化不会减少情绪，而会让已有的情绪受到挤压，形成反弹力，使情绪反而更多了。悲伤这种情绪似乎也具备这种酝酿的功能：让低级神经中枢的意图受到压抑，甚至增加了其能量的规模。

（一）1号完美主义者：愤怒（核心情绪）+悲伤（核心情感）

1号完美型可以理解为对其愤怒的核心情绪产生了悲伤的情感。1号这种悲伤的气质令其成为腹中心中最优雅、最有学问、最具有能量的人格类型，很多性格特质甚至会与腹中心的基本人格类型特质相悖。

（二）4号浪漫者：悲伤（核心情绪）+悲伤（核心情感）

4号是对其悲伤的核心情绪感到悲伤的人格类型。这种双重的悲伤使得4号的行为极具艺术性、可塑性和不稳定性。很多4号的男生非常纠结自己的人格类型，可能正是因为这种双重的悲伤才带来了敏感和丰富的心理世界吧。

（三）5号观察者：恐惧（核心情绪）+悲伤（核心情感）

5号先用知识和专业技能武装自己，再投身社会竞争。这种生活思路恰恰证明了其身上悲观气质的存在。很多5号也极具艺术才能。5号常常表现出恋母情结，对自己的健康、能力、前途经常表现出一种忧心忡忡的态度，这些特质都是源于一种悲伤的情感。

在内外向的维度上，1、4、5号三类人可以说是最难讲清的一类。悲伤的核心情感会令他们的核心情绪在转化为行为时受到极大的抑制。这种抑制会导致核心情绪的能量得到加大，而只有在特定的情况下才能用行为去释放。因此，这三类人总给人感觉生活在自己的世界中。而他们"外向"的一面也往往与特定的专业领域有关，如1号的外向行为总与规则有关，4号的总与艺术（广义上的）有关，5号的总与专业技术有关。

本书的重点、难点和创新点可以概括如下。

使用核心情绪（简称"情绪"）和核心情感（简称"情感"）两个概念来呈现的九型人格类型理论是一种"极简的人格类型假设"。这两个概念也可以视为两个变量，它们的取值均是在"愤怒""恐惧"和"悲伤"三个选项之中。简而言之，本书的所有分析判断均以三种情绪的两两组合为推理前提。

第四节　对"人格类型假设"的思考

"Sometimes, you don't get over things. You just learn to live with the pain."（有时候，我们并非走出了伤痛，不过是学会了带着伤痛继续生活。）[1]

一、因 果 困 境

对一个人行为特质的把握，核心情绪和情绪习性都极为基础和重要，但谁更重要呢？核心情绪和情绪习性，是谁先形成，谁后形成的呢？

（一）对核心情绪的反思

情绪在认知方面体现出模糊、快速、非理性三个特性。非理性又有两个方面：一是看重主观的（常常是客观不存在的）蝇头小利，并且非常自私自利；二是对正性情绪感受非常容易脱敏，对产生正性情绪的刺激物的感觉阈限、差别阈限迅速提高。

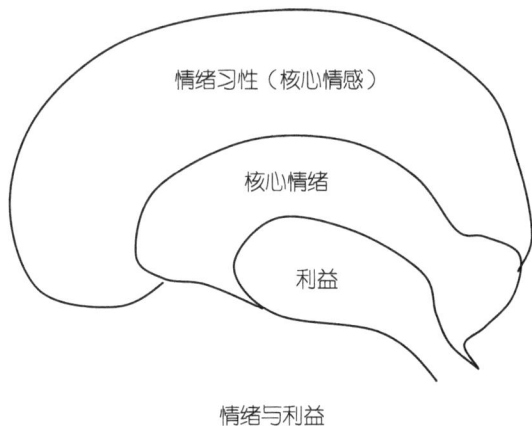

情绪习性（核心情感）

核心情绪

利益

情绪与利益

1. 情绪的逐利性

从三脑模型来看，要实现虫脑所代表的个体的利益，必须通过嗅脑和脑皮层两个更

---

① 核心情绪是一个人人格的最核心部分，也是其个性化行为的动力源泉。值得品味的是，核心情绪都是负性情绪，没有正性情绪，也就是说，人的确是在"带着伤痛继续生活"。

高级的管理中心。嗅脑提供情绪对个体获取利益的行为进行最基本的管理，其所形成的偏好就是核心情绪。

愤怒代表着追求个体的利益，其本质就是外化，用行动去实现个体的需要。恐惧则代表着首先压抑个体的需要，以一种更聪明或者安全的方式加以实现，其本质是抑制，抑制了外显的行动而激活了内隐的心理活动。恐惧可视为对愤怒的防御，因此，脑中心在可以获得利益的时候会远比腹中心需要更多的利益，或者对他人产生更多、更大的控制[1]。悲伤似乎与个体的直接利益无关，却代表着种族的团体利益，这是种更高级的情绪，在生物进化的轨道上，哺乳动物这种高级的生命形式以上才能产生明确的悲伤情绪。

2. 负性情绪更有价值

核心情绪不可能是正性情绪，只可能由负性情绪充当。正性情绪带来的是"忘我"的效果，而且，正性情绪持续的时间非常短暂，对行为的发动效果、持续性都很差。而负性情绪，从未分化的负性情绪——焦虑，到厌恶、愤怒、恐惧、悲伤等各类负性情绪，均直接与行为的发动、行为适应环境的策略息息相关，为个体求生存的行为注入了鲜活的能量。

> "现在的人每天给他一块钱，只要有一天不给他就会记恨你；每天给打一巴掌，只要有一天不打他就会感谢你。"这段热门网络文字实质上讲的就是这样一个道理。正性情绪不但持续时间短，容易被脱敏，即习惯成自然，也难以获得主体注意力的分配。因而"生于忧患，死于安乐"是非常深刻的道理。正性情绪不可能成为核心情绪。只有负性情绪才胜任核心情绪的需求：持续地发动行为；获得注意分配。

（二）对情绪习性的反思

情绪是行为的动力。如果只有嗅脑和虫脑的动物，核心情绪就是他们的心理机制。有趣的是，人拥有高度发达的脑皮层，它存储着语言这种最高级的"软件"，使得人类的行为更加扑朔迷离。

其实，既然嗅脑最终形成了三种情绪来管理虫脑，不难发现，脑皮层其实也是提供了三种情绪习性来管理嗅脑产生的情绪，即外化、内化和遗忘。需要思考的是，是嗅脑提供的核心情绪对我们的行为影响更大，还是脑皮层提供的情绪习性对我们的行为影响

---

[1] 这就是过度补偿。

更大？

情绪压抑需要，理智压抑情绪。从这个角度，或许情绪习性这一人格的核心环节对人类行为的影响更明显，因此，对他人性格特质进行归纳的时候，情绪习性带来的影响可能比核心情绪更为基础和重要。那就意味着，内化、外化、遗忘等情绪习性类型是我们描绘一个人性格特质首要考虑的思路。例如，9号人格的核心就是"沉睡的愤怒"，其中"沉睡"更能够体现9号人格的特质，即将一切真实的情绪都加以压抑，以维护自己的平静，而腹中心的愤怒就显得更加扑朔迷离一些，并非其最常见的性格特质。

二、人格类型判定的困难

> 性格上有种怪现象：强势的人说自己不强势；和气的人说自己脾气不好；细心的人说自己粗糙；骄傲的人说自己谦虚；有事业心的人说自己懒惰；自我的人说自己无私；会做账的人说自己算不清；有心机的人说自己欠思量；机灵的人说别人更灵活。

（一）缺乏自我认识的知识

自陈量表认为人拥有自我意识的能力，具备自我了解的能力，因此，自己的性格特质自己能够通过直白的心理问卷加以测定。然而，本书所述的"情绪动力模型"和"人格类型假设"均认为人不具备清晰的自我认识的能力，因为人生来并不具备上述两种理论知识。缺乏基本的心理学知识，如何能够对自己的人格类型有一个清晰的认识呢？没有对自己清晰的认识，再可靠的心理测量问卷都会失去作用。而手持着测量工具科研数据的人们，在得出测量工具不可靠的前提下，是否想到了比客观的测量工具更不可靠的恰恰就是被试自己的主观因素呢？唯有深刻理解人格类型理论才可能对自己和他人的人格类型做出有价值的判断，才可能真正理解自陈量表题目的心理学含义，才能够正确地陈述自己真实的心理活动。

（二）缺乏自我认识的勇气

还有一种可能，就算被试掌握了人格类型理论，同样很可能对自己的人格类型做出错误的判断，但其错误论断的背后，恰恰是对自己人格中固有的缺点和短处缺乏接纳的勇气。实践中，心中心的人最缺乏给出自己人格类型的勇气，因为一旦自己的人格类型公布出来，其最自卑和最虚荣的一面便不言自明了，这与其对自己形象的苦心经营是格格不入的。

这种缺乏自我认识的勇气经常是习惯性的，即主观意识层面未能感受到这种抵制的存在。恰恰是这种防御机制的存在保护了我们的自尊和自信，但同时也限制了我们自我的认识和发展，更限制了我们对他人深刻的观察和解读。

（三）能力发展不均衡

即使拥有相同的人格类型，不同年龄段，不同社会技能的人的行为同样很可能是不同的。"情绪动力模型"的视角始终保持在情绪是行为的动力这一基本观点之上，如何使用好情绪这一取之不尽用之不竭的行为动力是摆在每个人毕生发展面前的一个不变的课题。单就核心情绪的利用而言，同一人格类型因其本身的智力、经历、教育、环境等因素影响，必然存在发展不平衡的情况，更不必说非核心情绪、情境情绪这些行为动力被主体利用的水平是怎样的纷繁复杂了。

由于能力发展的极度不平衡，以外显行为为标准化题干的心理问卷必然不能准确地衡量个体本身想要测量的人格类型指标，因此，人格类型问卷的信效度难以令人满意。

（四）行为适应多样性

人格类型理论揭示的是人的基本心理活动特征，核心情绪及其内外化是某种特定人格类型的稳定的心理活动模式，但不是全部心理活动的情况。一些基本的心理活动原理对个体的行为塑造依然是极其有效的，比如行为主义。只要是对个体有利的行为，不管最初源于怎样的情绪动力路径，能够解决现实问题的行为就属于个体愿意模仿的技能。例如，6号怀疑论者会模仿1号完美主义者遵从社会规定的行为，无论这个行为是发源于愤怒指向自己这一情绪动力路径还是别的渊源，只要这个技巧能更好地使6号的恐惧情绪得以成功处理就好。

这其实就是人格类型心理学的不确定性，即同一个外显的行为可能由不同的人格类型的人做出，而某种人格类型的人其行为也必然是丰富多彩的。例如，擅长讲笑话这一行为，完全可能由2、3、7等人格类型做出，而既喜爱阅读又喜欢外出游玩这对看似矛盾的行为都是 7 号享乐主义者的典型行为。

（五）文化、亚文化等因素的影响

现有的人格类型心理测验均来源于西方，其文化背景与我国存在很大的差异。实际上，心理类型学从信息加工的角度开展人格类型分类，文化差异的影响还不是太显著，心理测验 MBTI 基本能够为东方人所使用。然而，九型人格则截然不同，中国文化中固有的恐惧色彩使得从西方引进的各类九型人格问卷受到严重的干扰。中国传统文化实际上是一种 6 号文化。在这种保守主义文化统治的地区，区别处于这一文化中的个体的人格类型就需要重新编制问卷。

举例而言，在中国，3 号人格类型的人几乎不能用现有的九型人格问卷测试得出，而即使很多人经测试后 9 号人格类型得分最高，也鲜有几个是真正的 9 号和平型。

文化、亚文化的影响，其实是一种图形与背景的相对关系。

三、"图形与背景的视角"

> *"No one is perfect, including yourself. No one knows what you are, including yourself."* ①

人格类型理论常常受到这样的质疑：为什么人格属于同一类型的人群内部，相互之间仍然存在性格差异？既然他们存在性格差异，又如何能称之为同一类型呢？

人格类型理论中的"图形与背景的视角"是笔者提出的解答这一问题的思路。

（一）补丁理论没有必要

就解答人格类型相同者的不同性格特质这一问题而言，MBTI 理论基本没做回答，因为 16 分法对于一个不大的群体而言，同一类型包含多个个体的情况其实并不多。而人们在最初接受人格类型划分时也常常会着于谈论自己类型的心理特征，更不要说去研究相

---

① 如果说情绪是行为的动力，核心情绪是区分人格类型的依据，那么很显然，有很多行为的动力源都是某种负性情绪，如此，还有谁可能是完美的呢？再完美的行为都可能是服务于某种负性情绪的产物。有趣的是，情绪驱动行为的心理机制是自动化地经过多层掩饰、伪装的。人很难了解自己。

同个性类型内部人员的个体差异了。九型人格由于只将人群划分为9个类型，同一类型内部个体的差异问题就一定会在实践中暴露出来。于是，副型[1]理论成了一种救急的人格类型补丁理论。的确，从九型到二十七型人格的飞跃，基本上能解决日常授课中遇到的同一类型不同性格这一棘手问题。遗憾的是，也许是尝到了补丁理论的甜头，为了追求类型划分的更加高深和准确的目标，"翼"[2]这种毫无生理学、心理学理论依据的理论也被视为更加"深刻"的补丁理论，这实在是画蛇添足[3]！

　　人格类型理论的初衷就是要塑造人格类型的范式去快速地解决现实生活中个性类型划分的问题，实用性、科学性一定不允许其具有纷繁复杂的子类型，甚至孙子类型划分的理论。从准确性上讲，对个体的人格分类越简明越容易判断正确，越复杂越容易判断错误。后者犯错的概率远高于前者！也没有必要进行更仔细的划分，因为人格类型内部一定会包涵很多人，这些人必然会存在性格差异，这是不可能避免的问题。那么，如何来接受人格类型的内部差异呢？

（二）其他影响因素

　　其实同种人格类型内部存在性格差异是非常自然的事情。本书的其他部分也曾提到，个人的性别、经历、智商、能力等因素同样会强烈地影响其最终选择用于释放情绪的行为。其实这些不同的行为方式可能五花八门，但对于主体而言，都是在释放相同种类的情绪罢了。例如，愤怒导致的攻击行为就会有完全不同的表现。能力低下的人用拳头直接表达自己的愤怒，能力高的人则懂得用询问、幽默等语言去沟通，从而表达自己的愤怒。

　　行为与型号也并非一一对应。假如我们不知道水能折射光线的特性，突然看到一半在水中的筷子时，八成会觉得这副筷子是断的，于是直的筷子被我们误以为是断的。同样，某些行为与型号不一定能够一一匹配，原因就在于中介变量的干扰作用。例如，4号偏好红色，但一位4号女生所购轿车的颜色却是银色，原来是因为该款车辆标配的红色油漆不够"独特"，所以她才"被迫"选择了其他颜色。

---

[1] 经典九型人格理论的一个分支，可将9种人格类型再进一步细分为27种子类。
[2] 九型人格的一个理论分支，认为现实生活中的人很少符合典型的九型人格描绘，而是一种"复合体"。
[3] 从先验主义到经验主义，从经验主义到实证主义，当实证主义在给自己"打补丁"的时候，证伪主义终于占领了科学的高地。

（三）图形与背景

社会人格是同一个群体中多数成员共同具有的心理特质和性格特点。最早明确提出社会人格概念的是法兰克福学派的E.弗罗姆。他把社会人格的概念定义为："一个集团的大多数成员性格结构的核心，是这个集团共同的基本经验和生活方式发展的结果。"

无论是性格还是人格，其定义一定包含独特性和稳定性这两个方面。就独特性而言，不同种类的情绪均可作为行为的动力，但主体对不同情绪的偏好不同。主体偏好最多的情绪种类就是该主体的核心情绪。然而，在得出这一判断的过程中，我们只考虑了主体个人内部情绪种类间的比较。实际上，这个人的个性中最具有意义和价值的，还是其在一定的人际关系中或文化背景下，独特和稳定的行为模式。也就是说，得将主体的不同情绪能量分布放在主体所处的集体中进行独特性考量，方可得出其在某一个环境中最有价值的人格类型。这种考量情绪分布的角度就是将图形与背景的思想引入人格类型的判断之中去，同时也能够解释人格类型内部的差异。

> "与所有人相似的层面"是基础，要在理解人类本性的基础之上来探讨"与部分他人相似"的层面和"不同于任何人"的层面。——郭永玉（华中师范大学心理学院）

例如，一个在中国被评价为3号实干者的人，其情绪偏好的分布可能并非是悲伤处于绝对偏好的地位，因为中国人的文化背景中，恐惧占有很高的成分，甚至可能超过了这个3号核心情绪（悲伤）的总量。然而正是因为评价的参照系是中国人，因此恐惧这种我们司空见惯的情绪反倒不引人注目，成为"背景"，即被大家忽略的那一个部分，而数量并不及恐惧的悲伤却成了吸引我们眼球的"图形"，并成为所谓的"核心情绪"。但就是这样一个被国人评价为3号的人，到了美国，却被美国人坚决评判成6号，可见，在这个新的环境下，美国文化中的悲伤①成为"背景"，人们对这种个人主义和积极热情早已习以为常，而恰恰是写在中国人骨子里的恐惧情绪，成为此次评价的"图形"。

上述例子从图形与背景的角度衡量情绪能量的分布，就三种核心情绪而言，其分布

---

① 参照第十一章第三节的论述。

就像三座大山一样高低不同，然而决定其人格类型的并非是某一座山的高低，而是别人觉得哪一座山相对最"高"，此时这座山就是"图形"，而其他山，哪怕是比这座山更高，也只得默默地成为"背景"。这种判断策略才能够体现人格心理学的真谛，即独特的、稳定的内部心理模式。

再举一些例子。比如在中国被判断成1号完美型人格的人，在日本人眼中，可能仅仅是个9号和平型，因为日本人对"完美"的要求太高了。再比如，通过单独判断，将三个7号享乐主义者聚集在了一起。这时，7号人格类型的特质对这三个人相互而言毫无价值，他们一定会关注三人之间的不同点。此时，7号人格类型成为背景，三人相互比较后发现，相对他们三个人而言，一个是5号观察者，一个是8号挑战者，一个是4号悲情浪漫者。

有了"图形与背景的视角"，对于相同类型内部性格差异的解释就顺理成章了。此时相同人格类型所对应的性格特质成为背景，个体其他性格特质的具体情况则成了图案，受到别人和自己的关注也就是理所当然的了。

第七章　情绪情感造就人格类型
——情绪的排列组合

> *事无两样人心别*[①] ——辛弃疾

本章之前所有的论述，无论是"三脑模型""第二信号系统"，还是"情绪动力模型"，甚至是"极简的人格类型假设"，都是为了本章对九种人格类型的性格特质开展推理的铺垫。

人格类型的实质就是嗅脑和脑皮层对于情绪种类的偏好。

因此，人格类型的确定，其实质就是对两个变量："核心情绪"和"情绪习性"（又称为"核心情感"，或简称情感）取值的探索。一旦确定这两个变量的取值，读者就可以开始推理得出该人格类型的全部性格特质。

第一节　对愤怒感到愤怒——8号挑战者

> *"愤怒比悲伤要好过，愤怒不会让人垮。"*[②] ——李娜

构成8号挑战者的两个变量：核心情绪和核心情感，它们的取值分别是愤怒和愤怒。可以说，8号挑战者就是一个对愤怒感到愤怒的人，或者，外化愤怒的人。

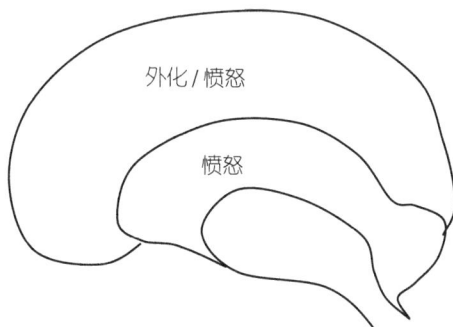

外化 / 愤怒

愤怒

8号：愤怒＋愤怒

---

① 相同的刺激情境，可能引起不同的人产生不同的情绪，而他们产生的不同情绪可能就是他们的核心情绪。
② 愤怒带来生存。

一、体 貌 特 征

"最喜欢你看不惯我，又干不掉我的样子！"

8号非常可能具有的外貌特征就是身体强壮，体重更重[①]。因为假如身体不够强壮的话，童年时代，在儿童的人际关系中，8号就不可能自由地将愤怒外化为攻击行为。8号的强壮往往是身体上的壮实，是肌肉和脂肪的组合与堆积。只有真正相信自己力量的人才不会轻易去锻炼肌肉，因为8号从小到大就没怎么吃过亏。儿童相互的扭打，主要还是靠体重和力量，而8号正好拥有此二者。8号女生往往胸部丰满，丰乳肥臀，一看就很适合生养，但源于8号的那种威慑力却震慑着男性追求者不敢轻举妄动，任何愚蠢的求爱行动，甚至轻佻的行为都可能带来吃不了兜着走的严重后果——被打被骂。大学校园中露阴癖等变态"惨遭"女生生擒活捉的案例，往往英雄就出自体育系的女8号。

不知何故，8号身高一般都不会太高，有一种说法是8号在儿童时期发育较早，当时身体上具备了优势而促成了外化愤怒的情绪习性，但过早横向发育的趋势没能带来持续的发育优势，导致纵向身高没太能突破。但这并不会困扰8号，因为他们有过击败更高者的实战经验，无论是气势上还是真正交手的过程中，8号不畏惧高的人。然而，如果对方又高又壮，也气势汹汹，这时8号也懂得灵活应变，不轻易招惹这样的对手，因为8号太清楚体重在打斗中的重要性了。

别看8号身体略有些胖，8号男女生都极具爆发力。突然间的起动、加速、奔跑，8号完全胜任这些短跑竞技。8男更喜欢的是团队短跑球类对抗——足球。将对手挤开，击败，或带领"梁山好汉"们为争夺一块足球场地而与另一帮孩子从对抗到化敌为友。这些基于身体素质的乐趣，逐步发展为一种社交动机和成就动机，使得8号男生在非正式组织中体验着斗争与统治所带来的乐趣。

8号可谓虎背熊腰，腹中心的懒惰使得8号并不喜欢刻意挺直腰杆，因为没有必要这么累。8号的自信来源于他人的敬畏与臣服，与自己的形象没有太大的关系。如果读

[①] 酒后滋事的加害人常常比受害人体重大，人在醉酒状态下的攻击行为也懂得选择安全的对象去发泄不满，体重轻的人常常成为受害者。而搏击类的体育竞技基本都需要按照体重进行分组，体重在一对一殴斗中有极其重要的作用。体重是识别8号的一个重要因素。

者发现那种躯干放松，甚至有些含胸，但身体强壮，谈吐自信、主动的，就很可能是8号啦。

8号无论男女都喜欢清爽的短发，因为长发真的不是很方便。笔者基本上没见过留长发的8号男生，倒是看到过很多头发短得像男孩子一样的8号女生。8号女生如果留及腰长发，多半是还没有如意郎君。腹中心的人打扮并不是为了吸引更多人的关注，而是为了吸引异性关注。这种打扮的行为动力很可能并不来自悲伤，而是来自性唤起——性成熟后最容易产生的，实现性行为的情绪。

8号的眉毛可能有剑眉的特征，且眉心处皮肤可能存在皱纹。剑眉的特征是倒八字眉，即两条眉毛的中心向下压，再朝中心聚拢。熟悉本书第一章的读者会发现，这是愤怒表情的一个显著特征。当愤怒以核心情绪的方式占领8号的内心后，就会以表情的方式呈现出来，最终以面部皮肤的褶皱等"面相"体现出来。但这个特征不为8号所独有。剑眉的出现的确是愤怒的一个蛛丝马迹——弱表情。

二、着 装 风 格

8号男女都不太擅长打扮自己。那些心中心人使用的难以名状的花纹和颜色，以及脑中心人脱口而出的品牌和流行趋势，对于8号来说都离开他们舒适和保暖的着装需求太遥远了。8号看中的是轻巧、干练和舒适，容易清洁和打理，最好耐用，甚至多功能，但太多功能也会让8号摸不着头脑，甚至心烦意乱。那些看不懂的设计、装饰很难为8号所理解和接受。那种好看而极不舒适的服装材质是8号完全不能忍受的，再漂亮的衣服一旦让8号感觉到带来了身体上的煎熬就终将被他们拒绝。这也是8号为人父母时，给孩子着装时的思路。如果读者看到小朋友的着装最偏重的风格是舒适，而款式普通甚至不太漂亮，就可以考虑给小朋友穿衣服的大人可能存在腹中心的特征了。有趣的是，8号也喜欢瘦，也希望打扮得显瘦，于是，强壮身体的8号在一些"小"衣服的禁锢下显现出了一些粽子的效果。

如果说8号男生的打扮风格核心是舒适、方便的话，8号女生的打扮风格会多出一项——性感。美丽是一种强有力的武器。由于腹中心这种基本人格类型性心理成熟得较早，思维简单、直接，不拐弯抹角，8号女对两性关系的意识更偏向于群居动物的本质——力比多。8号女生可以打扮得性感，甚至火辣，这是一个女人力量和尊严的展现，这种打扮考验的是男性有没有财富和力量来赢得这个女性——自己未来孩子的母亲。缺乏实力的男人在8号女生的性感面前只能想入非非，露出其猥琐的一面。

三、言 语 特 征

作为腹中心的代表人物，8号无论男女都思路清晰，言简意赅，直扑重点，不爱拐弯抹角兜圈子，也懒得使用各种客套、礼仪和文绉绉的用语。但这并不代表8号不懂得礼仪和客套，该使用什么，不该使用什么是8号最清楚不过的事情。8号人的语速是中等的，语气透露着不容侵犯的坚定。沟通时声音洪亮，中气十足，不怒自威，却常常是有理有据有节，稳扎稳打，注重方案的可行性分析。无利可图的服务行业绝不适合8号人格，天生霸王的个性如何能容忍屈居人下，服务他人。除非有利可图，看在钱的份儿上，8号愿意暂时收敛自己的暴脾气。8号人格的服务质量一直是令人担忧的，因为他们根本不属于这个行业，这个行业应该是为他们服务的。

四、职 业 表 现

育儿指导老师是一种新兴的职业，虽然也属于服务行业，却是为初为父母的年轻妈妈、爸爸们"服务"的。面对孩子的哭闹，很多父母败下阵来，但8号母亲天生的母性，强大的气场，清晰的思路却能够让孩子更快地进入良好的家庭教育环境之中。8号女性也成为育儿指导师这个职业中最常出现的人格类型。对于8号女育儿师而言，育儿指导的工作就是要抗住来自孩子、妈妈、爸爸，甚至爷爷、奶奶、外公、外婆等一大家子人错误育儿方式的侵袭。恰好8号有这个气场，只要相信自己是对的，再加上高工资的激励，8号女育儿师完全胜任进入别人的家庭系统，指导科学育儿的工作。似乎这个工作内容对于8号女而言并不太具有挑战性，反而如鱼得水，其他类型可能很难镇得住一大家子以各种名义迫切表达其教育思想的人。

创业一直是非常适合8号的职业规划。从当自己的老板，到统领"三军"挥斥方遒，一定是适合8号发挥其特长的人生规划。8号并不擅长与高科技、精细化相关的创业领域，反倒是与民生有关的，与百姓生活相关的，容易理解和上手的领域更适合8号展开他们的舞台。服装、餐饮、快递、养殖、买卖、开矿、钢材、装修、建筑等行业，只要满足能够承包，自负盈亏的行当，都不会辜负极具行动力的8号[1]。熟门熟路之后，8号也会退居幕后，转型做起中介生意，或者步入房产、金融行业。利益，是8号最关注的"事业"，只要自己能够理解赚取利益的方法，腹中心求安逸的性格特质一定会驱使8号进入更轻松、获利更高的行业之中。有趣的是，腹中心的人虽然有些主观唯心，但骨子里都是现实主义者，追求利益的同时更懂得风险管理。公关、广告、投行等行业对于8号而言可能是华而不实的。与其好高骛远，8号更愿意脚踏实地。

第二节　对愤怒感到恐惧——9号调停者

> "假如你想要一件东西，就放它走。它若能回来找你，就永远属于你；它若不回来，那根本就不是你的。"[2]

构成9号调停者的两个变量：核心情绪和核心情感，它们的取值分别是愤怒和恐惧。可以说，9号调停者就是一个对愤怒感到恐惧的人，或者，沉睡愤怒的人。

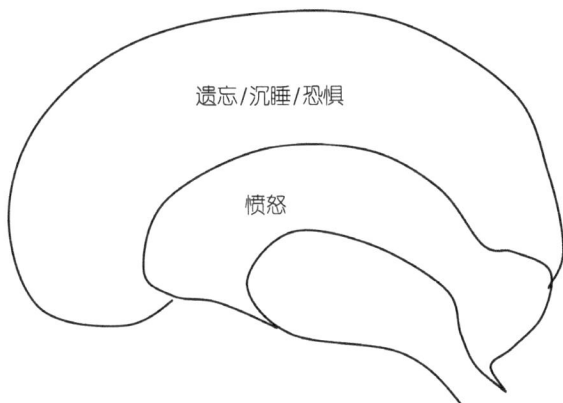

遗忘/沉睡/恐惧

愤怒

9号：愤怒＋恐惧

---

[1] "当一个人可以放下面子赚钱的时候，那说明你已经懂事了。当你用钱换回你的面子的时候，那说明你已经成功了。当你用面子可以赚钱的时候，那说明你已经社会了。当你不顾面子可以捍卫你身边一切的时候，说明你是真正的爷们，当你还站在那闲扯淡吹牛只爱所谓的面子的时候，那说明你一辈子也就这样了。"

[2] 放弃利益的时候，再用各种思想文饰、压抑自己的愤怒，这就是将愤怒沉睡。

一、体 貌 特 征

身高太高的人，似乎并不在乎他人的行为攻击和言语挑衅，也许，这就是他们在面对他人的嚣张跋扈和自以为是时的一种防御机制——"别和他们（比自己矮的人）一般见识"。无论是反射弧太长，还是不屑与别人较真，个子太高的人如果有一副憨厚的体态，即腹中心慵懒的体态和微微发福的肉感，再搭配一张欲言又止，跟不上众人思维和交谈的表情，那就非常可能是一枚9号和平型啦。对于9号而言，身高太高是其愤怒"沉睡"的一个原因。

身材略胖，却另当别论，因为身高高的孩子有优越感，身材胖的孩子却容易产生自卑感。要把愤怒加以沉睡，是需要一些"信仰"的。比如，儿童时期的9号很乖，很听话，很善良，这种好人思想就是一种能够麻醉愤怒的"信仰"——"既然我是个好人，就不和你一般见识了吧"；又如长得好看的孩子，从小不需要努力就能得到他人的赞美，这种英俊或标致的面庞也能够带来"我很好看"的"信仰"，以麻醉自己的愤怒——"既然我这么好看，就不和你计较了吧"；再如智商优势，也能够成为麻醉愤怒的一种"信仰"——"既然我这么聪明，就原谅你吧"。上述所有的这些"信仰"都来源于一个人身上可见的优点，这种优点越多，越是可能成为其自恋的依托，并最终成为9号麻醉自己的一剂处方药。然而，身体发胖却恰好相反，它是一个缺点，会引发其他孩子的嘲笑，大人的"关心"。这种缺点成为考验9号沉睡愤怒能力的切口。如果9号面对他人对自己诸如身材胖、反应慢、思路笨拙等缺点的挑衅，能够将愤怒沉睡，避免与他人的正面冲突，那么，每一次面对这种情况，9号都要做出一次沉睡愤怒的努力，这就是不断强化的过程。因此，身材胖这种外貌特征并不是9号的一个直接的特征，但可以成为考察一个人面对压力时反应类型的切口。

就外貌而言，优势会成为9号将其愤怒加以麻醉的借口，劣势检验着9号沉睡愤怒的能力。

眼睛是心灵的窗口。9号的眼神比较温和，甚至有些空洞，因为他们总是习惯于被他人推动着向前进，自己无须太明确的主张和方向。9号很可能有一双漂亮的大眼睛，但眼神属于那种失去焦点，而又缺乏灵动的类型。有大眼睛的幼儿是漂亮的，更可能得到父母和他人的关注、赞美，促其形成懒惰的，自诩不屑于争斗、争抢的品质——这恰恰就是9号的特质。愤怒这种最有力的情绪如果被沉睡下去，主体便失去了对利益的兴趣①，同时也就失去了自己的生命力，这样的人眼神更可能是空洞的，行为是被动的。

9号的肢体语言是柔软的，无力的，不精神的，甚至国外一些漫画书中将9号用夸张的笔法画成了"一摊猪油"——像是一摊融化了的冰激凌，但冰激凌是爽口的，腹中心的人则是油腻的，犯起懒来就像一摊猪油，站没站相，坐没坐相，身体柔软，精神萎靡。

二、着 装 风 格

着装对于腹中心的人而言最重要的风格就是保暖——衣服最原始、实用的功能。8号是腹中心的代表，9号也基本如此。如果是用自恋来麻醉愤怒的9号，他们在着装上还是会有一点在意的。但这点对自己的要求却往往不能坚持下去，成为自己的主见。结果是，9号的着装风格其实就是对9号有掌控权的人的着装风格。面对别人的意见，最省力的方法就是放弃自己的主见。"别人叫穿什么就穿吧。"

9号会有自己喜欢的颜色，比如红色。红色热烈，抢眼，令人兴奋，能够给身处一潭死水之中的9号一种兴奋的感觉，令其眼前一亮，产生希望，激发一个习惯于被动的人开始积极地想象。艾森克关于脑兴奋性的理论假设：兴奋性不足者会需要更强烈的刺激，以唤醒其大脑。可能9号的人喜欢红色，喜欢刺激性的食物，比如麻的、辣的、咸的食物都与此有关。9号还可能喜欢蓝色，一种充满知识的、深邃的颜色。一个在人际互动中被动的人，再不深邃、渊博一点，还说得过去么。绿色，也会是9号喜欢的颜色，代表和平的颜色，但总是给9号一种淡淡的烦躁。虽然植物与动物相比是与世无争一些，但植物倾向于铺天盖地地生长，这种大片大片的绿色与9号在人际关系中被动、低调、安静的风格有些不搭配。绿色的小株植物更令人赏心悦目。绿色代表和平，还嫌9号不够平和吗？9号喜欢的颜色都很正。腹中心简单的头脑不太懂得那些更为复杂的色彩。没有悲伤这种情绪的辅助，那些难以名状的色彩简直会令腹中心的人抓狂。

---

① "没心没肺，才能活着不累。"

三、言 行 举 止

9号的言语特征就是慢、谨慎、顾此失彼。9号说话的语速是最慢的，交谈的内容也可能不多，一般没有强势的观点或个人的要求，认为任何人都只看到了事物的一面，都有对的地方。9号期盼大家和睦、平等地相处。其实9号并不是慢条斯理的人，因为这个词体现着一种以自己的思路和节奏为上的个人风格。9号为了避免自己难以处理的愤怒，凡事总是以他人为优先考虑的对象，但凡遇到需要考虑很多人感受的环境，9号就会备受煎熬，努力地寻找谁都不得罪的方法，避免自己的发言引发他人的不满。在调解纠纷上，这倒是让被调解的各方都满意的一种行为特质，但如果大家意见不同，又需要9号表明立场，挑明旗帜，站对队伍的时候，9号就陷入了困境。因为在9号看来，任何一方的观点都存在明显的偏颇和自私，都不是完全正确的，而持有这种错误观点的人往往又正是惹不起的。于是，大家看见了一个思路不清，吞吞吐吐，"捣糨糊"的9号，这实在是太为难9号了。事实上9号的这种反应恰恰说明各方的观点都存在缺陷，9号的犹豫不决正好说明了大家没有看到自己观点中的问题，或者不愿纠正自己观点中的缺陷。

9号是一个良好的倾诉对象，在与9号一对一的对话中，9号是全心全意为对方一方服务的。在9号的面前，任何行为都存在合理的价值，都是情有可原的，都可以得到原谅、安慰，甚至鼓励。在这种对话环境下，向9号倾诉他人的错误会得到9号的同情，甚至是共情。除非有任务要交给9号，一般而言，和他们的对话是惬意的，但没什么建设性，令人印象不深。当然，9号也是属于腹中心的一员，做事接地气，思维敏捷，行动迅速这些特质的底子总是有的，再加上9号喜欢用最简单的方式做事儿，这种返璞归真的思路在看清问题的本质方面会有较好的发挥，但在解决问题方面就显得天真、幼稚了。

9号并非是一个任何时候都很好相处的人。一辈子都在为别人打算，都在用自己吃亏的方法来简化自己生活的人，特别像一个服务行业中的"乙方"，且是一个不收费的乙方的人，心态会好吗？9号最糟糕的表现会出现在9号自己成为"甲方"的时候。9号会将自己花钱购买服务的机会当作情绪发泄的时机，会用自己一套"全心全意"为别人"服务"的标准审视着为他服务的人员，如银行柜台人员、电话客服、餐厅服务员、保安等。9号总是容易对他们提出过高的服务要求，投射出自己过去在忍让中积累的愤怒，寻找内心的平衡。这时的9号是暴躁的、失态的，令人摸不着头脑。

四、职业表现

9号适合两大类工作：专业技术类职业，或者服务业。前者发挥的是9号"自我型""退缩型"的那种与人隔绝，沉浸在自己世界中的性格特质[1]。这种特质适合学术、技术研究。比如医药、绘画、机械设计等领域还是适合9号的个性的。服务业可以将9号的注意力特征中固有的能力发挥出来。9号的注意力是"他人的利益"，当然适合以他人为服务中心的工作，如护士、服务员、司机、助理等。当然，二者能够结合起来是最好的，因为腹中心的本质特征决定了腹中心的人并不擅长特别抽象的物理、化学等高难度的专业研究和开拓，看得见摸得着的直观学科更适合腹中心的人。能有一技之长，并将其服务于年轻人的职业是最适合9号的。

教师是最适合9号的职业。学生能够得到9号老师人格中固有的尊重与爱。而9号也能够通过对学生的管理释放被沉睡的愤怒。这种被压抑的愤怒是成就社会道德和规则的来源。将愤怒压抑的教育有助于道德和法制意识、集体主义精神的形成和稳固。将愤怒压抑就等于将自己的利益加以管理和收敛，这是儿童成长教育中不可或缺的能力。教师的工作节奏也适合9号在某一领域中长期的研究和实践。9号人格中固有的化繁为简的思维特征有助于帮助学生掌握困难的知识。

一些小众的研究方向也适合9号的个性，如植物学、人类学，但很多此类专业经济收入并不殷实。实质上，9号这种对利益容易放弃的个性，反倒适合投身资本市场，他们比其他人格类型更冷静和克制，从而有效控制住了投资风险。遗憾的是，很多9号都习惯于自我设限[2]，也不愿尝试过于抽象的金融理论和实践，于是忽视了自身在资本市场个性方面的潜能。

因为无能为力，所以顺其自然。因为心无所特，所以随遇而安。

---

[1] 得不到的，未必是最好的，失去的也不尽是最宝贵的；现在拥有的，未必是你梦寐以求的，可它却是真真切切属于你的。——几米漫画

[2] "我想做个单细胞的生物，没心没肺地活着。避免失望的最好办法就是不寄希望于任何人、任何事。"

> 管理从管理自我开始。——一句1号的话

构成1号完美主义者的两个变量：核心情绪和核心情感，它们的取值分别是愤怒和悲伤。可以说，1号完美主义者就是一个对愤怒感到悲伤的人，或者，内化愤怒的人。

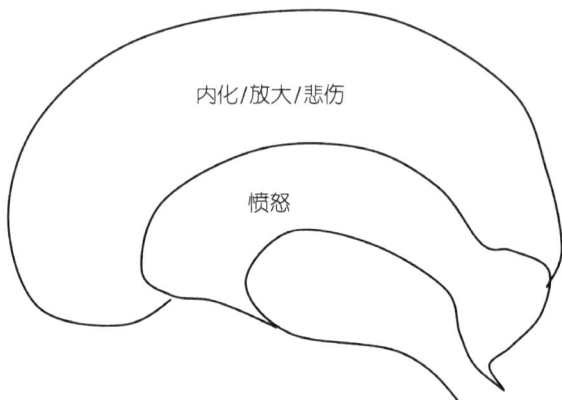

内化/放大/悲伤

愤怒

1号：愤怒+悲伤

一、体 貌 特 征

笔者没有见过身高特别高的1号男。其实也是，想象一下：如果有一个从身高来说就居高临下，又义正词严，能君子动口，动手也不输给小人的男人出现在大家的身边，那诸位就只能过上天天军训的日子了。

1号的脸可能会轻微地紧绷，这让他的脸显得比其他人更瘦。1号的身体不太可能很胖，因为肥胖是错误的。1号的腰、胸是挺的，具有军人的气质。

1号男生年轻时身材偏向于刚劲有力，身上不会有太多明显的大膘肉，特别有士兵范儿，孔武有力、吃苦耐劳。1号男生不会给人瘦长和佝偻的感觉，却像是个严肃的保镖，或者一个特种兵。愤怒指向自己之后形成的标准与要求积年累月在身体上的

表现就是天生一副军人的姿态，虽然有点刻板和机械的感觉，但同时也给人带来强烈的安全感。

1号女生却给人的印象是不矮，因为她们更瘦。也许她们擅长将自己的愤怒转化为对自己的各种要求，因此忙碌的身体和大脑无暇让躯体堆积太多的脂肪，反而将脂肪燃烧了。尽管女性皮下更容易增脂，但脂肪缠身一定是过度的养尊处优，那自然是不对的。1号女生并不认为女性弱于男性，因此1号女生坚强地选择了女人当自强，呈现出来的状态就是越来越爷们儿。1号的女生甚至会剪短发，雷厉风行得像个男孩子一样，很少会选用低胸的衣服，那是属于自己爱人才能欣赏的特权。她们会很少佩戴金饰，因为过于俗气，银饰和玉石可能更容易获得她们的青睐。8号女生也是女汉子，但比1号女生丰满，也更愿意表现出性感。1号女生可能会认为，经常表现出自己的性感是不对的。

1号的眼睛是有神的，透着一股犀利的寒光，仿佛一切虚伪、肮脏都逃不过那双如X光机般的眼睛。1号的嘴唇可能不会厚，因为受到控制的愤怒会令人紧紧地闭上嘴，这在微表情识别中已经提及。有意思的是，在笔者印象之中，1号的眼睛还有另外两个特征。一是眼睛不会很大，甚至以单眼皮为主。大眼无神，小眼聚光。二是可能有卧蚕。在弱表情的知识中，愤怒会引发下眼睑的上抬，也许正是这个原因，使得1号的眼睛用丹凤眼来形容就显得很妙。

二、着 装 风 格

1号是修边幅的人，着装的得体、规范是他们对自己高要求的体现。《三国演义》中的关羽就是一个典型的1号，他对自己的外形如果没有要求的话就不可能获得"美髯公"的称号。该扣的扣子扣上，该剪的毛发剪掉，这就是对他人体现的尊重。

1号选择的颜色可能不会粉粉的，因为那些颜色不正。1号在自我探索的过程中也会选择时尚，但他们骨子里的正气总是与时尚有些不搭。大红大紫肯定不是1号经常使用的衣服颜色，过于鲜艳、招摇的色彩和花色图案都不是1号所适合的。这并不是说1号就远离了时尚和前卫，他们反而会更羡慕、渴望一种解放自我的生活风格，包括着装风格。可惜的是，这种风格与他们的个性相去甚远，难以持续并固定下来，就算偶尔使用，也会有种新奇和不搭的感觉。实质上腹中心的个性特征就是远离时尚和审美的，而1号在腹中心中又是最严肃、认真、严谨的人格类型，与强调创新、不羁，强调个人感觉的时尚界相去甚远。就算是明星，腹中心明星的这种远离时尚的个性也常常被广告工作人员所洞察，邀请他们代言一些非常严肃的，甚至是公益的广告，比如艾滋病预防、反偷猎、"3·15"消费维权等。而一些日用品，如洗衣粉、洗衣皂、洗衣液、牙防、除菌、妇洗也更青睐腹中心的明星，最好是1号人格类型的明星加以代言，可以更好地塑造、体现产品极具效力的形象。1号女生可能对白色长裙有所青睐；1号男生则可能倾向于藏蓝色的衣服。总体而言，1号的着装虽然不太时尚、夸张，但和他人相比，一定是更整齐和洁净的，任何衣服都能穿出一种军装的感觉：力图扣上所有扣子，且肯定能够扣对。如果真的是从事军警工作，越是艰苦的条件，如天气炎热、持续作战，越能够体现出1号的着装风格——严谨守纪。

一般而言，1号人的鞋子是干净的，鞋带在鞋子上的走向、正反的方向、鞋带打结的长度等细节上都是对称的；袜子绝不会混穿。如果1号人身上有着装随意、邋遢等与1号人格特征不符的情况出现，也能够说明一些问题。一种可能是环境缺乏人际压力，如没有竞争压力的同学关系，在这种环境下，1号可能体现出7号的特征，快乐、灵活、随意。另一种可能是心理健康状态不佳，自我效能感低，又有责备他人或者对社会失望的感受，这时属于1下4的压力状态，1号可能会首先从着装上放弃自己对规则的追求，显示自己的不满，言外之意就是在呼唤他人对其反常行为的关注。

三、言 行 举 止

由于愤怒是一种最强的力量，1号人的愤怒又是来源于被内化了的规则和道德，即1号的愤怒比常人多出很多，因此，1号人的声音往往是洪亮、坚毅的。一个人的内心生活在流程图的世界，其谈吐也必然是在教导众生依法办事的。1号说话声音是洪亮的，是种正义的呐喊，但会以浑厚的男中音，高亢的女高音来表达。播音员、"老娘舅"中1号的人很多。1号常常一个人侃侃而谈地说着大量陈述句，最终常用祈使句结尾，对听众提出要求。1号擅长诗歌朗诵，愤怒带来的中气十足令他们能够掌控整个舞台。1号端庄、坚定、自信的气质使得他们更容易被管理者看中，去做非娱乐舞台主持人。男1号在中学起就胜任学校的主持、播音工作，往往和心中心的女生，尤其是3号女生搭档：一个严肃认真，孔武有力，一个敏捷活泼，知性欢乐，整个主持任务如行云流水，完美演绎。

有趣的是，1号男生和3号女生很可能相互吸引，终成眷属。1号女生则可以上"道德法制""焦点访谈"类的节目，用媒体的力量去针砭时弊，与时俱进。1号不但有腹中心做事儿的干净利落，更拥有源于被压抑了的愤怒所带来的行为准则。

内化的愤怒是1号完美主义者内心人格最根本的属性。他们所有的行为几乎都可以与内化的愤怒这个心理机制有关。所谓内化的愤怒，更通俗的说法是愤怒指向自己，形成内心中的规则、标准、道德，再用这把内心中的标尺去衡量他人和这个世界。对于违反标尺的人和事，1号会产生愤怒感，对于这种愤怒感，1号会用它来开展批评，当然，1号对即将开展的批评行为和已经开展的批评都会多次评估其正当性。正当性就是愤怒内化后的道德机制，比大多数人都有更高的标准会导致自己的郁闷，因为违反规则的人和事随处可见。因此，内化的愤怒会形成一种持续的能量，使得具备该人格类型的人相比其他腹中心人格类型而言，更有毅力，思路更清晰，因为对于1号而言，其愤怒的来源不是外部，而是内部，是其根深蒂固的道德标准。

比如1号自我形象，轻佻、鲁莽都不是其风格，因此其体态、着装都会以军人气质为最终选择。在1号的家中，物品都有自己应该摆放的位置，简洁、规整成为其房间的风格。为了塑造整洁的家庭环境，1号会亲力亲为，但男性会因此对其配偶失望，因为男性1号有大男子主义，认为打理家务在传统上是女人的工作。

1号的说话内容总是会和是非有关，他们可能经常会使用"应该"这种气场很强的词汇，也会用些封闭的疑问句来与他人探讨是非对错的道德伦理问题。1号如果处于长辈或前辈的地位，说话就一定是一副老师的派头。

四、职业表现

1号虽然被称为完美主义者，但完美主义仅仅是1号人格类型中的一个部分，且有它自己的产生原因。完美型并非要追求品质上的高大上、高精尖，而是1号在情绪上就容易愤怒，这种愤怒只能靠规则来压抑，任何违反规则的事物都容易引发1号的愤恨，从而产生批判等攻击行为。1号对自己也非常严苛，凡事身体力行。为避免错误而塑造的"完美"更多与制造业有关。1号关心的是把事情做对，即产品要符合工艺要求。因此，只要岗位职责包含了工序和工艺，或者岗位职责中需要建立工序、工艺和流程图有关的岗位都是1号人格本性中最擅长的。研发部、生产部、质量部、监察部，都是1号人体现其价值的岗位部门。航天、航海、发动机、精密仪器制造、体育等都是1号所擅长的领域，部队、监所、检察院、反贪局等对管理、业务有极高品质要求的单位也适合1号的发展。1号不适合做服务、咨询、销售类的直接接触客户的岗位，其内心丰富的规则、道理很容易承载其愤怒而被客户感受到，这不是一种好的体验，不利于维护关系，除非遇到某些特别看中专业能力而非沟通技巧的客户。实际上，凭着吃苦耐劳、悉心钻研的精神，1号在任何领域都能够较好地完成任务，任何行业的工作团队中都需要1号的人，关键在于，如何用好将愤怒指向自己这种宝贵的精神。1号是适合为官的，实干、清廉是其固有的长处，需要提升的是其对价值观多元化的理解，需要留心的是其对腹中心本能需求进行压抑后存在的反弹危险。

第四节　对悲伤感到"愤怒"——2号给予者

> 我一直以为最糟糕的情况是你离开我，其实最令我难过的，是你不快乐。——《怪物旅社》

构成2号给予者的两个变量：核心情绪和核心情感，它们的取值分别是悲伤和愤怒[1]。可以说，2号给予者就是一个对悲伤感到愤怒的人，或者，外化悲伤的人。

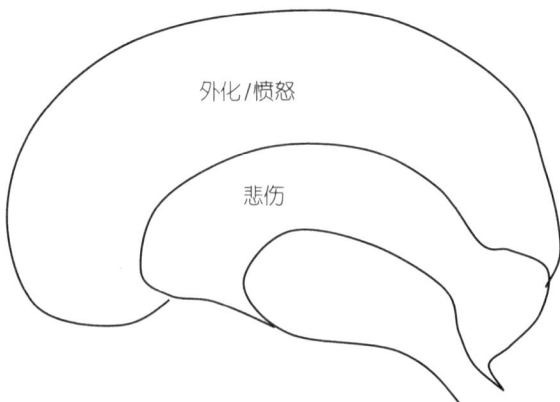

外化/愤怒

悲伤

2号：悲伤+愤怒

---

① 这里的愤怒偏重加速实现的意思，实现嗅脑中核心情绪的需求。

一、体 貌 特 征

2号的身材多以娇小玲珑为主。常常看到2号女生一副活泼可爱的样子，她们的身高总让人觉得不太高，也许过于高的身高给别人带来了压力，于是2号女生连身高都为了令别人开心而不长太高了吧。另一个可能是身高矮一些，可能会形成自卑感，也有利于悲伤的情绪被主体固定下来而成为核心情绪。多数2号男生不高，但也有些2号男生却不矮，遗传、地域、营养等因素也非常重要。

成年后，2号女生的身材更可能比同龄人瘦一些，这固然得益于悲伤这种核心情绪对形象好坏的要求。人鱼线、马甲线等与身材好有关的标志，都可能是2号女生追求健身所带来的效果。有趣的是，2号男生的身材就可能要普通，甚至略微胖一点。并不擅长动作技能的2号男女在学生时代都可能会有种婴儿肥的感觉，甚至可能是微胖的，但成年后的2号一定会发现形象的重要性而开始自己的减肥生涯。对于2号男生而言，把身材练好并不是他们所乐意和擅长的，让别人喜欢自己，多与他人亲近才更为重要。也许2号男生会认为，男人，粗犷一些更能为他人接受。

俗语道"一白遮三丑"。在中国，2号女生的皮肤更可能白皙一些，因为作为女生而言，当前社会的评价标准基本上是以白为美的。2号女生当然会为了更多人的喜爱而注重皮肤的养护，以及日常的化妆。心中心的女生皮肤总是会更嫩白一些，毕竟肌肤的维护和妆容的保持等行为，是需要悲伤这种情绪作为持续诱发其产生的能量的。而2号就是心中心的代表人物。

假如读者看到身材不高，皮肤又略黑的男生，但活泼外向，则可以考虑其有可能是个2号了。比如《水浒传》中的宋江就是2号男生一枚，其肤色、身高就符合刚才的描述，现实生活中，读者还会发现更多的2号男生有着黝黑的皮肤、不高的身材，相貌也可能较为普通。在其幼儿、童年时代不容易得到来自父母、他人的赞美和羡慕，这可能是其核心情绪被确定为悲伤的原因。对于男性2号而言，皮肤较黑，不拘小节，也许更容易融入男性团体中，休闲和随意一些能赢得更多人的喜爱。

2号的外形给人一种甜甜的感觉，笑容会常常挂在他们的嘴边，于是露出一排牙齿，但笔者有一种印象，有些2号会有龅牙的特征。笑容也会让2号的眼睛眯成一条缝，眼角出现鱼尾纹，时间久了必然真的会留下鱼尾纹。不知是出于笑容太多还是什么原因，2号的眼睛不会太大，也许因为2号有太多令人愉快的笑容需要用眯起眼睛来表达。另一方面，大眼睛的孩子可能更容易得到父母和他人的喜爱，从而失去了努力博取他人喜爱的能力，而这种主动、积极、投入的生活态度，恰恰是2号与人交往时的基本风格。

二、着 装 风 格

2号女生最重要的着装风格就是"扮可爱"。她们对卡通的、鲜艳的、粉嫩的、柔和的、小性感的衣服有更强的好感，这些服饰会令大多数人感受到她们的活泼、可爱、开朗、调皮，不会令大多数人感到不适、惊讶、难受。2号女生较少穿白色、黑色衣服，这种颜色和她们的风格不搭，根本不能称之为颜色。所谓颜色，至少是有色彩吧。2号男生则不像女生这么在意衣服，他们在乎的是人际关系，他们能够在各种圈子中获得认同，而2号女生精心打扮为的也是能更多地融入各种人际关系之中。2号男生在获得一定的社会地位后，才会展示出其心中心的品位。当然，整体上而言，心中心的4号品位是最高的。2号男生主要用行动来获得别人的关注，但有时也会使用一些引人注目的文化衫，如印有名人头像的T恤，为了令他人眼前一亮，也不惜恶搞一下名人、政客了。

耳洞是2号女生身上常见的"装备"。耳环当然是可以提高一个女生的魅力的，那么，戴耳环之前必然就要打耳洞。当然，不打耳洞的女生也大有人在，但究其原因，很可能是恐惧情绪引发的种种推测、妄想，如"打耳洞会发炎啦""耳环搞不好可能会扯掉耳垂啦"，等等。有耳洞又喜欢戴小小的、可爱的耳环的女生，就很可能是2号了。如果经常佩戴的是十分夸张、小众，或者只有少数人才能欣赏的、浮夸的耳环，则不太像是2号的风格，因为2号需要的是广大群众的喜爱，而非证明广大群众都是平凡、庸俗和肤浅的。也正是这个原因，加上2号人格在机制上是用外化这种情绪习性在处理核心情绪，2号内心中的悲伤被及时释放为行为，因而不太可能变得晦涩难懂，而是更直截了当一些。

将悲伤这种可能酝酿成极高品位的情绪动力迅速地释放出来，就可能会产生一种武侠的精神，着装上面也体现出一种行侠仗义的雷厉风行。2号是化装舞会最忠实的粉丝，多变和喜庆的节奏能够使得他们抛开不断服务他人的包袱，沉浸在自己行侠仗义的武侠世界之中。

三、言 行 举 止

2号的眼睛不会太大，但却充满了一股柔情。2号会保持与人眼神的交流，但却不会给人一种被审视的压迫感。身高矮的人事业心要强些，身高高的反应可能慢些。2号的身高不会特别高。似乎身高高的人其热情程度和反应的快速程度都更可能比身高矮的人要差一些①，而这些正是2号的擅长之处。

2号是笑容最多，笑起来最美的人。很多人和2号相处之后，都会念念不忘，因为一比就会发现，心中心那固有的高情商是多么令人愉悦和流连忘返。而再回想那些像吃了枪药，容易动怒的腹中心，成天各种严苛逻辑的脑中心，这些人简直就不能好好地相处，唯恐避之不及。2号对于自己关注的人简直就是天生的人本主义心理咨询师，能够从最微小的只言片语中体会他人的情感和真正的需求。这种无师自通的能力，自然是来自2号行为的核动力源：悲伤的核心情绪。

2号对他人的关注是全自动化的，全身心和全心全意的。2号是真正能够做到"为人民服务""不计得失"的人。2号甜美的笑容②，饱含欣赏的眼神，富有技巧的沟通，都能够为自己带来更多人的欣赏和依赖。

小道具也是2号的一个典型特征。2号为了得到别人的认可，在生活中最小的细节上也会准备助人的道具。比如伤风感冒的日常用药，繁忙工作间隙的精品点心，日常使用的尺子、指甲钳等小工具。有些2号的老人，甚至会带一些肉骨头，给流浪的小动物，让这些小动物也爱上自己。

然而，2号并非是一个唯命是从的人。帮助别人是他们的能力，也是他们的财富。这种待遇当然是为值得他们帮助的人提供的。那些自以为是，当2号是劳碌命的人很可能打错了算盘。2号如果感觉到自己的帮助被他人利用和轻贱，他们会娴熟地找到很多个委婉拒绝③的理由，让心怀歹意的人明白自己动机的拙劣。

2号说话时是极其关注对方的反应的，因此，更可能与对话者有眼神的交流。这种情感的鼓励会令对话者产生一种被人欣赏的快感，滔滔不绝地讲更多④，使得2号与他人说

---

① 举些例子，这些名人的身高如下：拿破仑165 cm，邓小平157 cm，列宁164 cm，斯大林162 cm，路易十四156 cm，赫鲁晓夫166 cm，普京170 cm，亚历山大大帝150 cm，查理大帝150 cm，墨索里尼160 cm，希特勒165 cm，杜鲁门163 cm，金正日155 cm，卢武铉168 cm，周恩来172 cm，丰臣秀吉152 cm，鲁迅158 cm，孙中山158 cm，普希金165 cm，爱因斯坦164 cm。

② 若要优美的嘴唇，要讲亲切的话；若要可爱的眼睛，要看到别人的好处；若要苗条的身材，把你的食物分给饥饿的人；若要美丽的头发，让小孩子一天抚摩一次你的头发；若要优雅的姿态，走路要记住行人不止你一个。——奥黛丽·赫本

③ 2号对于重要人物不仅仅不会拒绝，甚至会主动替其着想，用行动获得重要人物的喜爱。但对于非重要人物，2号是会拒绝的。9号不是不想拒绝，9号其实非常敏感于他人的强迫，无论对方是谁，9号都不买账。只是9号习惯于委屈自己，因为害怕触怒别人。级别低于9号的人，9号是会拒绝的。

④ 一个人说的话若90%以上是废话，他就快乐。若废话不足50%，则快乐感不足。在交流中，没有太强目的性的语言，更容易让人亲近。所以，我们每天都在找"幸福"。幸福是什么呢？大概就是找到一个愿意听你说废话的人。——苏芩

话交流的时间变得不可预测，话题常常超出事前假设的范畴。而沟通中也摒弃了那种停留在是非对错和程序流程方面的理性、生硬的交流，取而代之的是温暖的、人格化的情感交融。因此，读者有心也可以回忆，或者注意一下，那些在说话时喜欢与他人发生肢体接触，比如嘻嘻哈哈地碰碰对方，拍打他人肩膀的人，实质上是在打破人际沟通的距离[①]，用更短的时间获得他人的好感。这类人就很可能是2号——能用1小时的交流就建立起相当于1个月友谊储备量的人。

正是2号这种带给人温暖的能力，也常常令别人感到失落：因为2号没有分身之术，不可能永远围绕在一个人的身边，而总是像蜜蜂一样萦绕在不同的花朵周围，应接不暇，八面玲珑。

四、职 业 表 现

2号、3号都属于心中心，都极其容易受到他人情绪的影响，对于他们形象好坏的反馈尤其看中，这使得他们对事业有着更高的追求和想象。2号骨子里的随和、喜庆又使得他们并不会对一门专业学科长期、深入、艰苦地研究。很少看到2号能够在科技领域成为技术人才，制造业、化工、机械等领域并不是他们的长项。

2号的兴趣只有一个：人。能和人有关的工作，2号一定做得津津有味。2号的能力可能并不在于掌握枯燥的理科、工科、医科技术，而在于统筹、发挥掌握这些技术的人。客服、销售、人力资源、公关、策划、工会、后勤、演艺一类的，与沟通、服务有关的工作岗位更适合2号人群，甚至基层领导、居委干部、社区民警等也能够充分发挥2号的沟通才能。然而，心中心的本质就是要令人羡慕。2号在为服务他人而奔波、辛劳的同时，也强烈地渴望自己拥有独立的人格和充分的自由。外化这种情绪习性并不能令情绪更持久地驱动行为，这会导致主体行动力强，但持续性不足，因为情绪这种能量被迅速转化为行为释放掉了。想拥有成就以令人羡慕，但又缺乏持续投入某一领域的决心和行动，这会令2号对自己产生失望，感受挫折。实质上，使用外化这种情绪习性的人格类型对自己意志上的自由有着较高的需求，比如8号、7号也是如此，因为一旦缺乏了意志的自由，想要随心所欲地用行为去外化情绪就无从谈起了。为了获得这种自由，财务自

---

① "只有向别人表露自己，才能逐渐了解自己。"——西德尼·朱拉德

由是必不可少的。创业就成为2号，尤其是2号男生热衷的选择，利用自己的人际交往能力，选择能够获利的领域进行经营，选择有能力的人生产产品，选择有眼光的人天使投资，这都成为2号人创业过程中的主要工作。创业前，亲身经历、学习、了解、分析创业领域，创业中领导、激励团队，这些工作能够实现2号获得更大自由的梦想。2号女生却不同，性别角色的定位使得2号女生认为女性应该更加温柔贤淑，而自己的社会地位应由爱人的社会地位所决定，将自己的幸福寄托在婚姻之上，期望自己选择的伴侣能事业有成，令自己容光焕发。

第五节　对悲伤感到恐惧——3号实干者

> 随风奔跑自由是方向，追逐雷和闪电的力量
>
> 把浩瀚的海洋装进我胸膛
>
> 即使再小的帆也能远航
>
> ——《奔跑》

构成3号实干者的两个变量：核心情绪和核心情感，它们的取值分别是悲伤和恐惧。可以说，3号实干者就是一个对悲伤感到恐惧的人，或者，将悲伤遗忘、暂停的人。

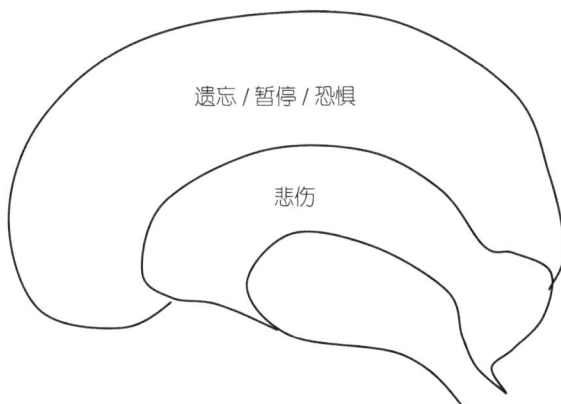

遗忘 / 暂停 / 恐惧

悲伤

3号：悲伤+恐惧

一、体 貌 特 征

小资、清新、有活力、有魅力，这就是3号留给笔者的印象。3号男生在男生中不会显得特别高，倒是有些3号的女生在女生中个头显得挺高的。身高不高的人也可能因为存在身高上的劣势而更容易产生悲伤的情绪。

就身材而言，3号是非常注重身材健美的人。3号的核心情绪——悲伤，能够持久地提供行为的动力，使3号持续产生改善其形象的各类行为，哪怕这行为是艰难，甚至是艰苦的。为塑造体型而锻炼身体这种行为是非常独特的，几乎没有什么动物会将宝贵的能量用于锻炼身体，减少自己的脂肪储备：腹中心的人中，8号、9号就是典型的代表，他们锻炼塑身的行为、效果都难以和心中心的人相提并论。其原因就在于悲伤令人更关注自己的形象，悲伤也比愤怒更难以消退，对行为的驱动力也自然比愤怒要持久。

"穿衣显瘦，脱衣有肉"是对3号身材的最佳褒奖。然而，对于女生而言，塑身却难以满足3号女生所有的形象定位。有些身体部位，如面容、牙齿、胸部的大小都难以用锻炼来改善。整容成为心中心的人释放悲伤的一种新兴行为，也成为3号战胜PS、漫画中人物的那些几乎不可能、不正常、不存在、不科学的傲人身材的秘密武器。随着技术的成熟和社会的开放，越来越多的3号男生也愿意尝试整容带来的逆天效果。有趣的是，整容正在成为演艺人员必备的手段，而一些腹中心的艺人也逐渐感受到了这种睡一觉就美的快捷和惊人效果。

3号的核心机制就是暂停的悲伤，但悲伤从何而来，又为什么会暂停，这些人格机制形成的原因却非常难以确定。虽然说人不可貌相，海水不可斗量。但就外貌而言，非常小的先天缺陷或者畸形，可能导致主体产生伤感，害怕别人嘲笑，因而会形成通过努力工作去遗忘、暂停这种悲伤的人格机制。少数的胎记，轻微的耳郭畸形，如招风耳，轻微的牙齿畸形，如地包天，可能成为3号人格的一种外貌特征。这种特征诱发了3号强烈的自我成就动机。

马尾辫是3号女生钟爱的发型，配上一身运动装，活力十足。而3号女生也是最能够将马尾梳好的女孩子，几乎看不到一缕飘出的"杂毛"，这是很多女生做不到的。

二、着 装 风 格

成就型人格的着装风格还是有比较明显的心中心的特征。首先就是颜色粉。明度强、饱和度高的服装颜色都太强烈了一些，显得有些粗枝大叶，鲁莽武断，不太符合心中心的人细腻、敏感的心理和审美。"悲伤使人敏锐"这句话就像一个定理一样有用。很难用语言形容却看了很舒服的颜色更有可能成为心中心人的选择，而其中那些能够出入工作场合的颜色就会成为3号的首选。

就衣服图案而言，复杂、抽象、图腾化的花色可能并不能为心中心的2号、3号所接受；图案中刺眼的成分太多也会影响观众的感受，会引起3号的警惕。优美的曲线，朦胧美的花色才能彰显3号低调的高贵。毕竟3号人格会暂停、抑制悲伤，从而用一种谨慎的态度展示自己最本质的需求——被别人羡慕。

3号人可能会穿着更多正品、大牌。奢侈品的使用能够从根本上实现3号核心情绪的需求。如果这些奢侈品牌的着装、用具来源于3号个人的努力和事业的成就，这将是一种强烈的正面激励，对于3号孩子而言也是一种启蒙教育：学会使用自己，学会通过努力工作实现自己的人生价值。包括衣服、包包、皮带、领带、丝巾、香水，甚至座驾，3号都渴望使用更好的品牌。价格自然很高，但鹤立鸡群的感觉却是人生中不容错过的体验。

三、言 行 举 止

3号是具有天生领导力的人格类型，是谈判高手，读心专家。作为心中心人中积极又同时谨慎的一类人格，3号能够敏锐地发觉别人的情绪变化，再用思路清晰的语言循循善诱。3号的语速是较快的，仿佛一串连珠炮，让人紧张，甚至难以招架。3号的语调偏向于高亢，因为他们很早就发现低沉的语调令人昏昏欲睡。3号是终身学习的践行者，更是理论学习的实践者，可以用最短的时间将刚刚学到、听说的知识、技能付诸实践，观察实际效果。上午还是学生，下午就可以做老师了。语言是3号最擅长的工具，无论是朗诵、主持、演讲、相声，甚至辩论，哪怕临时交换辩论立场，3号也绝对是佼佼者。伶牙俐齿，灵活机变。3号也懂得设计谈话情境，步步为营引导谈话对象落入其事先设计的陷阱，乖乖束手就擒。

3号与人对话时，最喜欢盯着对方的眼睛看，随时观察对方的反应，分析对方的喜恶，评估自己的表现并调整自己的策略。和3号的交流，总有一种在不熟悉的异地旅游的感觉，任由这位养眼的、专业的、凌厉的、有格调的沟通达人将自己摆布。

有趣的是，3号的着装、谈吐有趋向中性化的苗头。3号男生的本质依旧是心中心的人，悲伤带来的敏锐、细致和品位使得他们与男性粗枝大叶、邋遢鲁莽的性别刻板印象存在较大的差距，反而带着些许女性的温柔、体贴，注重保养，注重小资情调；而3号女生则有女汉子的特征，雷厉风行、胆大心细、吃苦耐劳[①]、独当一面、领导有方、铿锵有力[②]。3号身上的中性化现象体现了3号对男女性别角色背后的不同能力的渴望，期待自己成为一个更全能，更受欢迎的人。此外，悲伤是三种核心情绪中最高级的一种情绪，且悲伤这种情绪已经进化得比愤怒高级很多，因此以悲伤为核心情绪的心中心，他们对异性的渴望并不像腹中心者那样强烈。异性相吸不强，缺乏对性的渴望的人自然也就会中性一些。正是这个原因，男女第二性特征，以及性别差异的社会刻板印象在腹中心的人身上表达得会强烈一些，而在心中心人的身上则会有一些弱化。有趣的是，当心中心的人也能敏锐地认识到第二性特征带来的个人魅力，他们会更专业地加以利用，更多是为了获得关注、赞美，而非完全为了满足自己性本能的需要。由于对性魅力有着不同的运用策略，腹中心对心中心的人与异性关系的评价可能会出现以己度人的偏见，会觉得心中心的打扮和谈吐总是在和自己争夺异性，尤其是女性间的相互评价。腹中心的女生会嫉妒心中心的女生，而心中心女生间的这种嫉妒更是家常便饭。

四、职 业 表 现

由于能够将悲伤暂停，3号更善于将自己真实的感受隔断，展示出工作需要他拥有的感觉[③]。3号是真正的工作狂、A型人格。他们不但说话的内容总是与工作有关，说话时的语速也是非常快的。他们强调绩效，注重成果，对工作过程的要求就一个字：快。因此，3号是适合做那些需要在短时间内迅速出成果的岗位的。艰苦卓绝的科研工作，尤其是人文科学这类要甘于寂寞的研究工作显然就不太适合3号。而一些传统意义上的铁饭碗，旱涝保收却一成不变的工作环境也不太适合3号的风格。如果要进入公务员等体系内工作，3号唯一能做的就是争取管理岗位，求得自己的仕途。实际上，销售是一种非常适合3号的职业。有目标、有节奏、有成果、有前途，也非常容易转型为管理人员和创业者，甚至人力资源、内部讲师等都离不开一线实际有效的工作经验和丰硕的业绩成果。演艺生

---

① "有些事情不是看到希望才去坚持，而是坚持了才会看到希望。当前做的或者是自己的梦想，必须择一坚持下去，迎来的必将是希望。"

② 永远不要跟别人比幸运，我从来没想过我比别人幸运，我也许比他们更有毅力，在最困难的时候，他们熬不住了，我可以多熬一秒钟、两秒钟。——马云

③ "Yes or No 都不过是角度问题，看你怎么看事情罢了！"

涯同样也能够提供足够的舞台让3号绽放光辉。3号天生就是要成功的，他们有最强烈的成就动机和持续战斗的拼搏精神，他们还拥有坚毅和富有韧性的意志[1]，再加上擅长竞技体育的身体素质，成就了他们的天地。

第六节　对悲伤感到悲伤——4号浪漫者

> *绿萍你只不过失去一条腿，但紫菱失去的却是整个爱情！*[2] ——《一帘幽梦》

构成4号浪漫者的两个变量：核心情绪和核心情感，它们的取值都是悲伤。可以说，4号浪漫者就是一个对悲伤感到悲伤的人，内化悲伤的人，或者是将悲伤放大的人。

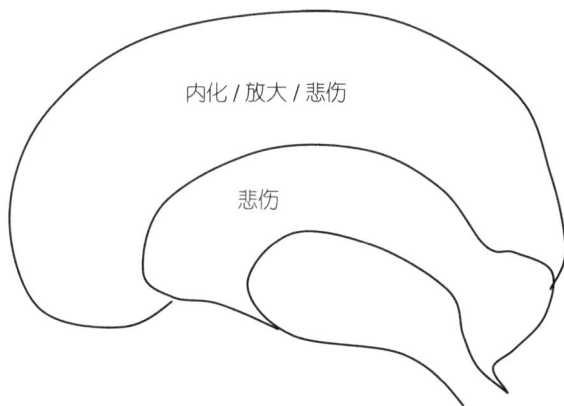

内化 / 放大 / 悲伤

悲伤

4号：悲伤+悲伤

一、体 貌 特 征

4号浪漫型，也叫悲情浪漫者，也被称为个人风格者，是一种最女性化的人格类型。而最男性化的人格类型是8号挑战者。只要人格类型本身具有极强的性别化倾向，就会造成该人格类型中的男性或者女性个性上与一般社会刻板印象中的性别角色存在较大的反

---

[1] "你花六块八买个便当吃，觉得很节省，有人在路边买了七毛钱馒头吞咽后步履匆匆；你八点起床看书，觉得很勤奋，上微博发现曾经的同学八点就已经在面对繁重的工作；你周六补个课，觉得很累，打个电话才知道许多朋友都连续加班一个月了。亲爱的，你真的还不够苦，不够勤奋和努力。"

[2] 心理的痛苦胜过生理的痛苦，这显然是太过重视心理的感受了；另外，鄙视、贬低他人的痛苦，存在躁郁的倾向。

差。而4号这个人格类型会让4号女生更加女人，而令4号男生也多愁善感起来，远离了男性粗犷、勇猛的性别刻板印象。

4号的身高没有明显的规律，但身材多以瘦为主，可能大量的情绪体验会消耗很多能量，避免了脂肪堆积。而4号又是用放大的方式处理心中心的核心能量，造成的结果就是极度的情绪化，极度地关注自己的形象好坏，自然身材也是心中心最关注的一个环节。

4号皮肤总是会更好一些。因为胸怀悲伤情绪的心中心，每逢照镜子时，都会更容易发现自己面容的变化，并激发出化妆、卸妆、护肤的一系列行为。有的4号男生，不仅懂得护肤品的选择和使用，还会研究传统中医养生，收获一群女生的崇拜和追随。没有放大的情绪习性，单有悲伤的核心情绪，显然是不能达到这种时尚领域的专业程度的。

二、着 装 风 格

"扮贵族"是4号的特质。4号是最擅长研究时尚，却最喜欢传统文化的人。淡雅的青花瓷，层峦叠嶂的水墨山水画是4号女生常有的着装元素。也许，4号要把着装也穿出诗意吧。"远看山有色，近听水无声。春去花还在，人来鸟不惊。"而4号男生则会使用中装、唐装来出席重要的场合，给人带来国学、中医、易经、风水般博大精深、神秘莫测的感觉。

4号在颜色上会更偏爱红色，但他们对于红色的明度、饱和度等有着自己苛刻的要求。红色是最令人血脉贲张的颜色。需要经常使用红色的人内心中会存在更强烈的伤感，正是为了去除这种伤感，视觉上才更需要喜庆的颜色以改善忧郁的心境。偏爱红色的人也更可能偏爱算命，因为算命先生的一席话能给阴郁的心情一个存在、持续、"结束"的理由和时间，能够瞬间令失落的人产生希望，改善情绪。情绪是非理性的，情绪管理也不见得需要理性。4号"放大的悲伤"使得非理性这一特性被放大到了极致。

4号女生会给人瘦长的感觉，主要是着装的技巧。4号男生身高都可能比较普通，姿态上总是有些含胸，于是会给人身高不高的感觉，但也许"浓缩的"都是天才。

三、言 行 举 止

情绪多变是4号的最基本特征。悲伤的本意是吸引他人的关注与安慰，但4号需要的远不止他人的关注那么简单。4号放大了悲伤的效果，使得常规的关注只会引发4号的厌烦和嫌弃。4号需要的是被人崇拜，因此自恃不凡成为达成这一目标的最基本前提，而现实却是"没有人懂我"的，这可能会加强4号的核心情绪。

4号常常是语出惊人的独行侠。他们身上有一种唯我独尊，傲视群雄的冷峻和骄傲。这使得普通阶层、中等文化的"百姓"很难与4号顺畅地对话。柴米油盐酱醋茶，东家长西家短的话题根本是在拉低4号的品位。4号愿意与行业精英、成功人士交流，也比"普通人"更擅长与这些优秀的人建立对话，因为在4号心里，自己也是那群精英中的一员。

4号是擅长阅读的人。当现实世界是那么不如人意的时候，人们只能在书籍的海洋中寻找自己心灵的净土。短时间阅读大量游记、小说、诗词、时尚画报都是4号在年龄很小时就能展示出来的那种与众不同。丰富的知识令4号也能言善辩，文笔优美，品位不凡。

4号的身体并不会很挺拔，似乎有些含胸。个性表面内敛，实际上却是个狂放不羁的人。在人际中，可能离开众人一段距离，神情不会随着大家的谈话而有丰富的变化，但脑子里却进行着犀利的评判，也会在心中为别人的独到见解叫好。4号永远是那种天赋异禀，但又给人晦涩感觉的人。他们的语速不会太慢，这与他们内敛的气质似乎有些不符。语言的内容才是识别4号最重要的考查点。当听众产生"怎么会那么有才华""怎么会懂那么多""怎么会知道这些知识""怎么会那么有诗意"的时候，说话的人就可能是一个4号。

4号女生的爱情故事往往从一见钟情开始。当敏锐的感觉被高颜值并且有些才华的男性吸引时，4号放大感觉的心理机制会立即启动，彻底占据4号女生的全部意识，激发起她一切的爱情幻想。但敏锐的感受力并不能带来持久、稳定的爱慕情感[1]，缺乏距离是很难产生美的。4号男生则不同，他们是最长情、痴情的一类，因为他们往往很难获得自己所中意女生的倾慕，因为4号的品位是很高的，他们相思的不是女生，而是女神。

四、职 业 表 现

愤怒带来坚强，恐惧带来智慧，悲伤带来才华。4号将悲伤放大，将自己的感受力和创造力推向了极致，会拥有超凡脱俗的过人之处。但前提是与非4号人格相比。其他人格

---

[1] "越是不能日久生情，就越是期待一见钟情。"

类型在艺术创作领域本质上的确不如4号那么天资聪颖，敏锐高雅。但4号也缺乏其他人格类型本质上的优异才能。比如5号身上潜心钻研的精神，聚焦深入的研究作风；再如1号身上的严肃认真，刚正不阿的气质。这些品质在艺术领域都能够起到勤能补拙的作用，也会有别出心裁的创意。4号人格想要真正发挥自己个性上的天赋，性格的全面发展也是极其重要的。此外，艺术创作领域是4号人格展示才华的领域，也是4号能力竞争的战场。当悲伤被放大之后，4号对于自己的社会地位、事业成就有着最高的想象和要求。

心比天高，能力也要不断提高才是良性循环。再才华横溢的人也必须选择一个让自己才华溢出的领域，并成为其中的专业选手。4号容易将时间花费在神游之上，让自己的才华和精力飘散于各个与美有关的领域。在众生面前展示自己的贵族气质，这样的确能有效地获得关注和欣赏，但真正的大师一定是聚焦于某一专业领域的。

第七节　对恐惧感到悲伤——5号观察者

> 不要做一个单纯优秀的人，而要做一个不可替代的人。——一句5号的话

构成5号观察者的两个变量：核心情绪和核心情感，它们的取值分别是恐惧和悲伤。可以说，5号观察者就是一个对恐惧感到悲伤的人，内化恐惧的人，或者将恐惧放大的人。

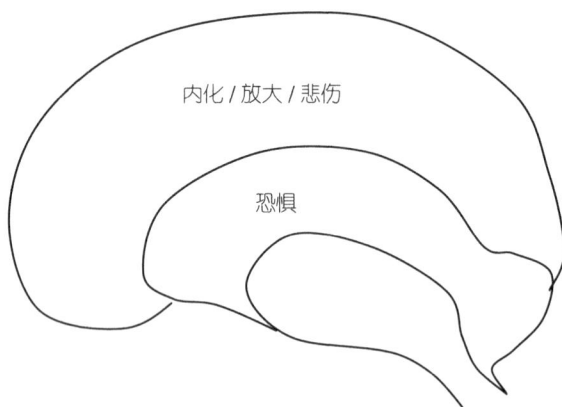

内化 / 放大 / 悲伤

恐惧

5号：恐惧＋悲伤

一、体 貌 特 征

5号身高中等，或者矮一些，太高的5号很少。很多科学家都给人智慧的印象，身高不太高的智者形象也出现在中外众多动漫，或者神话传说之中，这说明大众对5号的身高有一种刻板印象。

5号的身材可能会有点婴儿肥，也许是忙于科学研究，无暇顾及身材好不好，或者是根本不擅长运动，或者本身操作技能不太强——从荣格的心理类型学上讲，大部分5号在获取信息时更擅长直觉的心理功能，而非实感。因此可能更擅长理论联系，而非具体操作。有趣的是，少数5号男生也会锻炼出一身惊人的腱子肉，身材壮实得简直像个忍者神龟，但5号一定并不是热衷于身材的健美，而是关注于强身健体，防范着恐惧情绪带来的被害妄想中的种种情节，也幻想着能打击敌人而立于不败之地。实际上，5号的身材无论是强健型还是微胖型，都说明了其做事时高度投入、旁若无人的境界。

作为脑中心的代表，5号的阅读量和用脑程度都远远高于其他人格类型，这可能会夺走头发生长的营养。5号女生对打理头发没有什么兴趣，因而可能会剪短发，甚至有些5号女生为了张扬个性，可能会剪个寸头。还有一些5号女生为了避免美发时的推销骚扰，以及时间、金钱的浪费，索性会留长头发。5号的收集本能似乎展现在了她们的头发长度之上。但并非头发长的女生就是5号。女生头发长可以更好地吸引男性，但以此为目的的女生可能会注重头发的清洁和头发的造型，这两点恰恰都需要消耗掉大量的时间、精力和金钱，还可能需要和美发师沟通交流，并接受经常可能是蹩脚的美发结果。这对5号而言是很难接受的，将自己交给他人任其"鱼肉"，这对于处处要求专业的5号简直是不能忍受的。这种对专业工作者的不信任态度还会体现在5号看病、购物，以及面对自己孩子老师的时候。5号会像个6号一样惴惴不安，期待着对方展示出专业之长，以便自己放下忧虑的心情。

5号男女的肤色都不太白。也许因为太执着于学习，5号男生常常满头大汗、满脸出油，给人有些蓬头垢面的感觉。5号女生也不像其他女生那么注重皮肤的保养和化妆。既然红颜终将老去，那就赶紧发展点别的核心竞争力吧，比如编程、理财、统计什么的。

二、着 装 风 格

信息摄入得太多就会造成感官的疲劳，只有强大的情绪力量才能成功压抑这种躯体疲惫不堪的反馈，而5号恰恰是深处恐惧之中的人，沉浸于情绪之中阻断了对疲劳的敏感度。5号的眼睛可能有中高度近视，因此可能戴着一副厚厚的眼镜。镜框一般很少更换，所以不像心中心近视者那样喜欢时尚的眼镜框。眼镜的度数可能较高，因此可以观察到光线发生了较大的折射，面部轮廓因眼镜对光的折射而发生了明显的变化。眼镜是识别5号的重要道具，眼镜上的特征一定要注意分析。

脑中心的人对健康总有着一种强烈的忧虑，这让处于雾霾日趋严重的城市中的5号产生戴口罩的行为，且5号选用的口罩一定是非常有效的口罩，但却不一定好看。笔者曾经见过直接佩戴防毒面罩在魔都骑自行车的人，放大恐惧的心理机制可见一斑。

5号对服装品牌并不热衷，只要没有坏、能保暖，衣服哪怕旧了也还可以穿。那些换季就说自己没衣服穿的人在5号眼中是非理性和娇气的。5号女生不得不顾及女生的形象而必须对自己的着装进行一些搭配。一个有趣的现象是，5号女生常常会选用黑色与白色的搭配来彰显永恒的时尚。就算是变换频繁的时尚设计领域，5号也力求选用最经典和永恒的时尚元素来展现自己的作品。黑色、白色就成为5号女生最常用的颜色。在颜色方面，5号男生给人留下的印象是一种特殊的颜色——褪色，因为服装还能使用，但颜色终究经不住岁月的考验。5号男生常常会选用双肩书包作为日常上下班的背包，而5号女生却可能选用中大号的单肩包。5号的包和衣服一样，并不太在意是什么知名的品牌，甚至可能在工作后沿用自己中学时的包，或者是5号的家长用自己孩子不用了的书包。一位5号男生用绳子修好了自己的一只人字拖鞋，并在公共浴室继续使用了很长时间。

如果读者认为5号在着装方面没有什么特别值钱的饰物，那可能就错了。但凡涉及5号那种痴迷的专业领域，他们会竭尽全力、倾尽财力去实现自己的技术要求。收藏、集邮、摄影，这种与收集①有关的行为都是5号热衷的专业领域。一台高级的照相机加上镜头可能就要数十万元，这比一般品牌的衣服贵出数倍，而这种5号的装备恰恰就是他们最个性化的饰物。5号愿意为了保护这些设备再采购专门的包包，甚至对抗摔、防水等户外功能提出了更高的需求。5号男生也可能对国外的军装、军品产生兴趣，这种军品的背后是攻击的需求，恰恰就是恐惧所防御的愤怒在发挥着力量的写照。恐惧只是权宜之计，愤怒带来的攻击才能够真正展示生命的存在②。

---

① 收集可以抵抗恐惧。5号的人喜欢收集，存钱、集邮、收藏，青少年时可能会收集卡通、音乐，甚至习题题典。这些习惯具有两个特点：一是没有专业知识外的人不能欣赏藏品，于是自己与他人便被隔离开来；二是恐惧会引导着5号深觉不足感困扰而不断寻找藏品，以新的信息填补空虚。摄影是一门专业（隔离），照片就是藏品。

② 这方面的推理参照第十章中关于"防御机制"的相关论述。

第七章
情绪情感造就人格类型

三、言 行 举 止

5号是一个理性的思考者，那些能够用逻辑分析、科学方法去解答的问题，5号会用自己的独立思考深入、全面地做一番品评，用富有条理的"一、二、三"组织、引导着自己的观点。5号在加入一个话题的讨论时往往非常慎重、小心，不经过一番调查研究轻易不会给出自己的看法；一旦自己经过一定的时间查阅相关资料，5号就会有自己独立的看法。这种基于深入研究和思考的看法令其有充分的自信抛出自己的观点，哪怕与他人的观点格格不入，或者会带来对方或者听众的不悦，5号也常常勇于分享自己的看法。这时的5号直截了当，一针见血，显得有些一意孤行，但绝不信口雌黄。感情因素是5号思考问题时首先排除的干扰因素，而恰恰是过于理性的言论常常会伤及无辜。与5号的交谈几乎就是这样先慢后快的。一旦5号发现与其交流的对象没有什么有价值的信息，却总想着获得5号免费的专业帮助时，5号会婉言拒绝。因为每个人都应该独立认真地学习，而非不学无术却又想不劳而获。5号对自己的时间、金钱、精力都是精于计算的。任何觊觎这些财富的人都会引起5号的高度警觉。如果5号不愿意与人交流，他们会成为最有效率、最礼貌的人——用最高效的节奏结束与人的交谈，赢得时间就是延长了自己的生命。与人交流如果没有收获就纯粹是在做人际关系的投资，或者是在无偿地提高他人的智慧，这在他们看来显然是不划算的。

抽象、宏观的话题容易吸引5号的注意，经济、政策、外交、历史、天文等可以基于数学建模加以理性分析的话题都特别符合5号的思维特质。因此，5号在言谈中会无意识地经常谈及这些学者们感兴趣的话题。5号的思想基本上就是从科学家走向哲学家的发展过程。正是这种严谨、求索、投入的精气神使得5号过多地沉浸在自己的学习世界中。如果偶尔要5号公开地与众人交流，他们会显得有些局促和不自然。他们的谈话靠内容取胜，但言行举止中很难找到一些辅助观点的沟通技巧。沟通中的5号给人老实的感觉。一些5号也会因社交而感到紧张，实际上是忽略了对他人的认识和对自己的信心。

一般而言，人们会认为沉默寡言的人是内向的，夸夸其谈的人是外向的。但这种看法常常导致无法判断5号到底是内向者还是外向者，连5号自己都搞不清楚自己究竟是内向的还是外向的。实际上，通俗上讲的内外向的含义更多来源于荣格在《心理类型学》中的定义，即"精力的来源"。对于5号而言，首要的自然是满足恐惧对信息的需求，而信息最大的来源就是阅读，独自一人的学习，这是更符合荣格关于内向的定义的。当然，与人交流也能满足5号获得信息的需求，但这相对于5号的整个知识体系而言，所占比例显然是非常小的。另一种情况是，5号与人更多的交流是与专业知识有关，而非个人情感。这反倒说明了5号利用了更多时间开展学习，而在人际交往中获得的愉悦感更多地要归功于自己持续的学习，这种愉悦感会转化为更多、更有效的学习行为。5号的自我效能感来源于其内向的性格。而过度沉浸在某种理论中，或者喜爱夸夸其谈的行为，则可能要归因于个性的基础——内化的恐惧。

四、职业表现

深入地发展某种专业技能是符合5号人格的职业规划，统计学、数学、物理学、化学、计算机、医学、生物学、土木工程、无线通信等所有需要理性逻辑思维的学科都符合5号人格的特质。中国高考传统意义上的理科就是为5号设计的。然而，5号人格中的钻研、笃学的精神使得他们几乎胜任任何行业中的技术岗位，如电影导演、摄影、剪辑、特效，法律行业中的法官、律师，警察中的刑侦、法医，教育行业中的教师、校长等。很多5号男生也关注发明创造和自主创业。虽然他们的直接动手能力不强，比如很多5号都不擅长体育运动和车辆驾驶，但只要是他们感兴趣的研究、发明与创造，5号会钻研各种工具与算法，自己做个收音机，摆弄无线电，组装个测谎仪，等等。申请发明专利，发表原创性学术论文的人群中有很高的比例是5号。

5号并不喜欢和擅长与陌生人打交道，这个弱点常常会令人关注和担忧，但绝大部分的5号在工作后都能够胜任与自己专业有关的人际沟通，并乐在其中，享受着作为一名专家的荣誉感和幸福感，并收获自己的爱情。

第八节　对恐惧感到恐惧——6号怀疑者

信任就是一把刀，你给了别人，他就有两个选择，捅你或者保护你[1]。——一句6号的话

---

[1] 恐惧情绪会导致多疑，于是"信任"被视作一种武器。

构成6号怀疑者的两个变量：核心情绪和核心情感，它们的取值都是恐惧。可以说，6号怀疑者就是一个对恐惧感到恐惧的人，"投射恐惧"的人，或者试图将恐惧遗忘、暂停的人。

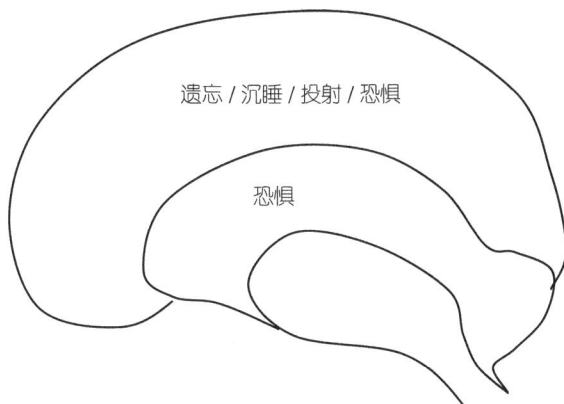

遗忘 / 沉睡 / 投射 / 恐惧

恐惧

6号：恐惧+恐惧

一、体 貌 特 征

6号的身高没有明显的特征可寻。体重却可能存在超标的可能。投射的恐惧实质上是双重的恐惧，可能引发进食过度，甚至可能主体本身没有进食过度的行为，但其身体却为了响应恐惧情绪带来的安全需要而自动化地、过度地堆积脂肪。当然，就像本书中描述的所有特征一样，体重过重绝不是识别6号的关键特征，而只是一个参考特征。

6号女生喜欢用头发遮住一边面庞，让自己的一边脸在头发后面若隐若现。但要注意两点：一是6号女生不会太邋遢，毕竟有恐惧推动其去思考自己的形象和人际关系；二是6号女生的头发可能不长不短，既有女人味又较易打理、干练。

二、着 装 风 格

> "小心没大错。"

6号的着装会有一些讲究的地方，因为恐惧被投射于环境中后，会让6号非常注重他人对自己的反应和态度，这使得6号在着装上似乎有些心中心的影子。事实上，很多6号的男女都有较好的品位，且对服装搭配也像他们做其他事情一样思路清楚。个人意识薄弱一点的人会愿意接受6号给出的着装建议——关注他人的看法和出席的场合是6号比较在意的穿衣规则。有趣的是，就算是6号的女生也可能更喜欢藏青色这类深色，这类颜色沉稳成熟，足够庄重、职业化且耐脏，不会引起权威的反感。6号女生具备了脑中心女生的特质，可能会喜欢黑白相间的花色面料，尤其是黑白斑点的衣服花色，这种花色似乎对6号有某种安慰的效果。此外，6号女生还会选用以线条为基础的复杂图案作为服装面料，且可能选用深、冷色调来衬托她们高冷的气质，再加上极其含蓄的小性感搭配，如小幅度、小面积的透明面料、蕾丝花边等，衬托出知性、贤淑、笃定的职业女性气质。在脑中心中，6号女生并不像5号女生那样极度保守，又不像7号女生那样活跃奔放，而是处于一种模棱两可的状态：谨慎的感性。丝巾、披肩有助于灵活地应对不同的场合、对象和环境温度，是6号女生更可能使用的"道具"。

近视的6号可能不会经常使用隐形眼镜，而宁愿使用镜框眼镜，因为前者可能导致炎症或其他眼疾，而脑中心是更容易疑病的一群人，他们容易发现风险并积极规避风险。通过激光矫正近视也是5号、6号很难接受的行为。他们会说："连医生自己都还在戴眼镜，如果那手术真的好，还会有医生戴眼镜吗？"

三、言 行 举 止

> 每当我害怕时，我就昂首挺胸，并哼着快乐的小调[①]。——《国王与我》

6号有城府。在社交场合中，太过突兀和张扬的行为都会引起6号的警惕，因而他们在人际关系中才是真正的观察者。他们天生对他人的小动作、语音语调有着敏锐的观察力，懂得通过蛛丝马迹看穿他人的心思。他们是本书最天资丽质的读者，稍加点拨就能够看透他人的行为动机。他们也是人际关系的分析师，谁与谁有着怎样的关系，其渊源和发展又是如何的，这些问题都是6号常常会思考的。虽然在不熟悉的群体中，6号可能

[①] 掩盖害怕的行为同样是出于恐惧的情绪。6号是不断对自己的恐惧感到恐惧的人格类型。比如，逃跑是恐惧应该对应的行为，但考虑到"兵败如山倒"，就不能直接地逃跑，而要采取其他行为以掩饰自己想逃跑的意图。这就是对恐惧感到恐惧，方法常常是故作镇静。

不是最活跃的人，但在认识的人面前，6号却是比较活跃、健谈的类型。恐惧的核心情绪需要大量的信息才可能得到暂时的平衡，而6号需要的信息往往要通过人际交流才能获得。甚至在一些会议、培训场合中，6号有和几乎所有人叙旧、聊天的倾向，交换着在这个社会中自立、自保的"战术"信息，也会渴望结交到社会各阶层、各行业的优秀人群，拓宽自己的人脉资源。

6号是使用隐喻的高手，也是自动化读取他人言外之意的解码"机器"。很多时候和6号对话的人，会因6号对其语意的奇怪见解而语塞。对于模棱两可的语境，6号倾向于相信有害的一种解释。许多6号也非常善于"拷问"和他们对话的人，运用各种语言刺探对方信息的掌握程度，并审视着对方与自己的人际关系，考察着对方的忠诚度。6号是天生的侦探，投射的恐惧使其具备了雷达般的敏锐性和电脑般的运算能力。很多6号女生的理科成绩也非常棒，正是得益于脑中心带来的根本停不下来的逻辑思维能力。

6号天生是风险预警机，擅长在事情一发不可收拾之前意识到自己的风险与问题。6号女生在泳池里会贴着岸边游泳；而6号男生会惊呼："智能手机病毒太可怕了！"但6号宁愿看到失败、不足，因为失败是比成功更好的老师，他们能够从失败中发现机会，而成功的背后往往意味着不可知的潜在风险。

四、职 业 表 现

6号是性格变化可能会较大的人格类型。在国内，6号也是最符合中国国情和民族文化的人格类型。6号较其他人格类型更适合传统的中国社会，更适合公务员单位、事业单位、大型国企、部队等组织。6号也非常适合担任各级领导干部，其强大的执行能力、高度的责任心、清晰的思路、娴熟的交际能力、睿智的思考和敏锐的观察力都是其人格类型所固有的才干。6号常常以业务、技术能力高强，工作作风勤恳、踏实而获得关注，并能够把握住晋升的机会，积极主动地展示自己胸怀全局和操作细腻的工作特长。在人际关系方面，6号天生谨慎的个性能发挥极其重要的作用，确保其职业发展进入正轨。6号女生同样适合上述的职业规划，会在仕途上获得比其他女性更高的成就和地位。然而，谨小慎微的个性可能与跳跃式的发展无缘，更可能会错过一些难得的机会。当然，机会与风险并存，对于6号而言，确保安全是最基本的思路。很多财务、出纳等需要细致操作的岗位，也非常适合6号。

第九节 对恐惧感到"愤怒"——7号享乐主义者

> "不开心，就算长生不老也没用，开心，就算只能活几天也是够！"[1]7号的人
> 能找到开心的事，且能活很久[2]。

构成7号享乐主义者的两个变量：核心情绪和核心情感，它们的取值分别是恐惧和愤怒。可以说，7号享乐主义者就是一个对恐惧感到愤怒的人，外化恐惧的人，或者翻转恐惧的人。

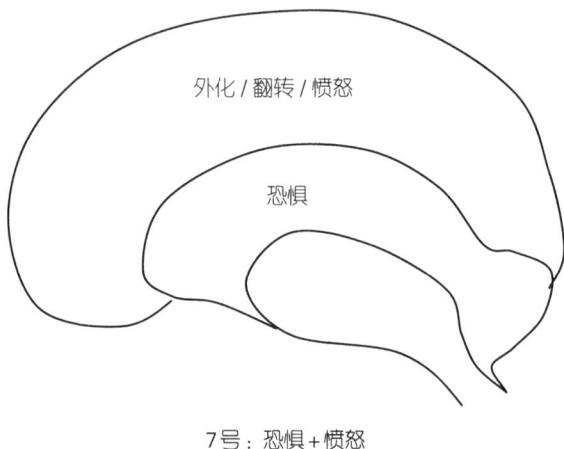

7号：恐惧+愤怒

一、外貌特征

7号男女生的身高并没有明显的规律可循，但身材却常常以匀称，或者偏瘦为主。在许多九型人格书籍中，7号也存在较突出的自恋倾向，即便心中心的自恋倾向较另外两个中心会更强一些。而身材的匀称、健美都需要持续不断和大量的锻炼才能达到效果。自恋倾向能令主体持续地产生愉悦的情绪，以对抗锻炼身体时容易产生的厌倦感。此外，7

---

① 《大话西游之月光宝盒》台词。
② 如果这种"找开心"不危险的话。

号脑中心的学习能力能保障他们使用更科学有效的方法开展塑身运动，并制订节食计划或合理膳食。

　　7号男女生的肤色可能存在着相反的特点，即女生肤色偏黑，而男生肤色则可能偏白。这些比较的参考系都为同性。7号是活泼好动的人，7号女生的皮肤因此可能会接受更多阳光的暴晒，呈现出健康的小麦色。在涂粉底、防晒的女生群体中，相比较而言肤色一定会更深一些。7号女生也挺接受小麦色皮肤的，觉得健康、有活力。7号男生的肤色在男生中却可能是更白皙的。一般男人的皮肤会更黑、油、粗糙，但7号是脑中心中好奇心最强的人格类型，超强的学习能力可能会令他们更关心身体健康问题。紫外线等有害皮肤的光线强时不适合大量户外运动，而室内阅读既能满足自己的求知欲，也避免了皮肤被晒黑的情况。总体上，7号的皮肤相对而言会更黑或者更白，但同时也可能比较干，不会太油腻。

　　7号女生在成年后还会梳两个可爱的辫子，配合活泼的运动装，来一段动感十足的舞蹈。7号男生也可能留着某种发型，彰显着自己的个性和追求。7号可能近视，他们的眼镜可能有一定的度数，而他们的镜框可能有些时尚设计在其中，也可能会有些品牌，接触皮肤的地方可能会选用更健康的材质，会使用较跳跃的色彩，如黄色、白色等。

二、着 装 风 格

　　7号有一颗童心，最大的特点就是保持着旺盛的好奇心和想象力。这颗童心在7号的着装上可见一斑。如果要问九种人格类型中谁的着装最能体现出知识含量的话，那一定是7号。2号也喜欢可爱的卡通人物出现在自己的服装上，但如果要说起"cosplay"这类专业领域，就只有7号和5号能够真正入得了流。而7号天生广泛的爱好更是区别于5号的一个重要标志。5号喜欢收集，7号却随着时光流逝而蜻蜓点水般地广泛涉猎，体会着更多卡通人物的神奇故事。

　　7号女生在着装上会有一些脑中心的显著特征，最基本的就是使用深、暗的颜色，这与心中心女生期待给人眼前一亮的思路完全不同。7号女生的穿着会更有味道，更有"style"，给人第二眼美女的感觉。如果懂得7号选择服装的逻辑，就会走进7号的内心世界，与他们一起神游于另一维度的空间。

　　7号更青睐运动装，似乎随时随地就要来一场说走就走的旅行。

三、言 行 举 止

7号是爱闹、爱笑[①]、爱探索，有追求的人。开玩笑是7号无法自控的癖好，而他们从小就是恶作剧的导演。7号最擅长的事就是把话题扯远，直至再也找不到回来的路。脑中心的他们同样拥有着极高的智慧和逻辑思维，这使得7号男女都非常擅长各种棋牌，而同龄人往往不具备他们极速的学习能力和飞快的运算技能，他们不按套路出招的奇袭和富有小聪明的偷袭战术能带来极大的战果和乐趣。7号在学校却可能难以适应节奏缓慢、循规蹈矩的课堂教学，那些"不好玩儿"的知识让7号不得不将注意力转移到与学习无关的事情上，从而错过了考试的重点。7号是老师心目中聪明但不能"好好学习"的人。反转的恐惧这种情绪机制会不断地发现主题并转移注意力，寻找可能的快乐源泉。

7号天生就是人际交往的高手，那些陌生人口中有趣的话题必然会吸引7号的注意力。7号常常会发现自己与陌生人聊得非常愉快，只要大家的话题是有意思的。7号说话的内容本身就是新鲜和有趣的，再加上灵活的头脑和三寸不烂之舌，几乎任何7号感兴趣的人也都会被7号"搞定"。认识他人对7号而言是太容易不过的事情，而与7号相识的过程也必然是充满快乐和天马行空的。基于这一点，7号最擅长为自己创造机会，无论这些机会是与爱情还是事业有关，7号都会把它们当成是一次冒险的旅程。

7号的眼神是明亮的，因为他们太渴望得到这个世界上最有趣的体验了。7号会控制不住自己去打断别人说话，因为对方讲话太慢，或者太无趣，而自己又有一个"金点子"急于分享，不说就要浪费了。7号说话是投入的、前倾的、语速较快，语调充满了激情和表演性。7号的精力也远比腹中心者要强，只要话题的逻辑是有趣的，信息量是足够的，他们根本停不下来。然而，一旦某种困难挡住了7号的去路，他们常常还没来得及放弃就已经发现更有趣的另一件事儿了，这也许才是"乐观"最确切的定义。

7号喜欢冒险，喜欢寻找刺激。各种体育活动都是他们儿时的美好记忆，而各种极限挑战就成了他们成年后最难以自拔的爱好。潜水、跳伞、攀岩、徒步、蹦极、登山等，似乎7号更喜欢有创意、个人主义浓厚的极限挑战[②]。当然，如果某个创意需要一定的人数才能达到某种纪录，他们也会积极行动起来，完成自己的梦想。7号将恐惧反转成为寻找快乐的动力，实际上也是寻找恐惧本身的动力。各种高难度的活动中，7号除了收获他

---

① 天下所有的事儿都可以用笑声来解决。——哈林
② "青春就是疯狂地奔跑，然后华丽地跌倒。"

人的羡慕、憧憬、崇敬，体现出自己的能力、技巧之外，实质上也是为了通过这些冒险寻找被自己忽视了的恐惧。这种恐惧会令7号感受到自己的存在。7号体验恐惧、享受恐惧，却不能真正忽视恐惧和战胜恐惧。7号不能做到视死如归，那是1号的专利。但凡发现有危急到性命的征兆，7号会毫不犹豫地退出，甚至永远不再涉足那个领域。7号对自己的健康是非常重视的，会做大量的功课去了解某一次旅行，更会花时间、金钱去投资自己的健康，防患于未然。

四、职 业 表 现

7号是真正的杂家，也是真正对世界和各式各样的人感兴趣的人。7号是勇于尝鲜的人，是市场的开拓者，也常常成为创业者。7号的工作纯粹是为了快乐，或者为了快乐做出大量的准备。一旦7号发现某种快乐的背后有利可图，他们会毫不犹豫地实践起来。理论永远走在7号的身后。如果有移民其他星球的计划，自愿报名最多的一定是7号。销售、记者等需要经常出差，与不同的人沟通、交流，与不同的事务接触的工作是非常适合7号的，而投资人、主持人、演说家、团队带领者、人事管理、招聘、培训、市场开拓、互联网等工作同样对7号有强大的吸引力。

> 媒体靠断章取义来吸引注意大发横财，读者靠一厢情感地投射"观点"来认识"世界"[1]。——小明警
>
> 没有所谓玩笑，所有的玩笑都有认真的成分[2]。——弗洛伊德

男人看到女人瞳孔会放大；女人看到婴儿瞳孔也会放大。"情绪狭窄了注意，注意满足了情绪[3]。"我们情绪好的时候，孩子一般的小错，我们根本也不放在眼里，甚至还会当作笑谈；当我们情绪低落的时候，孩子哪怕是有一丁点让我们不满意的地方，都会使我们暴跳如雷。所以决定我们情绪的不是别人，而是我们自己。心情好，阴雨天都是风景，心情不好，阳光也照不进你的心。班杜拉说过："我们为自己创造了决定自己命运的环境。"

第一节　注意的类型

> 如果某人主动说他不在乎啥，其实他是在乎的。如果你说啥，他没反应，甚至完全没听到，那他就是真的不在乎你讲话的内容。——小明警

一、无 意 注 意

对于巨大的声音、美丽的异性这些与生理需求有关的，人不需要主观努力就会产生

---

① 媒体的目的就是吸引大众的注意力，方法是将信息重新整理后呈现；大众需要通过媒体了解世界，但只能了解到符合自己情绪机制的、片面的世界，而不自知。

② 玩笑是针对某个问题的幽默，那个问题能够进入一个人的意识，就说明那个人关注到了那个问题，那个问题通过了注意力的过滤，满足了操纵注意的情绪的需求。因此，玩笑一定是有认真的成分的。

③ 笔者以此观点制作了课程《读懂你的心》，用于参加2012年"第三届大学生心理健康教育课程设计大赛"，获三等奖。

的注意叫无意注意。心境在很大程度上影响着无意注意①。

对某种信息自动化的关注就是无意注意。虽然这些信息总是与新奇、安全和性等方面存在某种联系，但这种注意模式说明了"自动化"地满足主体对信息获取的需要，这种心理机制是古老和重要的。况且，生理需要的满足是一定要以某种情绪的唤起作为介质而引发具体行为的。比如，性唤起是种情绪，这种情绪恰恰反映的是性需求。性需求再强烈，没有性唤起这种情绪，性行为依旧是不可能发生的。而恰恰是性唤起这种情绪，使主体的无意注意更容易捕捉到外界中潜在的性对象。

二、有 意 注 意

对于枯燥的理论知识这些与社会需求有关的，人需要主观努力才能保持的注意叫有意注意。

有意注意更像是在满足理智对信息的需求，人为地、费力地去调整自己的注意过滤器，从而更多地得到理智运作时所需求的各类信息。有意注意更像是论文检索；而无意注意更像是软件推送。前者是需要大量精力才能维持的、有意识的活动，时间久了会累；后者是直接跳出来的，且非常对主体的"胃口"，令人欲罢不能。

三、有 意 后 注 意

有意后注意是事前有预定的目的，但不需要意志努力的注意，是高级的注意，具有高度的稳定性。有意后注意就是人练就的不需要努力就能够保持的对社会需求有关事务的注意，比如建筑师对建筑的关注，警察对贼的留心等。

心境会影响注意。持续一生的心境，即核心情绪，当然会狭窄注意，使其保持在核心情绪感兴趣的信息之上。时间一长，就形成了属于人格类型的有意后注意。在本书中，有意后注意又被称为"注意力的焦点"——大家在成长过程中逐渐掌握了那种适应自己性情的观察世界的法则，并将它做成一副副有色眼镜，戴在自己的脸上，时间长了，就长在脸上了。

---

① 叶奕乾，等.普通心理学［M］.上海：华东师范大学出版社，1997.

心理咨询中，无须怀疑主诉讲的事是不是真事，他们所讲述的只是受到其注意过滤的信息，因而有所偏颇罢了。正是这种注意力的狭窄，或者认知的歪曲、片面，反映出了其心灵深处日积月累的某种淡淡的情绪——心境。心境这种淡淡的情绪自然会狭窄注意，因此心境不同的人看到的世界也是不同的。如果说核心情绪属于心境的话，那么核心情绪对人格的巨大影响就意味着心境对人格存在巨大的影响。换句话说，心境即人格。大部分的心理问题都存在人格的基础，而其背后，就是来访者个人心境的基础。

第二节　注意的理论

> 只见树木，不见森林[①]。——中国俗语

　　一个啰唆的人问亚里士多德："我的喋喋不休让你觉得厌烦吗？"他回答："不，事实上我根本就没有注意到你。"

　　当我们有了自己的核心情绪，也逐步养成了处理它的习惯，我们用防御机制"哄骗"着自己在不知不觉中释放着自己情绪的力量，寻找着那些撞在自己枪口上的人和事，借机去大做文章，抒发自己的情绪。渐渐地，我们成了寻找这种好机会的专家。我们的注意力的功能也适应了情绪的要求，变得更加投己所好，形成了特有的观察焦点——注意力的焦点。

一、资源限制理论

　　1973年，卡尼曼在《注意与努力》一书中提出，注意是对刺激进行识别和加工的认知资源，容量和能量有限，多项认知任务同时竞争有限的注意资源，只有不超过注意总资源时，才能同时进行。例如一名警察在驾车巡逻时必须降低车速，才有精力去观察、分析街面治安情况，车速越快，对街面人员的观察识别效果越差。

[①] 注意从根本上讲是在满足主体的情绪关切，最基本的表现就是过滤掉"无关"信息。因此，"森林"只剩下了"树木"。注意力不同，剩下的树木不同。

二、过滤器理论

每个人都活在自己的幻想世界里，没人能真正捕捉到真实的世界，可大多数人都不了解这点。大家都把个人的幻觉称为真相，我和他们不同的地方在于，我知道自己活在一个幻想世界里[①]。——贾里尼

布鲁德本特（Broadbent）提出，同一时间可以被注意到的信息量是有限的，如果信息量超过限度，注意过滤器就将选择让一些信息通过，并将另一些信息排斥在注意之外。过滤器模型是一种"全或无"（all-or-none）的模型，这就是说，通过过滤器的作用，来自一个信道的信息由于受到选择而全部通过，来自另一信道的信息由于"闸门"被关掉，就完全丧失了。由于信息的选择权取决于刺激物的物理性质，因此，过滤器的位置可能处在信息加工的早期阶段。

资源限制理论和过滤器理论告诉我们，感官输送到嗅脑的信息是海量的，然而，嗅脑会使用"注意"这一机制，选择部分信息进行加工。笔者认为，情绪会指导注意对感官输送的信息进行选择。

三、双重加工理论

在资源限制的理论基础上，谢夫林等人提出了双重加工理论。该理论认为，人类的信息加工方式有两种：一种是自动加工，一种是控制加工。自动加工是由刺激自动引发的无意识的加工过程，不需要有意注意，不受认知资源的限制。自动加工的速度很快，由于不占用系统加工资源，所以不影响其他加工过程。控制加工是受意识控制的加工过程，它需要注意的积极参与，要占用系统的加工资源，控制加工更为主动和灵活，可以随客观情况的变化不断调整资源分配的策略。控制加工经过充分练习后，有可能转化为自动加工。

---

① 这里的"幻觉"虽然有些夸大，但所有的人都在用自己的情绪主导着自己的注意去过滤这个世界，每个人得到的必然只是这个世界中的部分信息，于是，主观不可能做到客观，而大多数人都会不由自主地坚信自己看到的就是最客观、全面、深刻的世界。于是人与人之间的沟通障碍便发生了，鸡同鸭讲随处可见。每个人的见解都是偏见，因此，他人的见解就成了幻象。

双重加工理论很好地解释了不同人格的人因注意模式的不同，注意到的信息内容截然不同，因此其内心想法更加不同。这就是九型人格中继核心情绪、核心情感这一理论精髓之后演化而来的另一重要理论成果——注意力焦点。

九型人格中的注意力焦点可以这样理解。首先，注意力的焦点是一种过滤器。不同类型的人具有不同的过滤器。不同的过滤器由不同的情绪造就。相同的信息在未加强调的情况下，到达不同人格的人脑中，内容很可能是完全不同的。其次，过滤的过程是自动化的。人格这一过滤器是无须主观意志努力就能够实现其功能的，属于有意后注意的范畴，是自动加工过程。通俗地讲就是随便"看看"这个世界就能够根据自己人格的过滤器发现外部世界中与自己的情感需要符合的信息，这种过程无须主观努力，不耗费心理资源。第三，这种无意注意过滤器是长期自我训练形成的。某一人格造就的注意力过滤器是后天形成的，是儿童在长期有意注意地去选择一些外部世界的信息后，做出决策、行为并获得强化，最终习惯成自然的注意模式，即控制加工经长期练习后转化而成的自动加工。第四，不同人格类型的人依然具备有意注意的能力。虽然不同人格类型的人看到的世界是不同的，但只要能够引发其有意识地关注某一信息，他们依然能够达成共识。有意注意是需要耗费心理资源的，是注意的有意识的指向、集中和保持。

第三节　注意力的焦点

"你看到的不是事实，贞德，而是你想看见的东西[1]。"情绪引导注意，注意满足情绪。你越想知道自己是不是已经忘记的时候，你反而记得更加清楚。

愤怒急需要表达；悲伤终归要补偿；恐惧一定要填补。放心，瞎猫会碰到死耗子，傻鸟会撞到枪口上。从来没有"随便问问"这回事儿，情绪是一定可以"借题发挥"的！注意力的焦点就是要练就一套抓耗子，擒飞鸟的手段。

1号可以通过大肆批评做错事的人顺利地表达被压抑的愤怒；有了别人的夸奖，2、3号可以减轻自己的悲伤，甚至感到一丝优胜者的飘飘然；贬低了周遭，美化了远方，4号

---

[1] 电影《圣女贞德》台词（法国，1999）。

也觉得自己不是那么不堪了；有了时间、空间和知识，5号诚惶诚恐的心定了；6号发现的蛛丝马迹，经事实证明是绝对有必要指出的；令7号担心的事情其实是可以被忽略的，只要7号自己沉浸在开心的事情中就行；步步为营，一步一个脚印，8号通过操纵那些有利益的事情实现着自己的目标；避开他人的领地可以减少冲突的发生，9号们发现了这个窍门。

由此，大家在成长中逐渐掌握了那种适应自己性情的观察世界的法则，并养成了习惯，这就是有意后注意。本节所讲的"注意力的焦点"实质上就是不同人格类型的有意后注意。

一、意志的强弱——腹中心

愤怒的情绪和其他情绪一样，会导致主体注意力的狭窄，使愤怒者关注意志的强弱，也就是关注于谁是强者、大佬、老板，谁是弱者、小弟、跟班，谁能指挥自己，自己又能使唤谁。和腹中心的人沟通要特别注意自己的阶层和资历，他们是先对人后对事的，攻击性较强，甚至是相当难以合作的一群人。

（一）自我的利益——8号挑战型

> *"全部讲道理的是新华字典①。"*

物不平则鸣。8号的注意力焦点是自我的利益。在人际关系中，8号的注意力会被与自己利益相关的信息所吸引，并保持在这些信息上。环境中与自己利益相关的信息主要来源于自己应该具有的权利。首先，既有利益不得受到侵犯。比如以往定期得到的工资、奖金等各种收入，或者休息时间都不能受到克扣；再如办公位置的远近、冷暖、光线也不能受到影响。其次，自身在团体中的地位不能遭到他人的挑战和削弱。比如自己的领导地位、领导风格，或者在非正式团体中的话语权，甚至他人对自己的尊敬、畏惧程度都不能被取代。在8号眼中，1号在团队中各种振振有词的表述，都是在用一些冠冕堂皇的大道理去实现自己的目的。当众人对1号产生欣赏的时候，8号的统治地位就受到了侵

---

① 一般而言，一个人得到了好处就会觉得与其互动的对方是讲道理的；相反，一个人利益受损，就会觉得对方"没有道理"。

犯。对于女性而言，任何比自己漂亮的女性都会分散男性团队成员对自己的关注，因此必然会引起8号女性的注意，结果往往是产生醋意。那些可能存在的便利也非常容易进入8号的注意力范畴。如果懂得理财，8号是很容易被一些理财产品吸引的，但腹中心的懒惰和脚踏实地的性格特质能保障8号不会过于频繁地更换理财方式，而是关注、观察、调查、思考。一旦遇到一些促销、折扣，8号的注意力会再次被吸引，如果是自己考察过的对象则很可能会出手购买。潜在的利益也包括一些富有智慧的生活窍门，因此8号绝对是脚踏实地过日子的高手，实在、实惠、实际。然而，潜在的利益也可能使得8号关注于他人拥有而自己缺失的利益，并可能因此而快快不乐。

（二）他人的利益——9号和平型

"善人"常常是恶人，是为了善的名义的恶人[1]。——《论人的使命》

很多人认为9号是善良的人。搞清9号的注意力焦点是怎么来的，也许会对读者已有的善恶观念产生一定的影响。

9号人格最本质的特征就是将愤怒沉睡过去。原因非常简单：斗不过。愤怒情绪的产生就是因为个人利益受到了威胁。愤怒情绪本是推动主体产生攻击行为，为自己谋取利益的一种能量。但这种攻击行为需要强大的能力来保障，而9号恰恰缺乏这种实力将自己的愤怒加以释放。内心是愤怒的，环境却不允许释放这种愤恨，只有将愤怒遗忘才能勉强度日。这就是9号和平型最真实的心理世界。

当认定自己的实力和能力不及他人后，9号能做的就是避免触怒他人，以免遭受打击不好收场。这其中的诀窍就是关注他人的利益所在，并远远地躲开。如果能够提前发现他人的利益，就一定不会损害他人的利益[2]。他人也就不可能对自己生气，受到他人打击的情况就能够避免了[3]。

---

[1] 9号被称为和平型，是因为他们不能像8号那样去实现自己的利益，并非真的是善人。人格类型由核心情绪及情绪习性而来，情绪产生的依据是个人利益的满足，由此可见，不存在天生善良的人。

[2] 9号默默奉献就为了获得内心的平静和安稳，但仍然觉得没有根基和不安全；4号以毕生之力去发现其人格认同的意义，却不知道自己是谁……——小明警

[3] 怨恨等于牢狱。曼德拉曾被关押27年，受尽虐待。他就任总统时，邀请了三名曾虐待过他的看守到场。当曼德拉起身恭敬地向看守致敬时，在场的所有人都静了下来。他说："当我走出囚室，迈过通往自由的监狱大门时，我已经清楚，自己若不能把悲痛与怨恨留在身后，那么我仍在狱中。"

这种战战兢兢、未雨绸缪的逃跑策略最终形成了9号对环境审时度势的态度——注意力焦点，即提前发现"他人的利益"。看见保洁阿姨推车过来，10岁的小9就开始把挡住过道的椅子拉到旁边。

在人际关系中，9号的这种自动化的注意过滤器使得他们不但自己能够提早逃离利益纠纷，还能够敏锐地察觉他人在人际交往中卷入的利益纠葛，并可以依据他人的利益和实力去提前预知他人在人际交往过程中的情绪变化。这种敏锐的情绪嗅觉赋予了9号良好的人际关系，但9号显然没有任何想要利用这种天分的渴望和恒心。对于9号而言，除了独处时用一些细枝末节的事情来麻醉自己的愤怒之外，就是在人际交往时提高警惕，远离利益纷争。平静、安全、省心是9号习惯的生存风格，也是他们注意力焦点过滤的成效所在。要么发呆，要么做些替他人着想的鸡毛蒜皮的小事儿。

"如果谁说别人的坏话，我就会瞪他一眼。"一位9号的女生如是说。

（三）对与错——1号完美型

> "善不能战胜恶——生命的目的是永恒的创造，而不是对规范和原则的服从。除了通过法律和规范以外，善不知有战胜恶的其他方法[①]。"——伦理学的悲剧

1号的注意力焦点是"对与错"，这就是其习惯成自然的过滤信息的方式。当大量环境信息进入其感官后，那些与是非对错相关的信息被无意识地、自动化地保留下来。然后这些信息与1号内心的种种价值观、道德观，或者各种1号认可的行事规则进行比对。"对与错"就是1号内心的天平，凡是使天平失衡的信息，都会使1号感到愤怒。随后，1号就需要评估所感受到的愤怒是否应该外化为批评或指责的攻击性行为。当然，1号并不认为这是私人恩怨，也不觉得这是个人的攻击行为。1号想的只有这样一个新的问题："假如我因此而批评或指责他人，这样做是对的还是错的呢？"对未来行为同样要经过自己注意力焦点的评价。如此，这个天平总是在忙于测量，既测量最初的外部信息，也评估自己计划的行为所产生的后果。1号就是这样一个审慎、慎独的楷模。

1号的心理过程好比一个优秀的狙击手在挑选符合要求的子弹，那些重量达标、外观良好的子弹才能在狙击任务中发挥作用，而那些重量偏差、外观破损的子弹，装在再好

[①] 如果说生命在逐利过程中产生的运动是恶的表现，那么限制生命运动活力的规则就是善了吗？

的狙击枪里都会打偏。1号就是未雨绸缪，自发地检查将要使用的子弹的质量，而检验员这个角色是1号无须意志努力就能够去做的。

上述只谈了1号筛选信息并处理信息的内心机制，接下来要讲是什么触发了1号的行为。

1号个性化的行为源于愤怒的情绪。当错误的信息引发1号的愤怒后，1号与其他人一样，以外显行为的方式处理情绪带来的冲动。批评指责是1号明显的、通常的、正常的行为。批判他人或者环境能够令1号增加自信，强化其人格。但很多时候，1号也会选择压抑，当批评的对象过于强大或者已有经验表明批评毫无用处的时候，1号的愤怒只能压抑，这种抑制一定带有微弱的外显行为，比如嘴唇收紧，嘴角向后拉，鼻孔张大[①]并出气等控制愤怒的表现。如果1号的核心情绪——愤怒，长期都不能以攻击行为顺畅表达的话，压抑的愤恨会转移指向他人，或者将1号直接推向1号的压力点——4号。这时愤怒已经转化为对世事、对自己的悲伤。并且，1号处理情绪的习惯——内化，此时也会用在悲伤上，产生与4号相似的内化悲伤的心理活动：放大悲伤。于是，压力下的1号产生了丰富的想象力，这造就了1号富有艺术气质的风格。中国有文武双全的说法，在这类人群中，1号占了很大的比例。

1号的注意力过滤其实更容易看到对与错中错的那个部分。因为如果没有错误的存在，1号的愤怒就无法转化为行为释放出来。

也许1号的读者会认为他们自己其实是不希望看到错误，而希望看到正确的。然而，情绪动力模型认为，行为的能量来源于情绪。1号正是那种将愤怒压抑成标准的人。这种标准在形成以后并不代表着愤怒的消失，反倒是被牢固地储存起来。愤怒在1号的心理活动中潜移默化地发挥着作用，狭窄注意就是一个关键的环节。

对与错这种注意的过滤使得进入1号知觉的感觉信息被烙上了1号的印记。《圣女贞德》就是这样一部影片，探讨了处于愤怒心境下的贞德揭竿起义的故事。影片的最后，大主教面对被俘获，即将被行刑的贞德说："你所看到的这个世界的龌龊，是源于你内心之中的愤怒。"1号会用如《阿Q正传》这类的文章来针砭时弊，他们更是中国近代革命先驱的主要人选。乱世之中的1号是无畏的革命者，危难之时，1号也会成为民族的拯救者，精忠报国。

---

① 薄嘴唇、大鼻孔，冷峻的眼神，加上僵硬的躯体是1号的一种典型外貌特征。

二、形象的好坏——心中心

"越打扮越悲伤。"越在乎别人对自己的看法，越说明自己内心有很多悲伤的情绪有待释放。

"其他女人都能瘦下来为什么你不行？[①] 你难道就喜欢别人对你不堪入目的身材指指点点？就喜欢看着自己喜欢的男生被自己厌恶的女生抢走？就喜欢每天对着肥大的裤子把自己粗壮的腿塞进去？就喜欢身边的脸很丑但很瘦的女人穿着你穿不进的美衣？体重3位数的你！要么瘦，要么死！"这就是悲伤对注意力的狭窄——形象的好坏。

悲伤是吸引人相互接近的能量，但这只是个开始。心中心的人经过无数次接近他人的实际行动之后，利用他们的敏锐总结出的经验就是"要注意、美化自己的形象"，否则糟糕的形象引发他人的厌恶，只会导致对方的离开。于是，形象成为心中心最关注的信息[②]。

一个人从对面走过，心中心可能在对方走过的一瞬间就看到了对方的发型、服饰、鞋子、手机，甚至包包的品牌和其真假。而对于腹中心而言，这种人际的邂逅只是他们从对方眼神中判断彼此地位高低的"遭遇战"而已。心中心是用审美的标准来生活的人。

（一）他人的认可——2号给予型

帮助别人，快乐自己。

2号的核心机制是外化悲伤。这是一种将悲伤转化为行动力的心理机制。然而，当2号着急地把情绪能量都转化为行为的时候，他们很容易发现，他们不像8号那样将愤怒外化，只为了获得泄愤的快感，也不像7号那样将恐惧外化为获取知识、感受世界的目标活动。年幼的2号着急地将情绪转化为行为，却搞不清楚自己想要的究竟是什么。核心情绪究竟靠什么来抚平，这对于心中心而言是最难搞清的问题。因为悲伤是三种核心情绪中最高级、最复杂的一种情绪。

[①] 胖和瘦谁更旺夫？生产力低的社会时期以胖为美；反之，则以瘦为美。

[②] 眼镜有装饰的作用，心中心最清楚；眼镜戴着累赘，腹中心有体会；眼镜可以有很多讲究和品牌，脑中心最知道。——小明警

悲伤当然是要通过别人的关注方能得到平复。当2号在不断地行动中发现这个道理的时候，其注意力的焦点才可能得以形成：关注于能够获得"他人认可"的知识和技能才能发展自己，才能更有效地将情绪转化为行为，并且使这种行为能够高效率地服务于自己，即满足了悲伤的需求。由此，2号将世界中的信息加以过滤。当这种过滤达到自动化的时候，有意后注意——注意力的焦点就形成了。

人际中的很多方面都存在博取他人注意力的技巧①。最常见的莫过于极富创意而又巧妙的小笑话、小段子。耍宝的语言不仅能够活跃气氛，还是智慧和学识的体现。2号是天生的相声演员，那些高雅艺术表演对2号而言都太严肃了。在2号的眼中，在音乐厅弹奏钢琴的艺术气质远不如随时随地用一把吉他的自弹自唱来得随性、亲民。当然，使用"外化"的情绪习性的人格类型可能做事会缺乏些恒心，因此，2号身上的各种才艺往往杂而不精，需要长期练习才能掌握的乐器常常逃不过虎头蛇尾的命运。最终，还是语言类的表演最适合2号。在传统语言类表演节目中，无论是二人转、相声、小品、评书，还是当前最流行的脱口秀，都是2号可以练习和发展的才艺。

着装也是2号很容易关注的信息。怎样的打扮才能令大多数人对自己眼前一亮，并最终喜欢上自己呢？显然小众的风格要慎用，比如烟熏妆等。而有些大家勉强能接受的风格，大面积使用也是不妥的，比如乞丐装。对于2号而言，这些时尚元素只能是一种点缀，可以围绕自己惹人喜爱的总体形象适当选用。2号的打扮不会全盘落入某一种风格，比如民族风、波西米亚风等，局部使用些就够了。最有效而万能的打扮就是笑容可掬②。

无害的谎言③也是一种令别人愉快的信息，深得2号的喜爱。别人是如何表达不愉快的？有没有值得改进的空间呢？2号会因此而练就一身灵活应变、积极应对、锲而不舍，甚至话中有话的本事。只要是能令人愉快的语言表述方式和做法，都值得2号留意、学

---

① "教你29招，让身边的人更迷恋你，喜欢你"第一，永远记住，长相不会令人讨厌，只有愚蠢、虚伪、不礼貌、自以为是、狂妄自大、说大话、不办实事的人才是最令人厌恶的。第二，气质是关键。如果时尚学不好，宁愿纯朴。第三，与人握手时，可多握一会儿。他会体会到你的真诚。第四，与别人交谈时，笑容是杀伤性最强的一种秘密武器。你的微笑会让对方放松戒备，很快与你成为无话不谈的好朋友。第五，不要没事发脾气，生活不是电视剧。第六，少在别人面前抱怨"好无聊啊"，你越说无聊，别人越觉得你无聊。第七，与人打车时，请抢先坐在司机旁。（后略，参见www.sixianChina.com/post/1571.htm.）

② （2号女生转发的帖子）微笑的十个理由：1. 微笑让你更有魅力 2. 微笑改变心情 3. 微笑会传染 4. 微笑减轻压力 5. 微笑增强免疫系统 6. 微笑降低血压 7. 微笑能生成内啡肽这种天然的镇痛物质和复合胺 8. 微笑能美容，让你看起来更年轻。9. 微笑使你看上去是成功人士 10. 微笑帮助你保持乐观积极。

③ （2号转发的帖子）妖的叫美女，骚的叫才女，木的叫淑女，蔫的叫温柔，凶的叫直爽，傻的叫阳光，狠的叫冷艳，土的叫端庄，洋的叫气质，怪的叫个性，匪的叫干练，骚的叫有味道，嫩的叫青春靓丽，老的叫丰韵犹存，浪的叫众星捧月，牛的叫傲雪凌风，闲的叫追求自我，弱不禁风的叫小鸟依人，不像女人的叫超女。

习。有趣的是，2号有时会被4号那种特立独行的犀利言语所吸引，毕竟4号的"毒舌"也是智慧的体现，也常常能一鸣惊人。然而，4号那种一针见血的负能量虽然能吸引2号的注意力，却不能帮助2号去扮可爱，反而会丢失可爱这份难得的特质。因此，2号对4号博人眼球的负面言论总是有种又爱又恨的复杂情感，仿佛青春期的男孩女孩用打闹来增进异性相处：忍不住要批判，却又忍不住要偷看。

在这种注意力过滤模式下，2号极为在意他人对自己的评价，哪怕一点点负面评价都会对2号的自尊心产生极大的挑战，甚至成为一种压力，让2号呈现出8号的攻击行为，不满情绪溢于言表。2号只要关注和认可，因为自己已经付出了太多的主动和热情，凭什么还要承受批评呢？

（二）对工作的认可——3号实干型

当生命实现从静止到运动的飞跃之时，个体的感官就必须收集大千世界林林总总的信息，并进行全自动化的梳理，以确保主体关心的那部分信息以最快、最优先的速度进入主体的意识，实现对行为的选择。当生命能够选择行为的时候，它必然对进入其感官世界的信息进行了选择。行为选择越多元化，注意对信息的选择就越复杂化，但满足情绪的需要是注意选择信息的最根本原则。就核心情绪为悲伤的心中心而言，其注意狭窄的规律，一定与悲伤这种情绪的需求有关。

3号的注意力焦点是"对工作的认可"，即对进入自己感官的信息进行自动化的筛选，那些能够使自己事业有成的知识、技术、途径和渠道都会成为3号首先关注到的进入其意识的关键信息。如果是在学校，3号学生一定是最早主动低头记录那些有实用价值信息的人。很多学生还没有分辨出哪些信息会对自己的学业特别有帮助时，3号已经低头记录了。3号在工作中也信奉"好记性不如烂笔头"的策略，随时将自己认为有助于事业的工作内容、时间节点、创意和思路等要点记录或摘录下来。有趣的是，3号喜欢那种很大的笔记本，不但能记录各种工作，拿在手上还特别显眼，足以衬托自己专业、靠谱、高效的职业形象。3号写字和他们说话一样，很快，而且字体比较漂亮。心中心的字体普遍比较漂亮，否则多丢人呐。对于3号而言，再高深莫测、完善深刻的理论也不如那些浅显易懂、立竿见影的实用技巧重要。时间长了，技巧早已被娴熟地使用了，原理却不一定记得。

对工作有好处的信息除了知识、技能等工具性信息以外，还包括大量在工作过程中可以自我激励的口号，以及很多有助于保持正确心态的心灵鸡汤。若读者发现某一位同事极具积极向上心态和全身心投入的作风，还经常会在博客空间中宣扬一些正确看待得失的大道理时，他（她）就很可能是一位3号。

在梳妆打扮上，"对工作的认可"这个注意力的筛子同样会留下很明显的痕迹。职业装就不谈了，肯定是注意力过滤后3号对服装购买的痕迹。还有什么痕迹能说明3号"对工作的认可"这一注意力焦点呢？挺多的，比如领带或者围巾。在对职业装有要求的公司，领带和围巾款式的时尚程度和佩戴的讲究程度就成为识别3的一种更细微的观察。注重口碑和评价绝对是3号"人无我有，人有我优"的风格和写照。此外，其他办公环境中允许的时尚品，甚至奢侈品都很容易通过3号注意力的过滤，从而进入他们意识的视野。比如手表、公文包、香水等。对3号男生而言，袜子也能展示其品位和对工作的重视。鞋子和包包的搭配等商务礼仪就更不——赘述。这些知识无需意志的努力就能够进入3号的眼帘，这就是注意力的焦点。

（三）关注遥远的，讨厌眼前的——4号浪漫型

悲伤的人需要他人的关爱，而厌恶情绪会导致拒绝行为，因此悲伤的人是不愿引起他人厌恶的，否则将得不到别人的靠近和关注。于是，悲伤的人一定要塑造一个良好的形象，才能博取他人的关心，才能释放内心的情绪。这样，理解心中心的注意狭窄——"形象的好坏"也就不难了。但4号是心中心中最复杂的一种人格类型，其注意力焦点也相对复杂一些。

4号是心中心中最具心理能量的人格类型。内化悲伤的心理机制使得悲伤情绪被进一步催化和放大，以至于普通的人对他们的关注已经很难达到排解其悲伤情绪的效果，甚至可能令4号产生了更多的失望和悲恸。这就是4号最基本的注意力过滤方式——"讨厌眼前的"。

眼前的事物在4号看来总是令他们更加失望的。这绝不会是因为眼前的事物本身有问题，而是4号人格类型的内心世界——伤感所决定的。越是接近他们的事物越会引起他们的嫌弃，而这恰恰成为识别4号的一个窍门：身边的、眼前的世界要么漏洞百出，要么庸俗不堪，总是令他们失望。触手可及的环境中很少有信息能通过4号这样严苛的注意过滤。于是，4号得到一个规律：提升形象的知识和技能几乎不能在自己的身边找到。

心中心的本质自然是需要获得别人的关注，提升自己的形象依然是唯一释放悲伤情绪的方式。有趣的是，悲伤是一种极其细腻的情绪，而内化的悲伤更是让这种才能倍增，

令4号具备了非同寻常的品位和审美能力。"民族的就是世界的"这句话其实就是4号审美的基本规律。当4号通过自己严苛的审美，将时间久远、距离遥远或别人不熟悉的风土人情用自己的方式加以呈现的时候，周围那些自己曾经一度嫌弃的"市井小民"们纷纷眼前一亮，向自己投来了加倍的关注和赞羡。这时，4号人格类型中被自己放大的悲伤一下子得到了释放。关注"遥远的"知识和技能才能满足自己特立独行的形象需求，这一点屡试不爽，最终成为4号无须主观努力就能够做到的，自动化的注意过滤程序。

三、信息的多少——脑中心

恐惧使主体产生防卫的行为，需要大量信息作为情报。走夜路时，我们需要的是一盏灯，它的光亮能带来路况信息，以平复内心的恐惧。因此，心怀恐惧的人比其他人更需要掌握信息情报和理论知识。

> 对腹中心来说，书是工具，够用就好；对脑中心来说，书是"食物"，不可或缺；对心中心来说，书是"旅行"，放飞梦想。

（一）自我的保存——5号思想型

> 你的感性是动力，但是你全程理性操控[1]。——《天才在左疯子在右》之"朝生暮死"

人格是人际关系中的行为特质背后的心理活动模式。脱离了人际关系，人格类型所展示出来的行为特质或心理活动特征很可能会模糊，人格类型本身也可能会弱化或者消失。同理，人格类型形成的标志——注意力焦点，同样是在人际关系中表现得最为典型。人格就是为了应付人际关系而形成的情绪活动模式。

对于5号思想型而言，内化的恐惧使得他们将注意力集中于系统的、有深度的、科学的知识和技能。只有大量地掌握这类生存的技能才能抚平其恐惧的核心情绪。于是，

---

① 人格分类的依据全部都是感性规律。5号也不例外：他们再科学、再理性，也是"内化的恐惧"这一感性规律活动的结果。

大量的收集行为在5号的身上展现出来。而要保证有足够的时间、空间汲取过去的知识、经验，在人际关系中就必须速战速决，以便将时间、精力，甚至金钱花在自己的收集行为之上。自我的保存就是这样一种注意力过滤器，将5号在人际关系中接纳的信息过滤出来，那些有利于自己提高生存技能的信息优先得到关注，进入5号的意识中进行加工。若是人际交往中缺乏任何与自己的专业领域或对生存而言有价值的信息，5号就会尽早地想办法撤出这种没有实际意义的闲聊。这时，脱离这种"打哈哈"式的交流就是5号的注意力所在了。

自我的保存在人际交流中还常常能过滤到别人对5号的利用或者对其引以为傲的专业知识的窥探。被人无端的利用不但是在浪费宝贵的时间和精力，更糟糕的是得不到任何有价值的技能或经验。因此，这是必须避免发生的。而自己花了大量的时间和精力才整理出来的知识、技能，更是不能随意地与他人分享①，否则就是对求知、原创和努力精神的亵渎。

（二）潜在的意图——6号疑惑型

> *"爱情，就像两个人在拉猴皮筋，疼的永远是后撒手的那个。"*

6号怀疑论者是将恐惧投射于环境中的一种人格类型②。投射是其防御机制，能够比较通俗地揭示6号的核心特征。实质上，6号这种人格类型是比较复杂的，再加上中国的文化风俗又符合6号的特点，因此，在中国，6号是最难以识别的人格类型。

6号的情绪机制是遗忘恐惧。所有的核心人格类型，即3、6、9号都采用遗忘这种情绪习性，试图来掩盖核心情绪。然而，核心情绪却依然在冥冥中发生着作用。这种潜在的、背后的、长期的作用就来源于核心情绪对注意的影响。3号对工作认可的关注是源于其核心情绪——悲伤；9号对他人利益的关注表面上与自己的愤怒无关，实质上依然是对需要的满足这类与愤怒息息相关的利益话题的关注。6号则试图将恐惧抛在脑后，却忍不

---

① 中医处方以医生写的字根本看不懂而著称，因为，方子是秘密啊。学了一辈子的医术，处方怎能轻易让人学了去呢？这一行为的背后是恐惧的情绪。

② "不要"：1. 不要随便显露你的情绪；2. 不要逢人就诉说你的困难和遭遇；3. 在征询别人的意见之前，自己先思考，但不要先讲；4. 不要一有机会就唠叨你的不满；5. 重要的决定尽量与别人商量，最好隔一天再发布；6. 讲话不要有任何的慌张，走路也是。（参见 www.douban.com/group/topic/10244046/）

住总会发现眼前不安全的事物。那些被6号发现了的隐患恰恰是通过了6号人格类型所特有的注意力过滤模式——"潜在的意图"而获得的。

从认知的顺序上而言，必然是先有事物，后有对事物的认识活动，最后产生对事物的喜好或者厌恶等情绪感受的。然而由于核心情绪的存在，情绪先于认识活动而产生，那么此时就需要一个符合情绪结果的认识对象出现。这就是情绪对注意产生狭窄的原因。因此，恐惧的核心情绪不断推动主体在外界中寻找不安全的因素。在找到客观存在的隐患之后，恐惧会进一步推动思维，基于该隐患产生种种推理——妄想。于是，人际关系中他人的意图便被6号主观臆测出来。

显然，6号天生是对他人开展行为分析的大师，他们敏锐的观察力和天生的推断力使得别人内心中打的小算盘昭然若揭[①]。但更多的时候，6号对别人心理活动的分析得不到他人的认可，因为不是所有的心理活动主体都能意识到，而6号对一个人的分析时常会超过那个人自己对自己的洞察。恐惧是一种指挥主体逃避的情绪，因此其推动的心理分析活动也往往展示了6号积极观察，主动分析他人的一面，这是一种"逃跑"的准备——审时度势、预防风险。

（三）快乐的选择——7号活跃型

冒险让他们感到快乐；他们总是对自己充满乐观。

巨大的恐惧会令个体在逃跑过程中因注意狭窄而犯下愚蠢的错误。比如驾车时遇到紧急情况就极度害怕，不假思索就产生本能的变道行为，或者想要用力踩刹车却错误地踩到了油门上，引发事故。曾有一个笨贼，因为过于害怕、紧张，在面对一扇内开门时拼命用力推门，可怎么都推不开，最终被擒。当情绪过于强烈，个体的注意力狭窄的现象会非常突出。

但我们现在讨论的核心情绪对注意的狭窄作用却没有那么极端，而是一种淡淡的、长期萦绕于心的微弱情绪——心境，讨论它对注意的影响作用。这其中最典型的就是7号享乐主义者的注意力特征。

情绪用行为得以释放后都是一种驱力还原的效果，即有快感的产生。其得到还原的

[①] 曾国藩的人生智慧：1. 久利之事勿为，众争之地勿往。2. 乱臣贼子，皆从一傲字养成。3. 以德遗后者昌，以祸遗后者亡。4. 食能止饥，饮能止渴，畏能止祸，足能止贪。5. 好便宜不可与共财，狐疑者不可与共事。6. 女相妒于室，士相妒于朝。7. 贱不谋贵，外不谋内，疏不谋亲。8. 君子与小人斗，小人必胜。

方法也会因此而受到强化，甚至立即被固定下来，形成神经通路，即习惯。恐惧需要信息来加以抚平，这和悲伤需要关注来加以抚平是同样的道理。于是，脑中心的7号出于核心情绪的引导，其注意力同样会渴望有价值信息的输入，这一点对于所有的脑中心都是一样的。7号的特殊之处来源于其特别的情绪习性——外化，将情绪尽快地用行为释放出去，驱力得以还原，因此获得快感。7号深陷这样"美好"的心理机制而乐此不疲。恐惧情绪本身所固有的焦虑特征使得7号持续地受到这种情绪的推动，行为的数量远远超过其他人格类型[①]，获得快乐的机会也远远超过其他人格类型[②]。

最终，外化的恐惧这种情绪释放模式也会作用于信息的输入渠道——注意力，形成7号独特的注意力焦点——快乐的选择。

无论在人际关系中还是个人独处时，如何选择快乐都已经成了7号最关注的问题，它牵引着享乐主义者的神经，引导着他们的行为。最基本的特征就是趋乐避苦。自由的、好吃的和好玩儿的是最能吸引7号注意力的事物。除了物质上和现实生活中那些实物的吸引之外，精神生活的丰富多彩和自由自在更是7号寻找快乐和刺激的重要组成部分，甚至超越了感官享受的重要性。在理解这一点上，千万不能局限于感官享受，而要把握脑中心的实质——对信息的占有。这种信息主要来源于精神活动，或者人文财富。这就是很多7号不避艰险，追求人生的丰富多彩，甚至主动寻找刺激的行为的心理原因。只有这样，其内心的情绪才能得以释放，才能体验到生命的价值和伟大。选择快乐的注意模式也能够让他们更容易地在逆境中看到阳光，这种能力成为7号逃避痛苦和麻烦的经典思路。

---

① 7号微博、微信的发帖数很可能多于其他人格类型。反过来讲，发帖数多的人，内心比别人有更多的情绪能量。
② 抓住幸福其实比忍耐痛苦更需要勇气。对于7号而言，痛苦中有快乐的地方，而幸福却可能意味着束缚。

第九章　错用情绪导致心理异常
——情绪与人格障碍

> "快乐"最简单的方式就是使用我们的人格：让"错误"一遍遍重复直至走完生命①。

第一节　情绪与异常心理学

心理异常与心理健康的划分有很多标准，最基本的划分思路是将人群划分为心理健康人群和五种不同的心理异常人群。一个来访者寻找心理咨询即可假设其行为存在适应问题，可能脱离心理健康人群而成为心理异常人群，但其心理异常的问题属于哪种程度是需要进一步判定的。正确判定心理异常分类，才能正确施用心理咨询或是心理治疗，甚至其不属于心理咨询和治疗的范畴，而是需要采用外科手术或者其他医学手段救治这类情况也是存在很大的可能性的。

一、心理异常类别

（一）"神经病"

口语中经常讲的"神经病"，笔者认为是神经系统发生器质性病变的意思。心理异常的出现，是否发生器质性病变，是最基本的考量。一个心理咨询来访者是心理健康者还是心理异常者，这个判断是需要前提的，即其生理器官是不是健康，特别是脑神经是否存在器质性损伤或发育不良，如外伤、炎症、肿瘤压迫，或者发育不全。器质性的损伤

---

① 人格类型就是个体使用情绪动力模型适应生存时，在该模型上表现出来的特征，这种特征必然有其优点，也存在其个性化的缺憾。如9号随和但缺乏主见和行动力。显然，要改变这些缺点是困难重重的。首先带给人的就是不愉快的感受。于是，人们为了避免令自己不愉快、不放松，就持续地使用着某一种情绪机制，代价就是：个性中的缺点（"错误"）难以根除。

是可能引发心理和行为的异常或不适应的。比如，脑瘫儿童的行为和心智与常人相比存在很大的差异，这种异常的状态就属于神经系统的器质性损伤造成的。器质性损伤如果得以治愈，异常心理和异常行为可能随之消失。因此，排除器质性病变是心理咨询中一个必要的环节，甚至是前提。虽然不是每一个来访者都有必要在心理咨询之前拍摄大脑核磁共振照片以确定生理健康，但心理异常可能由生理异常引起这个最基本的道理却是每个心理学工作者必须掌握的。

（二）"一般心理问题"

非器质性病变引发的心理异常中，最常见的就是一般心理问题。这是程度最轻的一类心理异常现象，表现为危害程度小，持续时间短，有明显的情境性。

可能导致主体植物神经系统异常，如失眠、食欲不振，但发生频率不高，且持续时间不长。社会功能受到的影响较小，可能会有个别人际关系受损的情况，但不会殃及人群对主体的一贯印象，性格基本稳定。主观有觉察，且有改变的欲望。

例如，学生考试前因为复习不充分引起的偶尔焦虑、失眠，考试时因某些题目不会做引起的心慌、出汗；恋爱的情侣相处期间因个性不同而引发的摩擦、争执、猜忌等；职场人跳槽、晋升、竞聘等环节中因自我发展、工资薪酬等问题引发的倦怠、无奈、效率低下等。一般心理问题产生的直接原因是生活中出现的压力事件，通常这些压力源引发了主体应对不良，产生心理痛苦，如心烦、愤恨、自怨自艾等，并可能伴随轻微的生理紊乱，如头痛、发汗、腹泻等。压力源消失后，身心不适或痛苦随之消失的心理异常就是一般心理问题，它最大的特征是心理失调与特定情境有关，如特定考试才引发的焦虑。一旦压力源消失或主体实现了个人成长，一般心理问题就得到了成功的克服。

（三）"神经症"

心里说不出来的话，身体会帮你说出来。神经症往往对自己的躯体敏感，因疑病而影响到自己的情绪，再影响到工作表现，最终归因于自己的"生理疾病"。

神经症和神经病是两个概念。后者在通俗语言中指身心疾病引发行为异常的状态或人员，在本书中专指神经系统发生器质性病变的病人。神经症则是另一个心理异常的专业名词，专指神经系统不受主体的控制而引发的不适和痛苦，主要表现为植物神经系统工作的紊乱，造成显著的主观痛苦，产生强烈的求助、就医的想法，并可能引发一定的社会功能受损。例如焦虑症、社交恐怖症、强迫症等。

没有主观痛苦感就不是神经症。对于心理异常者而言，主观痛苦感是区别心理异常严重性的一个标准。更严重的心理异常往往缺乏主观痛苦。

神经症的共同特征是：与心理因素有关；个性特征突出，往往与核心情绪有关；没有器质性改变；社会功能相对完好；自知力充分。

1. 焦虑症

在没有充分理由的情况下，个体情绪产生的轻度的或者集中爆发的失控感，后者会令主体产生濒临死亡的恐惧感[①]。焦虑症患者体验的是恐惧情绪失控时所导致的植物神经系统紊乱，注意力涣散，对已有的解决问题的技能失去了信赖，失去对生活控制的自信。曾有患者表示，其睡眠存在困难，严重时一周仅仅能睡着四五个小时，但对医生处方的安眠药也心存担忧，自己搜集了各种资料，认为安眠药的副作用太大，不敢用安眠药，因此睡眠质量依旧很差，精力不佳影响工作，于是又开始担心自己的业绩表现，想请假休息，又放不下工作，担心别人议论。这位患者在体验过几次集中爆发的焦虑、失控感后最终选择了就医和心理咨询。其实这位患者就是典型的5号人格，本职工作是科学研究领域，为人老实、谨慎、内敛，工作上有超过别人数十倍的论文产量，其人格类型成为患病的性格基础。焦虑症最重要的特征就是缺乏压力源的恐惧感。

2. 恐怖症

如果说焦虑症的情况是不能明确恐惧情绪来源的话，恐怖症的病因就是有明确的恐惧归因，但害怕的事物在正常人眼中是可以克服或者微不足道的，这种对某类事物"非理性的"、不能自控的恐惧就是恐怖症。常见的恐怖症有社交恐怖、广场恐怖、密集恐怖、幽闭恐怖、恐高症等。进入特定的恐怖场景会诱发恐惧情绪，甚至惊恐发作，因此，患者通常积极回避诱发情境。

3. 强迫症

强迫症是无法自拔地重复完成不必要行为的神经症。强迫洗手者可能一天多次洗手以致皮肤被消毒液等化学溶剂灼伤溃烂，强迫数数者可能花数十分钟计算三层楼楼梯的台阶数量不能自已。强迫症背后的情绪机制比较复杂，可能是愤怒引发的强迫行为，也可能是恐惧引发的强迫行为。完美主义的强迫背后是一种愤怒，一种对规则的崇尚，发

---

① 被称为急性焦虑发作，或者惊恐发作。

生的领域与规则有关，行为发生后产生愉悦感；传统观念上的强迫背后是种恐惧，是对隐患的查缺补漏，发生的领域比较分散，行为发生后产生暂时的放松，但很快会被恐惧引发的其他担心取代。两种强迫相似性极高，但其行为宣泄的情绪不同。

（四）人格障碍

人格障碍是那种具有异常行为但自己还觉得挺好的人。显然，周围的人已经对其颇有微词，甚至很有怨言，但其自身却浑然不知，或者坚信自己的行为是正义和在理的。人格障碍者是那些社会功能受到损害而不自知的人，但却有自己的行事风格和信念，也可能会取得一定的成功，但几乎得不到周围相处的人爱戴，自我觉察能力显著不足，邻居、同事敬而远之，甚至夫妻、亲子关系也会遭受破坏。人格障碍者一般还具备照顾自己生活的能力，而精神病患者大都需要完全的护理。

人格障碍虽然萌发于青春期，但个体的人格是其患病的基础，正确地、更早期地判断个体的人格类型，有助于在个体的童年阶段及时地开展因势利导，减轻或避免人格障碍发病时对社会功能的损害。人格障碍对社会功能的损害可能在成年后得以缓解，在中年期进一步减小，但前提是个体能够适当地调整其行为以适应环境。人格障碍是人格类型得不到健康发展，反遭扭曲后形成的恶果。学习人格障碍者戏剧化、夸张化、异常化的行为规律有助于提高对人格类型的识别能力。

关于九型人格与人格障碍的对应关系将在本章第二节中更详尽地论述。

（五）"精神病"

精神失常的判断存在三个原则。首先，"主客观是不是统一"，即精神活动能否比较客观地反应现实环境，幻觉，幻听、幻视等是患精神病最重要的特征。幻觉产生之前往往会存在妄想的阶段，即对他人行为的动机进行错误的、固执的揣测，例如被害妄想、关系妄想等。其次，"知情意是否协调"，即心理的认知过程、情感过程和意志过程是否相互协调，这是判断精神失常的第二个原则。比如喜极而泣就是一种常见的、轻微的精神异常现象，而在悲恸时的大笑，或者在与死亡相关的恐怖场景中微笑，都是知情意失调的典型表现。"人格统一、稳定"是判断精神异常的第三个原则，即一个人内心中不能存在一个以上的人格类型。比如双重人格，一个女生白天是活泼外向的安吉拉，晚上就变成内向孤僻的苏珊，连自己的名字也随之改变了。

重性精神病是精神异常的最高形式，如精神分裂症，主要有两个重要的特征。一是幻觉；二是社会功能受到严重的损害，即失去工作能力，甚至需要完全的看护，否则就不能独立生活，或者容易发病肇事肇祸。

二、"情绪动力模型"视角下的心理异常

心理异常的原因、类型、理论多种多样，但从三脑模型的生理学视角出发，依据"情绪动力模型"，心理异常的划分与种类，甚至干预与治疗都会有一种思路清晰的解决方案。

（一）生理疾病导致的心理异常

神经病的行为异常是身体或神经系统的器质性病变导致的，是心理的生理基础出现了异常，属于生理障碍，治疗的方法一定是医学治疗，以手术和药物治疗为主。

（二）心理功能失调导致的心理异常

对于一个被同事和家属"扭送"来看心理医生的人，只要问一个问题就可以初步判断其是精神病、心理障碍这种严重的心理异常，还是神经症、一般心理问题这种较轻的心理失调。可以问："你觉得你心理有病么？"答"我没病，你才有病"的是前者；答"我有，我好痛苦，帮帮我吧"的是后者。器质性问题的除外，器质性问题不是看精神科，而是要看神经科。

1. 精神病

精神病是情绪、理智和需要这三种内部心理活动完全的紊乱，以致心理活动不能正确反映客观现实，不能为主体谋取生存，或者不能服务甚至破坏主体所属的物种群落。幻觉是心理活动脱离现实客观的表现；精神分裂是心理活动脱离实际的结果。精神病属于精神障碍，其治疗以住院治疗和药物治疗为主。

2. 心理障碍

心理障碍包括心理变态和人格障碍两大类。

1）心理变态

包括两种类型：心理不正常和心理不健康。

（1）心理不正常。指个体对环境产生了失常的情绪体验，而非正常的情绪体验，比如对尸体的恐惧和厌恶是正常的，若是产生性唤起的情绪体验就是心理不正常了。一般而言，客观事物引起了主体非同寻常的变态情绪不是主动习得的。精神分析疗法可以用于分析异常情绪产生的原因。

（2）心理不健康。指个体为了释放情绪而产生的行为失常，即主体释放情绪的行为模式发生了畸变。比如愤怒一般应该导致对他人的攻击行为，但假如导致的是自残行为就是心理不健康的表现了。又如某位女生为了表达对某位男生的爱，为自己隆了三个乳房。心理不健康是可以习得的。人际管理技巧训练可以改善情绪处理方式的畸形。

以上两种变态的心理过程一旦固定下来，恶性循环就产生了异常的心理需要。性心理异常也属于心理变态的范畴。由于社会正常人群的舆论压力，心理变态者常常羞于寻求治疗，但同时也深陷这种异常的情绪释放模式中不可自拔，其中伤害他人者属于违法犯罪，其他情况多属于个人隐私范畴，一般为大众媒体所唾弃。

2）人格障碍

我与疯子唯一的区别就是我还没疯[①]。——萨尔瓦多·达利

理智这个心理过程错误地认为适应不良的行为是一种有效的情绪释放方法，这是人格障碍者并不寻求矫治的原因。因此，这类人群必然为大众所鄙夷、敌对，甚至憎恨，但由于他们不会改变行为，周围的人只能敬而远之。

3. 心理失调

心理失调包括神经症和一般心理问题。

神经症是情绪这个行为的动力失去了正常的工作节奏，主体明显失去了对情绪转化为有效行为的自信，产生了主观痛苦，寻求专业帮助。心理治疗是服务于这一人群的主要手段。

一般心理问题是个体基于情绪动力模型所形成的人格类型，特别是其情绪、理智和行为三者之间的稳定的工作模式受到环境适应方面的挑战，适用的是心理咨询，目标是

---

① 疯，或者没疯，其实质上至少都存在分裂型人格的行为表现，即过度沉浸在自己的世界中。

提升自己人格类型的效能和开发其他心理能量的潜能。

第二节　九种人格障碍

> 只有研究了不正常的东西，才能试着弄明白正常的东西[①]。——弗洛伊德

凡是有影响的精神病学派，基本上都有一套独特的人格理论。九型人格是一套独特、完善的人格理论，每一型背后的人格障碍几乎是这个人格类型的本质，极具学习价值。

以往对人格障碍的分类和叙述，往往源于临床观察实践，划分标准不一。

《中国精神疾病分类与诊断标准》（CCMD-3）分为9种类型：偏执性人格障碍、分裂样人格障碍、反社会性人格障碍、冲动性（攻击性）人格障碍、表演性（癔症性）人格障碍、强迫性人格障碍、焦虑性人格障碍、依赖性人格障碍、其他或待分类的人格障碍。

《国际疾病分类》（ICD-10）则分为8种类型：偏执型人格障碍、分裂样人格障碍、反社会型人格障碍、冲动型人格障碍、戏剧型人格障碍、强迫型人格障碍、焦虑回避型人格障碍、依赖型人格障碍。

《美国精神疾病诊断标准》（DSM-IV）则认为有三大类群，11种人格障碍。第一类群为行为怪癖、奇异，包括偏执型人格障碍、分裂样人格障碍、分裂型人格障碍；第二类群为情感强烈而不稳定，包括表演型人格障碍、自恋型人格障碍、反社会型人格障碍、边缘型人格障碍；第三类群为紧张、退缩，包括回避型人格障碍、依赖型人格障碍、强破型人格障碍、被动攻击型人格障碍。

人格障碍的几个特点：早年即有不同于大多数儿童的迹象，即统计学意义上的人格异常（不同于95％的他人），青春期畸形开始显化；人格特点间相互不协调，且偏离正常；社会适应不良；矫正困难。

[①] 本书中的人格障碍是核心情绪及情习性相互作用所形成的人格类型最夸张、最典型，也是幼稚和病态的个性表达。只有识别、熟悉了人格障碍的个性表达，才能够注意到一脉相承的，正常人身上那些不是那么夸张的个性特征，才能明白其背后特定的情绪动力。

从"情绪动力模型"的角度，以核心情绪和情绪习性两个概念为参照体系，本书将人格障碍划分为三大种类9个类型。

一、强迫类——腹中心

强迫类的人格障碍其核心和实质是行为上的攻击，这是其核心情绪——愤怒所决定的。无论攻击的形式如何，强迫类的人格障碍者最终不适应社会的表现就是与人发生争斗，无论这种攻击行为是辗转迂回，还是直来直去、脾气火爆，都体现了愤怒这一情绪的破坏力。1号倾向于强迫行为，强迫自己做出正确的行为、决策，把真正的希望掩藏起来；9号倾向于强迫思维，摆脱不掉顺从和反抗的思想斗争。

（一）强迫型人格障碍——1号

1号对应的是强迫型人格障碍，这是一种追求完美主义过了头而产生的人格障碍，其行为的动力来源于核心情绪——愤怒。因此，其社会功能受损的原因也必然是他们对其他人产生的批评和指责造成的。然而，愤怒虽然是一种攻击的力量，1号却首先用这种力量来攻击自己，将愤怒内化成为道德标准或纪律要求，再将这种标准套用在其他人身上。一旦因为对他人的完美主义要求损害了主体的社会功能，且主体自己没有改变的要求，人格障碍便形成了。

1. 完美主义

不同人格类型都可能存在不同程度、不同定义的完美主义倾向。比如3号实干者也是完美主义者，事业有成、生活小资是3号内心对完美主义的定义；又如4号浪漫者，完美主义更是其生存的逻辑，思想超前、自由，生活有情调、有意义是他们对完美主义的定义。然而，1号完美主义者的完美主义则有着更为清晰的操作性定义，即按照人类社会约定俗成的规矩，不折不扣地完成即完美主义。因此，1号的完美主义几乎等同于"零

---

① 意思是请把东西吃干净。什么都要吃干净，也要求别人吃干净的人可能存在强迫型人格的个性基础，情绪上可能会有很多被压抑的愤怒。

出错"规则，不要说缺失，连瑕疵都不被允许。对待他人如对待自己一样高标准严要求，众人都会倍感疲惫。毕竟在大多数人眼中，规则不过是平衡人类行为规范的一种参照体系而已。然而，强迫型人格障碍者却认为规则的价值重于生命，他们不断创造规则应用于生活。最多使用的就是渐进规则和对称规则，衣橱内衣服要按照颜色渐进排放，牙膏要从后向前挤，电视机音量要5、10、15、20地调高或减弱，鞋带打结后要一样长，毛巾在衣架上要挂平整，等等。对于做人的要求，强迫型人格障碍者以道德圣人自居，提倡集体主义高于个人主义，拥护自由平等，用暴力、霸权、武斗去纠正一切"邪恶"的行为、人群和主义。

2. 失控

"大家一定要小心那些有六块腹肌的男人和永远保持好身材的女人，这些人拥有你所不能想象的决心和意志力！还要小心那些冬天里能刷一下起床的人，他们什么事都干得出来。"

强迫型人格障碍的完美主义如果真的能够说服众人皈依正轨，就不能称之为损害了主体的社会功能。恰恰相反，之所以称为人格障碍，其控制他人的行为模式必然处于异常、幼稚，甚至罪恶的程度，哪怕行动的初衷再有道理，对他人的要求一旦失去了分寸，要求的方式一旦失去了尊重，人格障碍就产生了。一般而言，他们对破坏规则者惩罚的程度远远超过其对规则破坏的程度。例如，强烈地认为乱穿马路者当鞭打。出这种主意的人就可能是强迫型人格障碍者。当众人反对矫枉过正的惩罚时，他们可能情绪失控，闹得大家只能敬而远之。"水至清则无鱼"，何况是高浓度的消毒水呢。

3. "性节制"

强迫型人格障碍者表面上对性极其节制，实际上其自我压抑的性格特质恰恰增加了性驱力的能量。毕竟其人格属于腹中心这一最靠近动物本性的基本人格类型，越是压抑越可能爆发，甚至失控，或者耍起人前人后两面派。

4. 与强迫症的区别

强迫症属于神经症，患者可能以1号人格为患病性格基础，也可能以其他人格类型为患病基础，如5号人格类型。强迫症所关注的行为常常是没有意义又不得不做的行为。由于强迫症的强迫行为缺乏意义，耗费精力，因此患者主观存在痛苦，改善的意愿迫切。

而强迫型人格障碍则不同，其关注的强迫行为是自认为有道理和社会需要的规则、道德、法制等规范行为。像所有其他人格障碍一样，强迫型人格障碍者同样是沉浸在自己的行为模式中，认同自己的所作所为的。人格障碍者实质上都存在强烈地认同自己的生存逻辑，而将他人的情绪感受完全摒弃的共性，移情能力低下。此外，强迫症的行为动力源可能是愤怒，也可能是恐惧；而强迫型人格障碍的行为动力源只是愤怒。

（二）被动攻击型人格障碍——9号

> 缺乏幽默感的人可能拥有非常受抑制的阴暗面①。——约翰·斯坦福

一个9号放沙盘，成人、孩童、家禽、躺椅、车辆、贝壳，就连灯塔都是成双成对的；放的时候考虑的是别人看的角度而非自己的方便。我让他最后放一件物品，他选了一个爬出棺材的骷髅，说："我早注意到它了"。有时，食草动物比食肉动物更危险。

9号调停者对应的是被动攻击型人格障碍。所谓被动攻击，是在描述面对人际关系中自己遭受损失时所表现出的反击模式。被动攻击型人格表面上憨厚、大度，甚至窝囊、认怂，其实他们内心深处对侵犯自己的人怀有极大的愤恨。这种愤恨的程度远远大于对方对自己的侵犯所带来的愤怒，包含了事件之前众多自己不能及时爆发出来而被压抑于心的负面情绪。显然，这种糟糕的情绪必然会转化为产生攻击行为的能量。电视剧《绝命毒师》刻画的主人公，高中化学老师沃尔特·怀特就属于这一类型。

人处理情绪的方式永远是拙劣、幼稚的，被动攻击型人格的攻击行为有这样一些特质。

1. 始于对替代品宣泄愤怒的快感

> 用玩具撒气的人更容易对自己撒气②。——《惊天魔盗团》

人因此而可恨，也可能因此而可笑、可气。由于身体素质、言语技能等条件的限制，这种人格障碍者不能有效地将自己的愤怒情绪转化为进攻的行为，或者其进攻行为一直

---

① 幽默需要的是自由的、积极的心理活动。
② 攻击替代物之前一定有压抑愤怒的心理过程，这就是在对自己撒气。

难以为自己获取利益。究其原因，最重要的就是被动攻击型人格者会习惯性地断定自己不能击败对手。于是，这种攻击行为一开始只能指向能力比自己更弱小的事物上——对亲人发脾气，对儿童产生苛求，甚至使用玩偶、布娃娃进行诅咒，打骂[1]。这种间接的攻击方式产生的快感会帮助9号将这种行为模式固定下来，被动攻击型人格的雏形就建立起来了。如果这种方式得以持续取得效果，人格障碍就产生了。

2. 滞后的攻击行为

> 你不尊重我，我尊重你。你还不尊重我，我仍尊重你。你再不尊重我，我就废了你[2]。——麦兜

被动攻击型人格的攻击行为总是非常纠结的，因为大部分的愤怒情绪都被他们用压抑的方式至少部分转化成了道德标准。9号和1号的相似之处就在于此，9号也是自我约束较强的人，因此1号的权威总是会偏爱9号这样的"小乖乖"。9号只是不像1号那样更多地使用这份压抑愤怒所形成的道德标准去强迫别人，而是用它来循规蹈矩。被动攻击型人格在将这份压抑的愤怒转化为攻击行为时，除了会选择更安全的渠道去表达，最有趣的就是会在发动攻击前花很大一段时间去犹豫，去盘算，去伪装，去鼓起勇气。在日常行为上，9号的语速、反应慢人一拍的原因就在于此。

3. 非对等的反击

被动攻击型人格的攻击行为与引发其攻击的刺激常常是非对等的，即引发其攻击的别人的行为往往只是不礼貌或者言语上的不敬，但恰恰就是这种小小的激惹会成为被动攻击型人格实施攻击行为的导火索。实际上，这种小小的不敬成为9号宣泄长期压抑的愤怒情绪的引信。因此，如果量化刺激量和反应量的话，被动攻击型人格接受的刺激量很小，但反应量很大，这种不对等的刺激反应量对比说明了两个问题。首先是主体存储了大量情绪能量含而不发，这些情绪能量可以成为攻击破坏行为的来源。其次，存储了很多情绪能量的人，缺乏及时将情绪转化为行为的技能。如果技能、能力到位，情绪是没有存储的理由的。那些违反社会公德，或者冒犯自己的刺激所产生的情绪能量，在较高

---

[1] 麦兜说："心情不好的时候，那就上厕所，上完之后，面部狰狞地对着马桶说：'你给我吃屎吧你！'然后猛冲厕所！"

[2] 实质上，第一次受到不尊重就产生了愤怒的情绪，就应该有攻击的行为，如言语反驳。然而，攻击行为被压抑了，这种持续不断的压抑导致攻击行为一定会延后发生。

的技能、经验和能力的保障下，会立即或及时转化为维护自己利益的行为，且反应量与刺激量基本对等，比如与对方讲道理等。

（三）反社会型人格障碍——8号

外化愤怒的8号对应的人格障碍是反社会。愤怒这一情绪聚焦的就是与他人争夺眼前的利益。试想，当8号愤怒外化成行为的情绪模式被扭曲了之后会是怎样的可怕。首先是核心情绪产生得更频繁，产生阈限更低，峰值更大，转换出的攻击行为更多、更强，受攻击的对象更广泛，受伤害的程度更大。其次，外化的情绪习性更加占据统治地位，使得形成道德标准的内化愤怒，以及体谅他人的沉睡愤怒，这两种补充形式毫无立足之地。

1. 低自控力

弗洛伊德所讲的本我应该具有的面目其实就是反社会型人格障碍的样子。这种人格障碍者将自然界生命存活的最邪恶本质毫无保留地表现出来。群居动物所应该具有的自控和礼节对他们而言都是多余的。他们的欲望无须得到丝毫的控制，因为他们可以用任何行为让他人产生恐惧和顺从。也许反社会人格者的大脑存在异常，或者教养方式出现了问题，原因尚无定论，但来自家长的教育是苍白无力的，特殊学校又往往成为他们学得更坏的场所。

2. 残酷无情

反社会人格者情绪不压抑，性格上自然是轻松活泼的，在没有利益冲突的情况下，给人留下好相处的假象，如果对方能成为自己的马仔，替自己做事，当然也是很好的。一旦对方与自己争夺利益，哪怕要求是合理的，反社会人格者也会残酷无情地结束与对方的"合作"，因为这种关系从一开始就是赤裸裸的利用。

二、心境类——心中心

心境这个词前文中已经出现了多次，它的意思是长期地、淡淡地萦绕在内心的一种情绪。人格类型从本质上来讲就是一种心境。与悲伤、恐惧相比，愤怒这种情绪力量较大，容易被感受到，也容易转化为行为，影响人的时间有限，幅度较大，不太符合心境这个词汇的内涵。而悲伤更加具备心境这个概念中弥散性、持续性的特征，能够潜移默化地、长时间地影响人的心理活动。

（一）表演型人格障碍——2 号

2号助人型对应的是表演型人格障碍，这是一种以幼稚的行为竭尽所能去吸引旁人关注的人格障碍，也被称为癔症型人格。所谓癔症，就是完全失去理性的情感爆发，或者完全关闭语言沟通和情感反应的木讷麻痹。表面上，似乎这种病的发生不受病人的控制，但研究发现，癔症的发病与其对他人的操纵、苛求有关，即用发病来要求旁人按照自己的要求行事，这显然会损害其社会功能。美国的研究发现，2/3的表演型人格障碍患者符合反社会型人格障碍的判定标准。用2下8这个原理可以进行解释，即2号助人型在外界压力很大的时候就会展示出8号挑战者的一些行为特征，而2号人格障碍者也同样符合了这一规律，从表演这种吸引人注意的行为转换成攻击与破坏性的行为。

表演型人格障碍的心理动力源依然是悲伤这种情绪，所以本书中将其看作心境障碍的一个类型。外化这种情绪习性是其异常行为的另一个特征。

1. 肤浅空洞

智力是一种基本的能力，其核心就是抽象逻辑推理能力。"情绪动力模型"认为，现实的理性思考和抽象的逻辑推理都会给人一种有条理、思路清晰的感觉，而这两种思维过程分别由愤怒和恐惧作为情绪动力加以驱动。悲伤主要是驱动个体加强与同类的社交行为。可见，表演型人格障碍者是悲伤这种情绪动力过多，强烈关注于别人对自己的关注，用一切方式去获得更多的关注，而愤怒、恐惧这两种情绪能量却遭到排挤，甚至不足以为解决现实问题的思维和抽象逻辑思维提供情绪动力。因此，表演型人格障碍者拼尽全力想获得别人关注的行为表现，在很多人眼中都是肤浅的，因为其努力的表达缺乏有条理的内容。更糟的是，越是无效的沟通越是增加了表演型人格障碍者的悲伤，更多空洞的、幼稚的沟通行为被激发出来，躁狂表现也可能由此形成。癔症人格不能承受批评。

2. 谎言

表演型人格障碍者是自我中心的。其实人格障碍者的社会功能之所以受到损害，自我中心是一个通病，它可以理解为不去关注别人想要告诉他的信息，只在乎自己要干些什么。但之所以有如此之多的人格障碍种类，原因就在于他们实现自我中心的方式不同。表演型人格障碍者的行为能量源就是悲伤情绪，这种情绪需要的就是别人的关注，2号的情绪习性恰恰是外化，行为特别容易产生，而人格障碍者又不关注行为的反馈，于是各种令人哭笑不得、惹人注意的行为层出不穷。人格障碍者也懂得观察和学习，那些能满足自己需求的行为他们同样会模仿，只不过常常会拷贝走样。

一个表演型人格障碍者发现帮别人打开水能够获得别人的赞赏，于是就帮陌生人打打开水，令对方感觉莫名其妙，而恰恰是对方的这种又惊又喜表现出了一种关注，满足了其情绪需求。后来，这位患者经常会偷偷地将已经有开水的暖壶拿到陌生人面前，说这是他帮忙打来的开水。表演型人格障碍者为了别人的关注会使用多种谎言，他们的谎言往往技术含量太低，令人语塞，但也有一些谎言能欺骗很多人。新闻里曾经报道过一个头上长虫的孩子，各种专家记者为解开头皮生虫的谜团纷至沓来。最终，心理咨询师发现了这个孩子的其他寻求关注的行为，再经过仔细观察后发现了这个孩子的骗局：虫子是其自己抓开头皮后放在头皮伤口上的，其意识中不一定会觉察到这么做可以得到父母、家人、村民，甚至媒体的关注，而只是间歇性地上演着这样的把戏，因为其情绪需要这样去释放。

3. 性引诱

真正对性特别感兴趣的是腹中心的人，但性行为对于他们而言意味着权力和征服，这是非常严肃的事情。因此，腹中心的人反而不太会刻意去性诱惑他人，因为腹中心认为这是一种顺从于对方、臣服于对方的行为。然而，心中心的人不是这样想的，性感是属于自己的一种美感，这种美令众人关注和羡慕，并非一定与性行为关联。性感是一种美，而性行为本身却非常庸俗，甚至是肮脏的。脑中心可能认为性行为是危险的。

因此，悲伤这种情绪能量会引导主体利用自己的性感、保持自己的形象。表演型人格障碍者用夸张和走样的方式利用着性感。花枝招展却毫无美感的装扮只是一个开始，性随意也可能吸引他人的关注，或者成为操纵他人的手腕。孤芳自赏的异装癖可能是分裂型人格障碍者的方式，大庭广众之下的异装表演则纯粹是为了吸引大众的关注，越是得到关注越是一发不可收拾。别人眼中幼稚、愚蠢的性挑逗行为却是表演型人格障碍者获得情绪释放的有效行为模式。

（二）自恋型人格障碍——3号

3号对应的是自恋型人格障碍。显然，悲伤情绪是行为动力的根源。因此，这种人格障碍者最需要和最异常的行为都来自获取他人的关注方面。有了他人的关注才能平复悲伤。人格障碍者与正常人的区别就在于两点：一是对别人的情绪有没有觉察；二是能不能据此调整自己的行为。后者决定了自恋型人格障碍者寻求别人关注的行为是幼稚和无效的；前者则是人格障碍者的通病——自我中心。

1. 自我评价过高

悲伤这种情绪最基本的意思就是利益的丢失。因此，它必然驱动主体进行归因。利益都没有了，主体的能力应该讲是不高的，自我评价略低才是正常的。但如果悲伤的程度很低，理智必然会采取压抑的方式对其进行防御，用来压抑的想法必然就是"我比其他人强"。于是，自恋便产生了。可见，心中心的人，身上多多少少存在比其他基本人格类型更多的自恋行为。

自恋型人格障碍对应的3号实干型人格采用遗忘的情绪习性去处理悲伤这种核心情绪，而遗忘就是一种压抑情绪的方式。因此，3号必然更长期地处于自恋之中，这种自恋的感觉一定会歪曲他们的注意、认知。自恋型人格者眼中的自己是美的、成功的和睿智的，最常用的方式就是"我是世界上最……"，再加上对大家熟知的公众人物的各种看不上，凸显出自己的超凡脱俗。可惜这种自我评价远远超过了他人对其的评价。他人的评价是相对客观的，自我的评价却只是一种心理防御。这种脱离实际的乐观精神很难成为鼓舞他人的正能量，而往往成为别人的笑柄，甚至经社交网络广泛地传播。

2. 幻想

如果这么高的自我评价远远超出了社会大众的认可的话，自恋型人格障碍者会用幻想的方式坚信自己会拥有非凡的事业，伟大的爱情或者出众的才华。得到非同寻常的优待也是他们特别渴望的内容，现实生活中也可能因得不到特权，或者冒昧地胡乱指挥他人为自己服务而与他人发生冲突。

有意思的是，自恋型人格障碍者嫉妒心非常强，但却常常装作若无其事和满不在乎的样子。

3. 与表演型人格障碍的区别

自恋型人格障碍在许多方面与表演型人格障碍的表现相似，如情感戏剧化，有时还喜欢性挑逗等。二者的不同之处在于，表演型人格的人性格外向、热情，而自恋型人格的人性格内向、冷漠。

（三）边缘型人格障碍——4号

> *平凡意味着死亡①。*

4号发展得不健康可能形成边缘型人格障碍。所谓"边缘"，是突出这种人格障碍非常严重，与精神病仅仅一步之遥，处于一种边缘地带。实际上，边缘型人格障碍者的表现与躁郁症患者、环性情感障碍、双向情感障碍等很多心理异常行为有着共同的情绪动力基础，即4号的核心情绪及其情绪习性所组合而成的动力模型。从这二者的组合上看，不难理解为何4号浪漫型人格较其他人格类型更神经质一些。

首先，悲伤作为最高级的情绪，同时也是对生理需要开展防御最深重的方式。其次，内化作为一种压抑性质的情绪习性本身也是一种最复杂的对情绪的防御方式。它不但没有释放情绪这种行为动力，反而使其孕育发酵，变得更多更复杂了。因此，在二者组合形成的情绪动力模型中，其畸变所形成的人格障碍也必然更复杂、更严重一些。

1. 躁狂与抑郁的交替

躁郁是边缘型人格障碍的特征。即要么躁狂、心境高涨，飘飘然自我感觉超级良好，以圣人和仙子的状态自居，用施舍、操纵，甚至轻蔑的行为和态度去对待其他人，以保持自我感觉的良好；要么就郁郁寡欢、一蹶不振，觉得自己一无是处、一文不名，深居简出，甚至卧床不起。一般认为，存在躁狂状态就一定存在抑郁状态，而存在抑郁状态者可能会缺乏躁狂状态，9号属于后者。心中心的三个人格类型，脑中心的5号、7号都可能会有前者的情况，属于不同程度的躁郁症状。

2. 自杀、自伤行为

自我伤害的行为能够引起同类的无意注意，自然也成为躁郁者在抑郁阶段获得别人关注和自我价值感的最省力和有效的手段。自杀、自伤行为的反常性是其捕捉注意力的手段，但也大大损害了社会功能：没有人会对这种行为的当事人产生好感和认同，因为这违反了生命的规则，等于自我放弃，承认自己的无能，向环境低头，这违反了生存的基本信念——努力存活。自杀、自伤行为是习得的。

---

① 这是放大的悲伤所驱动的4号人格类型典型的思想活动。

3. 性别认同问题

部分男同性恋者会展示出很多4号的性格特质。4号也可能使用一种中性化，甚至是异性的风格去获得他人的关注。双性化是既有男性的勇气又有女性的细腻，而中性化就是既没有表现得特别男性化，也没有表现得特别女性化。如果有性行为方面的强化，4号更容易发展为同性恋或者双性恋者。

8号发生同性恋行为的概率最低，因为腹中心最靠近动物性，而动物界的该现象属于非主流。心中心的4号浪漫者概率会高些，因为其躁郁的人格核心可能会认为同性恋够独特，从而尝试，随后获得他人的关注，成为一种强化而后保持了这种性行为。5号可能因异性恋的风险而用逻辑论证同性恋的合理性。7、2、9号可能有双性恋行为。7是因为好奇，可能会主动尝试；2号是为了人际关系的和谐，献身服务他人；9号是不懂得拒绝。可能1、6、3号产生同性性行为后主观最痛苦。

三、恐惧类——脑中心

脑中心畸变呈现的人格障碍必然都与其核心情绪——恐惧息息相关。恐惧情绪的特征决定了脑中心这种基本人格类型的性格特质，同样也决定了恐惧类人格障碍者的异常行为模式。总体上，恐惧导致的收集行为是此类人格障碍异常行为的核心。分裂型人格障碍者在自己的世界中收集"实物"；偏执型人格障碍者在社会现实中收集自己受害的证据；冲动型人格障碍者忍不住要用"挑逗"的方式收集刺激的感受。

（一）分裂型人格障碍——5号

> *I eat alone. I sleep alone. I cry alone. So ... cool.*（我一个人吃，一个人睡，一人默默流泪，挺好。）[①] ——《生活大爆炸》

5号思想型对应分裂型人格障碍。这是一种以恐惧为核心情绪动力，但与大众情感隔离的人格障碍。

1. 思想偏颇

情绪是动力源头，不能掌控它，不能利用它展示社会功能，开展社会正常交往的，

---

① 沉浸在自己的世界中，缺少交往动机，就相当于将自己与他人分割开来，即分裂型人格。

就容易形成人格障碍。恐惧会令人谨慎、多疑，甚至胡思乱想，也可以提高人的逻辑思维能力，展示出惊人的智慧。显然，分裂型人格障碍者的恐惧可能并没有给他们带来"生产力"，反而将其注意力狭窄在大众不能理解的"牛角尖"上。"13后面为什么是14呢？""石头为什么没有生命呢？"这些未脱离实际，未产生幻觉的认知心理显然缺乏更大的社会功能和价值，然而他们的来源都是恐惧。

2. 行为怪异、强迫

情绪是缺乏理性的，它在推动理性功能运转的同时只是逐步地释放，并不考虑其转化出来的行为的效果和意义，而人格障碍者的行为恰恰是行为的效果和意义不为他人所接纳的。在社会多数人眼中，分裂型人格障碍者的行为是异常、古怪，甚至是罪恶的。例如城市中的虐猫党，用他们认为专业的技术和仪式研究、展示、体验痛苦和死亡，并交流心得。怪异的行为实际上是释放核心情绪的个性化方式，于是，这种方式必然是重复的。如果主体也不明白为何采用这种怪异的、无意义的重复方式，强迫症的判定条件就已经满足了。分裂型人格障碍与强迫症的共病率达到了19%。

3. 社交退缩

内化恐惧是5号处理恐惧的基本方式，这一方式必然导致主体的心理活动更加丰富，而且弱化了社交行为，加上恐惧情绪本来就是一种逃离的力量源泉，因此5号人格本身就具有强烈的回避型人格障碍的性格基础。分裂型人格障碍会花更多的时间"研究"自己小众的理论和学说，只和"懂的人"分享部分自己的研究成果，而认为其余的社交行为都是在浪费时间。很多5号也会用非常客气的方法尽快结束社交客套。

4. 抑郁

恐惧是愤怒的防御方式，其最终自然渴望掌控的快感。然而人格障碍者却似乎失去了获得社会中的生杀大权的机会。恐惧情绪带来的反思习惯更是让他们不断思考自己的学说，没有足够的力量控制这个世界只会令其郁郁寡欢。

5. 独特的性行为

> 特殊的个性令正常的需要不得不变形[①]。——小明瞥

[①] 与基本需要满足有关的行为是最难以变异的，如饿了要吃，渴了要喝，性饥渴了要有性行为。但如果这类行为也发生了个性化，那么主体的情绪动力模型一定存在非常显著的特征。对于5号而言，放大的恐惧就是这一显著的特征。

中医有言："怒伤肝，喜伤心，恐伤肾"。5号人格类型本身就存在性启蒙、性活动晚于腹中心人格类型的情况①，而恐惧情绪也是最影响动物性行为的情绪，恐惧导致的逃离行为阻碍着性行为的发生与完成。5号人格类型恰恰是采用放大的方法来处理恐惧的核心情绪，这一动力模型畸变后产生的人格障碍，很可能将恐惧对性行为的抑制作用展示出来。在恐惧不良的作用下，两性行为可能成为一种压力的来源，最基本的转化方式是主体独自完成性行为——自慰，以获取性快感。在这一过程中，来源于他人对性生活质量的评价恐惧并不存在，性行为得以完成，但恐惧情绪会驱动主体用更技术性的行为提高独自一人性生活的快感，于是各种不为人知、难以启齿的性器具、性仪式得到了应用。

当一种小众的性行为方式能够为主体带来极大生理快感的时候，骄傲感形成了，自信感也有了。这时恐惧情绪实现了自己的功能，而恐惧所防御的愤怒情绪终于得以浮现出来，引诱主体去实现权力的欲望，即获得他人的承认。于是，展示自己小众性行为的事件在社会上偶有耳闻，他人对此难以接受，遂定义为骚扰事件。恐惧的情绪会令主体懂得掩盖自己的身份。

（二）偏执型人格障碍——6号

6号对应的人格障碍是偏执型人格障碍，其行为动力的源泉自然来自6号的核心情绪——恐惧。偏执型人格障碍者将恐惧投射于环境中。恐惧情绪会驱动主体寻找信息以平衡这一情绪。然而人格障碍者寻找到的信息没有为其社会适应增加筹码，反而成了多种社会适应不良行为的导火索。更令人惋惜的是，偏执型人格障碍者比其他人格障碍者更固执于自己那些已明显适应不良的行为模式，毫无反思改变之意，一味地认为是自己吃亏，是别人的过错。

1. 多疑

"敌人比伙伴更让人放心②。"

偏执型人格障碍的最基本性格特征和异常行为驱动力就来自多疑，这显然是一种恐惧驱动的注意狭窄和行为模式。所谓多疑，必然是对生活中各种事件的捕风捉影，观察

---

① 一位5号男性说："我怀疑自己是性冷淡，去看了三次医生。"

② 因为敌人的身份已经确定，伙伴却不知道什么时候会转变成敌人。

力极高，分析力却失去了客观与合理。恋人、夫妻间的忠诚度，邻里关系的和睦程度，政府执法的公正性，单位行政管理的公平性都会成为偏执型人格障碍者用他们观察到的"铁证"去挑战的攻击目标。欲盖弥彰等多疑的心理和逻辑注定了几乎没有人能推翻偏执型人格障碍者的控诉。如果他们相信了别人的辩解，那只意味着他们将进行新一轮更仔细和投入的检索，甚至会学习、使用更先进的技术来辅助"侦查"。"你骗了我"是偏执型人格障碍者最难以更改的思维。

偏执的人不可能存在信任。

2. 受害人心理

一般人在社会生活中总是懂得见好就收，或者得理饶人的道理。但偏执型人格障碍者却固执地认为自己是社会生活中最倒霉的那一个，且每一次都是如此。这种受害人心理使得他们全心全情地投入到自我维权的活动中去，不达目的不罢休，且常常提出令人无法接受的补偿条件，如下跪道歉、开除公职，或者高额的、无依据的精神赔偿等。他们往往不接受谈判和商量，任何企图动摇这种"赔偿方案"的谈判技巧都将被其多疑的敏锐迅速识破，并成为新一轮口诛笔伐的确凿证据，令人难以接受。偏执型人格障碍者的受害人心理使得其异常珍视自己对社会和家庭所做出的哪怕是一丁点儿的努力和付出，似乎这点儿曾经的集体主义精神就是其一生正义凛然和不可辩驳的依据。

3. 不达目的不罢休

人们对偏执的理解往往侧重于"不轻易放弃"的这个维度。的确，偏执型人格障碍者对自己认准的事情会用不断升级的方式去维护自己的权益，时间似乎不能冲淡其曾经受到的"不公正"和"委屈"。少数好事者和不明情况者善意的安慰似乎也成了他们坚持自己的"理想"和"信念"的舆论支持。偏执型人格障碍者无论是在哪个平台遇到无效投诉，都一定会研究更高级的投诉平台。正常的申诉渠道不能达到目的，就很可能使用非常规的方式去公开呼吁保护自己，乃至他们所认为的社会其他同病相怜者的"权益"。最终，他们采取的方式可能是危险的，针对的机构可能是政府或媒体。

4. 牵连观念 (ideas of reference)

将无关的外界现象解释为与本人有关，而且往往是恶意的，可成为妄想的先兆。看到有人嘀咕，就会感觉他们在说自己的坏话，有人偷偷地笑就认为是在笑自己，从而引起一阵焦虑。

（三）冲动型人格障碍——7号

7号对应的人格障碍是冲动型人格。将恐惧迅速转化为行动会造成行为过多，且缺乏深入的思考。从情绪的相互转换角度上看，动物的行为常常在攻击和逃跑之间相互转换，即情绪在愤怒与恐惧之间相互转换。然而，对于脑中心的7号而言，其行为的始发动机源于恐惧，但恐惧会习惯性地转化为愤怒并加以外化，因此具有很高的攻击性。7号外化的情绪习性，决定了他们的冲动行为一定是多于常人的。对于人格障碍而言，忽略他人的情绪反应和有害于社会功能的不良行为模式都是以核心情绪及其处理方式的叠加为机制的。7号在儿童时期可能会存在注意力容易分散的情况，其背后的原因就是持续不断地、胡乱地将恐惧情绪转化为分散的行为。迅速将恐惧外化成行为将使得恐惧的焦虑成分被破坏，注意转移过快，保持稳定的时间太短。而缺乏内化恐惧的话，恐惧本来具有的理性成分将难以得到发挥，产生效果。假如外化恐惧这种情绪模式得到加剧，行为产生的破坏性被忽略，甚至驱力还原后即被认为是一种快乐的来源，冲动型人格障碍的心理机制就形成了。

富贵险中求。冲动型人格障碍还包括病理性赌博、纵火癖、漫游狂。《鹿鼎记》中的韦爵爷就是7号的代表人物，生性好赌，挥金如土，用"下三烂"的手段毙敌无数，贫嘴。

1. 与分裂型人格障碍的区别

一些分裂型人格障碍者同样会产生一些异于常人的冲动行为，但往往是因为其行为受到外界限制才会被动发出的临时性的行为，这种行为可能是粗暴无礼的，但往往持续的时间较短，也没有固定下去的趋势。而冲动型人格障碍者呈现的行为各种各样，其冲动行为往往属于违法犯罪范畴，但其主观却可能没有法理上故意侵占他人财物的意念，而仅仅是对某种行为（如偷窃）一时难以自控，行为本身能够给他们带来快感，而非行为的结果能够为他们带来财富。在一些案例中，分裂型人格障碍者会存在收集行为，比如收集石头、女性内衣等，这种不可自拔的异常行为关注的是行为的结果，即收集到的东西，这些实物东西能够减少分裂型人格障碍者的恐惧情绪。而冲动型人格障碍者则是用行为去触发环境变化，环境变化的抽象信息才是其感受的目标。例如病理性赌博，输赢并非冲动型人格障碍者关注的目标，赌博中的信息运作才是他们沉浸其中不能自拔的快感来源。因此，对于行为的结果，如偷窃癖盗窃的物品，病理性赌博者赢得的钱财，冲动型人格障碍者基本不会用收藏的心态去保存，反而用抛弃、赠送等更加"有趣"的方式去处理，处理"赃物"的过程成了新的快乐之源。

2. 与反社会型人格障碍的区别

同样是采取外化情绪的方式，反社会人格障碍的背后是外化愤怒，冲动型人格障碍的背后是外化恐惧，二者形成人格障碍的区别就是情绪动力的区别。从愤怒和恐惧这两种情绪所造成的注意的狭窄上看，愤怒使得注意狭窄在意志的强弱上，而恐惧会使人关注于信息的多少。反社会型人格者不允许任何操纵其主观意志的现实或想象的行为发生，为此，其用外化出来的攻击行为保障这一目的的达成。冲动型人格障碍者则更多关注的是行为可能存在的效果，其对效果这种信息产生了极大的好奇，因此用行为去触发现实中某一现象的实现，满足自己对信息获取的需求，即满足恐惧需要信息去填补。例如，在纵火行为上，反社会型人格障碍者关注的是纵火的破坏行为带来的征服的快感，或者报复他人带来的复仇的快感，而冲动型人格障碍者关注的却是纵火后产生的燃烧效果、冒烟现象或者他人的行为反应等客观现象。

第三节　霍尼的"神经症解决方案"

精神分析学家卡伦·霍尼在精神病院临床观察的基础上指出，一般的神经症人格在人际关系上有三种"解决方案"，即：远离他人、排斥他人和朝向他人[①]。

一、远离他人

远离他人又称为退缩型，包括4、5、9三种人格类型。退缩型可能疏于行动，也可能远离人群。4号的退缩是为了保护其情感和脆弱的自我形象；5号的退缩是疏于行动、沉浸于思考的世界；9号的退缩是为了让他人无法干扰他们内心的平静。

---

① "一旦这种分类被确立，这些神经官能症的解释方式就成为一种有用的手段，有助于以十分广泛且准确的方式对人格类型进行分类。"——《我们内心的冲突》（卡伦·霍尼）

二、排 斥 他 人

排斥他人又称为进攻型，包括3、7、8三种人格类型。进攻型对抗的可能是自然或其自身的恐惧。3号在寻求目标的过程中，在与他人的竞争中是进攻性的；7号在进入环境和满足自己的欲望时是进攻性的；8号在对抗他人和环境时是进攻性的。判断性格类型时，攻击性是一个极其重要的观察角度。别指望看到真正的攻击行为，差遣他人达到自己的目的就是再清楚不过的攻击行为，哪怕是礼貌的、幽默的，甚至是发嗲的。

三、朝 向 他 人

朝向他人又称为屈从型，包括1、2、6三种人格类型。屈从型并不一定屈从于他人，而是屈从于超我的命令，这种命令源自他人，主要是父母。1号屈从于他们所追求的理想；2号常常为了无私和爱而屈从于超我的指令；6号是为了迎合他人的期待而屈从于超我的指令。

第十章　　　　童年记忆与心理防御
——情绪与精神分析

人类自负心理遭遇的三次重大打击：日心说（地球不是宇宙的中心）、进化论（人类是由动物进化而来的）和精神分析（即便自己也不能成为自己的主宰）[①]。

第一节　可能被歪曲的童年记忆

情绪从注意开始影响起，感觉信息到了记忆环节早已失去了客观真实。成年后的回忆还可靠么？最可悲的就是回忆也受情绪的影响。回忆的内容是开心的，恰恰是因为在开心的时候去回忆；回忆的内容是悲伤的，恰恰是因为在悲伤的时候去回忆。童年的记忆在记忆之初就受到情绪的影响，而在回忆过程中再次受到情绪的影响。这简直是失真后再次的失真。研究童年经历，与父母的关系，必须厘清被研究者的人格类型。

弗洛伊德认为：“今天的人格扎根于我们的童年，与后来的经历无关。”有些事情发生了，当时的情绪会影响我们一辈子，当时的具体事情倒是早已忘记。张小娴说过，“回忆并不是不变的，人总难免为回忆加油添醋，即使没有加油添醋，后来的一天，有的回忆终究被遗忘了，有的回忆始终留在心底。可是，有时候我们还是禁不住问自己，留在心底的回忆是完全真实的吗？抑或，时日漫长，已经不是当时模样。”

一、严厉的惩罚——1号的童年创伤

1号完美型人格是将愤怒指向自己，对自己高标准严要求，再将这种要求转向周围的人、事和社会的一种人格类型。精神分析的方法和思路可以从情结、童年创伤的角度来探索这种人格类型形成的原因。

1号将愤怒内化于自己的内心。愤怒是一种力量最强大的情绪，没有强有力的束缚是很难长时间将其压抑在自己的内心深处的。道德规则成了这种强有力的保险箱，将愤怒

---

① 表面上精神分析与记忆的关系不大，实质上精神分析对童年，对过去经历的探讨，其实质就是对记忆的拷问。

死死地锁在完美主义者的心中。但1号内心中的道德规范又来源于何处呢？这就需要精神分析开启被封存的童年记忆来进行探索。

愤怒这种核心情绪关注的自然是自己的权益，并驱动主体行动起来击败对手，攫取利益。然而，正是这样的丛林文化给幼小的1号带来了前所未有的巨大惩罚。来自家长的批评教育对年幼无知的1号而言就是一种惩罚。有意思的是，1号在面对这种惩罚的过程中并没有产生厌恶和恐惧，反而接受了这种有理有据有节的规则，认同了权威推崇的道德，将自己的愤怒压抑，并逐步学会一种经典的方法——借道德的名义去释放曾经被压抑的愤怒。

二、不被关注——2、3号的童年创伤

心理学实验表明，当母亲停止与幼儿的互动，用面无表情对待幼儿的欢笑等愉快反应时，不需要1分钟的时间，幼儿在吸引母亲的注意力完全失效的情况下，会逐渐产生不知所措的行为，甚至会惊慌失措，没过多久就哭了起来。假如在很多时候幼儿的情绪表达需要更强烈和持久才能获得母亲的反馈，幼儿就可能形成一种讨喜的行为模式。

不被关注可能会造成儿童努力地寻求他人的关注，最后形成善于讨好的2号助人型，或者善于炫耀的3号实干型。在开展精神分析治疗，寻求2号和3号人格类型形成的原因时，可以从两类人格类型的个案报告中寻找关于童年记忆的材料，寻找其在童年中不得志、失意的那部分经历，作为童年创伤加以治疗。一旦将童年的情结解除，人格类型对一个人的束缚可能会减小，或者人格类型对一个人的生活会起到更多正面的作用。

在挖掘童年创伤的过程中，应注意2号和3号两种人格类型的不同表现对精神分析疗法的影响。2号可能会因自身人格类型中的讨好特质，刻意地、积极地寻找那些心理师渴望得到的材料，来帮助心理师做出一个几乎完美的心理分析个案，令心理师沾沾自喜，却中了2号人格的"计策"，导致整个分析或治疗失去了存在的意义。3号则会用自己童年丰富的成功经历来阻抗心理师的分析，从而失去了找到童年创伤的机会。另外，没有强势的父母就没有乖觉的2、3号，他们可能会说，自己有个情绪不稳定的母亲。

三、遗弃——4号的童年创伤

4号浪漫者是一种最复杂的人格类型，没有之一。他们拥有最高级的情绪——悲伤，

作为其行为的动力源泉。同时,他们还具备最周折的情绪习性——内化,作为其表达核心情绪的习惯方式。这两种最复杂的人格类型决定元素组合在一起,就形成了4号别具一格的人格,展示出4号独特、细腻、张扬、勇敢而又真实的性格特质。当然,4号在不健康的状态下,会形成边缘型人格障碍,这也是所有人格障碍中最严重的心理异常之一。正是这样一种独特的人格类型,精神分析视角对其形成的原因是这样分析的。

形成4号个性的童年因素来源于被遗弃的心理创伤。悲伤令人敏锐,悲伤情绪占主导地位的心中心孩子能够很容易地体会到各种情绪的存在。这种敏锐使得心中心的儿童需要养育者更多的关注和疼爱,否则,这类孩子最容易产生分离焦虑,用哭闹等方式呼唤母亲的关注。然而,养育者总是因各种各样的事情而离开了,这给心中心的孩子极大的打击。此时,极度的害怕和悲伤转化出来的行为已经失去了作用,情绪不得不用内化的机制加以控制和储存。最终,4号内化悲伤的情绪动力模型形成并固定下来。无论养育者有没有真正遗弃4号的孩子,在4号的童年记忆中,一种独自一人的伤感笼罩着他们对童年的回忆。笔者访谈过的4号刻画了这样一幅童年的画面:"我独自坐在一张很大的床上,父母亲在忙碌着他们自己的事情,并没有理会我。而我也没有下床去玩儿,只是自己找点事情。读书是个很好的方式,红楼梦陪伴了我的童年。"

四、隐私被人发现——5号的童年创伤

人格是行为的心理动力模型,是性格展示出来的内在原因。5号之所以有发奋研究、勤学笃行的性格是因为其存在"放大的恐惧"这一人格机制。人们还会去探索,这种强烈恐惧究竟由何而来。从精神分析的角度,这种"心理创伤"自然来自个体的童年。

九型人格之所以成为"大众精神分析工具",就在于其假设了9种童年创伤,以解释每种人格类型的来源。笔者却认为,人格类型会选择性地记忆、回忆。这些所谓的童年,恰恰是人格类型先于"童年创伤"而存在的证据。5号可能会回忆说,孩提时代自己的秘密遭到了别人的发现,于是自己就更加注重安全防范,最终形成了自己喜爱囤积知识,喜爱思考问题的个性。5号所描述的自己小时候的秘密,比如和神鬼精灵的对话,私自储藏的食物、水,个人日记中记录着的单相思、性幻想,实验计划,发明创造,观察中的动物、植物、昆虫,甚至经典题库,都可能在未经5号允许的情况下,"惨遭"父母、兄弟姐妹、家人朋友的"破坏"、丢弃和公开,进而导致5号孩子的惴惴不安。有5号报告,

在公共澡堂性器官遭到他人开"可恶的"玩笑，或者存在被大人"威胁"切除性器官等隐私权受到侵害的情况，引发了儿童强烈的恐惧感。精神分析会认为这就是5号人格的渊源。实质上，这些"创伤"只是5号人格类型在儿童身上的具体表现，它使得年幼无知的5号用幼稚的方法去满足自己的情感需求。这些所谓的隐私对于其他人格类型的孩子而言也许就是自我炫耀的资本。而5号"保存自我"的注意力焦点会诱发其产生多观察、多存储的行为，造就了其为自己创造了太多"隐私"的行为，这种活在自己的世界之中恰恰也是分裂型人格障碍最根本的特征——自管自顾。如果孩子有太多收集行为，非常特立独行，说明他可能就是一个5号的苗子，而一无所知的家人一定会存在侵犯到他个人空间的行为，这也造就了所谓的"童年创伤"。

五、背叛——6号的童年创伤

"一朝被蛇咬，处处怕井绳。"6号将自己的恐惧投射于环境中，在环境中寻找自己害怕的原因，防患于未然，用逃离或攻击的方式处理潜在的，甚至是不存在的风险[①]。这种情绪动力模型在精神分析疗法中是如何建立起来的呢？

我们还是从童年经历中寻找令6号孩子产生极大恐惧情绪体验的创伤性事件入手，开展对6号人格类型形成的精神分析。安全源于信任。信任是一种对自己与环境中某个人之间关系的肯定、积极的假设。这种对世界最基本的看法源自与母亲的关系。当母亲不能与孩子建立稳定的亲子关系，总是让孩子琢磨不定时，信任是不可能长期、牢固地建立起来的。越是缺乏对安全关系的依恋，越会渴望建立一种牢固的信任关系。然而，当6号儿童产生了比其他人更强烈的安全需求时，其对人际关系中的信任的考量也会变得极其苛刻。这时，即使提供安全感的对象能够达到一般意义上的交互需求，很可能也是远远不够的。因为，6号的孩子需要的是全心全意的忠诚，好不容易建立起来的关系可能因6号孩子苛刻的标准而最终支离破碎。比如，6号的孩子可能会认为，母亲是属于自己一个人的，而当母亲去照顾父亲或者其他人时，这种行为就意味着背叛。当信任受到伤害，不复存在的时候，恐惧这种核心情绪就可以名正言顺地站上了6号内心的历史舞台，成为6号最本质上的人格特征。

---

① 小心四种上司：为人比较痞的；满口大道理的；错误全算你的；没从基层起的。小心四种下属：智商比你高的；背后捅你刀的；工作吃不消的；领导撑他腰的。小心四种同事：饭单从不买的；有难他先拐的；背后把你踩的；脑袋左右甩的。（参见www.tieba.baidu.com/p/145876049.）

六、束缚——7号的"童年创伤"

拥有什么样的人格类型就会拥有什么样的童年记忆。对于幼儿时的7号而言，有好多新鲜有趣的环境等待着自己去了解、感受、体验。在7号没有上小学之前，其恐惧的核心情绪和外化的情绪习性已经形成了。也就是说，他们接下来的人生，就是去学习知识、技能，来适应自己的人格类型，发挥自己的潜能。在这个过程中，其人格类型所喜爱的行为方式会与环境的要求形成一定的反差，而自己又没有能力去应对。所谓的童年创伤，有很大一部分就是这样形成的。

一个7号的孩子，自然是好奇心强、鬼点子多、玩性大的小朋友。这个世界对于他们而言，充满了未知和机遇。7号孩子的注意力被有趣的事物吸引，体验着令他们应接不暇的新奇。这些信息帮助7号平复着内心的恐惧，也不断提升着7号应付环境的能力。当然，注意力容易分散也导致了他们浅尝辄止的学习方式，这会成为令7号的父母不满的原因。也可能因为7号的精力过于旺盛，注意转换过于频繁，以至于监护人跟不上7号儿童的节奏，而不得不将其束缚起来，以求得自己的休息，或者避免可能发生的孩童受伤等事故。于是，7号被"监禁"了起来。他得不到有趣的信息来平复恐惧，也无法满足注意力跳跃的需求。这种被束缚的感觉令7号无法实现自己逃跑的习惯，最终成为其自以为存在的童年创伤。7号以为这就是自己童年遭受的创伤，然而事实上，这却是自己人格类型的证据。不是童年创伤导致了人格类型的存在，而恰恰是人格类型决定了主体在童年会遭遇什么样的"创伤"。束缚，是7号一辈子都在逃避的现实。

七、不公平的待遇——8号的"童年创伤"

生活总是让我们遍体鳞伤，但到后来，那些受伤的地方一定会变成我们最强壮的地方[1]。——海明威

每个人对孩提时代的记忆是不同的，个性张扬的8号孩子更容易被人记住。无论

---

[1] 8号可能会说自己在童年受到了很多"不公平"，而通过自己的实力，最后获得了更好的结果。这也许是生活对人产生了历练，也可能是生活的历练给予了人格类型一个表现的机会，甚至可能是人格类型给予了主体一个记忆某种经历的规则，更有可能是人格类型使主体歪曲了记忆。

是好印象还是坏印象，8号孩子敢于向家长、教师、学校反映自己认定的道理，争取自己应得的权益，这种主动行为的背后，是一种不畏强权的勇气。而这种为自己争取利益的行为产生之前，一定是8号"自我的利益"这一注意过滤器对"不公平"事件的敏锐觉察。

如果孩子是弱小的，只能通过大人的养育之恩来生存和成长，那么请大人务必做到公平、公正，给予每一个孩子相同的待遇。然而，长幼有序、尊卑有别的社会礼仪，会在儿童获得大人照顾时不可避免地表现出来，儿童是不可能得到同等待遇的。这当然逃不过8号儿童的眼睛。于是8号孩子开始不满，开始与大人争辩。遗憾的是，"不听话"又执拗的孩子最终只会引起长辈的反感。

"要听大人的话，只是因为他们拥有强大的力量。"在与大人多次"交锋"以后，8号得出了这样的结论。他们开始致力于表现自己的强大，用自己的方法去解决他们看到的问题，却因此而遭受了更多不公平的待遇。他们开始鄙视缺乏力量却能够依附于权势的人物和行为，痛恨人们的虚情假意、矫揉造作，认为弱肉强食的丛林文化才是生存的硬道理。

"不公平的待遇"是8号对自己童年经历和个性特征形成原因的一个最常见的解释，也是外化愤怒这种人格类型机制成长过程中几乎注定会经历的生活事件，是人格类型与环境互动的印记。

八、冲突——9号的"童年创伤"

对于愤怒都可以遗忘的人，童年创伤也许早已成为一种深藏于心的经历。在缺乏研究和资料的情况下，情绪习性是如何与核心情绪相叠加的，这个问题成为九型人格理论中最耐人寻味的研究课题。破解了这个问题，对儿童开展人格类型的塑造便指日可待。从精神分析的角度解释人格类型的形成，必然会关注早期经验对人格的影响，似乎情绪习性的来源就是童年创伤。但心理学历史上对先天气质与后天教育的研究成果依然提示着我们，性格特质的产生也极有可能是先天遗传特征在后天环境中的表现。心理学家查尔斯·布鲁尔说："遗传发牌，环境出牌。"

无论个体的人格类型是如何确立的，孩子能够长期记忆生活事件的时候，人格类型早已形成。因此笔者认为，童年记忆是人格类型在儿童身上活跃的结果。人的记忆一定拥有人格类型的烙印。

9号和平型也必然从童年期开始就经受着愤怒这种核心情绪的挑战。愤怒这种情绪的产生与个体的利益息息相关，直接转化出来的攻击行为必然会加剧冲突。如何面对冲突？9号"好孩子"最终选择了沉默，并从逃避中找到了片刻的平静。如果童年创伤可以带来性格特质的话，巨大的自己难以应付的冲突就成了9号为自己的人格类型找到的借口。

第二节 防 御 机 制

防御机制是心理分析和心理动力方面最重要的概念。它由弗洛伊德提出，由其女儿安娜·弗洛伊德[①] 整理、汇总，进而发扬光大。

信息进入意识有两道门槛。知觉通过注意整合感觉信息的时候，主体根据自己的情绪需要进行了第一次信息选择。这些通过注意过滤的信息随即诱发了情绪和主体对情绪的认知评价，当二者为主体所难以接受的时候，防御机制这第二道门槛便会启动，压抑产生的情绪（感受），或者隔离产生的评价（想法）[②]：使信息不能进入意识。

防御机制的研究能帮助读者掌握那些所观察对象自己都没能搞清楚的心理活动，敏锐地判定当事人自己都梳理不清的行为动力机制。防御机制相关理论是支撑精神分析心理治疗手段产生效果的重要依据。

一、源于梦的研究

防御机制的提出源于心理学对人类梦的研究，其中影响力最大的理论仍然是弗洛伊德对梦的看法。弗洛伊德认为，梦是进入潜意识的一扇大门[③]。人们梦中出现的情景源于潜意识中最深刻的情感、欲望。这些情感和欲望不能为环境、道德所接受，于是受到了

---

① 防御机制是用来应付情感反应的一种心理工具。——安娜·弗洛伊德
② 所有的情感反应都由两个部分组成：感受和想法。感受可以是愉快的或不愉快的，而想法则可以是有意识的或无意识的。——布瑞纳
③ 用"情绪动力模型"的方法来研究梦，首先要注意的是，梦中表达的情绪是来自做梦人本人的。所以，假如做梦人白天没有觉得有什么情绪，而晚上做梦却体现出某种情绪，那么这种情绪一定是被压抑的。可以结合生活事件分析这种情绪产生的原因，也可以分析其为什么白天没有感觉到该情绪的原因。

严重的压抑，只能进入潜意识里继续存在。有趣的是，弗洛伊德认为道德与欲望的争斗是一场规模宏大的战争，破坏性很大，必须受到一种机制的管理和约束，将他们的战场限制在潜意识的范畴。这个心理机制就是防御机制。

精神分析理论认为，最基本的防御机制包括两种：隔离和压抑。隔离针对的是情绪，即将自己真实的情绪隔开，不去感受它的存在，避免它带来的影响。压抑针对的是思想，让一些思想保持在潜意识中，用压抑的方式保持意识不受这些思想的影响。精神分析理论对于情绪与理智的看法本质上依然是传统的，即理智的运作是更高级的，更自主的，更深刻的。精神分析认为：理智的运作决定了情绪的波动。于是才会有通过寻找潜意识中的某种理智存在，进而改善情绪状态的心理治疗方案。弗洛伊德了解潜意识的技术有释梦、投射测验、催眠、自由联想、口误分析、意外和象征性行为。

二、情绪动力模型视角下的防御机制

情绪动力模型则并不认为心理异常来源于潜意识中错误的理智，而只是源于动物行为最根本的动力——情绪。情绪这种行动的力量需要理智的文饰才能获得在同类社会中释放的正当性，才得以顺理成章地转化为适当的行为。部分心理异常和问题行为都是使用情绪的能力不足的表现。还有些心理变态、精神分裂等严重的心理异常源于客观世界与主观情绪间的对应性遭到了破坏。

精神分析中提到的意识层次可以用主体对情绪的感受程度诠释。感受阈限以下的情绪推动主体产生的所有心理活动可以说存在于潜意识中。实质上，潜意识就是自动化的情绪处理空间。

（一）防御机制的生理基础

高级神经中枢对低级神经中枢的压抑作用是防御机制存在的生理基础。这种压抑并非全盘的否定，而是在控制住的基础上完成一种更周密的管理，以便更好地获得个体的利益。很多人会非常感性地羡慕自然界中的动物，认为它们无拘无束，比人类更加自由快乐。然而，动物的大脑远比人类的大脑简单，这也决定了人类复杂的大脑能够带来比动物更高级的自由与快乐。实质上，动物需要耗费大量时间觅食，仅此一项便使其损失了人类眼中动物所具有的悠然自得。只有更高级的大脑才可能带来更大的自由，但自由一定是相对的，因为生命本身就存在种种限制，如饥饿、寿命等。高级神经中枢对低级神经中枢的压抑作用是实现这种更大自由的基础。俗语说"不听老人言，吃亏在眼前"就是这个道理。但过度的压抑会导致低级神经系统活性不足，即行为缺乏主动性，追求自我利益的本性丧失。此为儿童教育中合理使用"宽"与"严"两种教育方式辩证思考的出发点。

防御机制源于神经中枢中全或无的神经传导通信要求，有效地管理了主体产生运动的行为，使得运动的目的聚焦，时间集中。防御机制是神经通讯传导中，对低、弱的阈限以下信号的管理机制。防御机制过强则说明主体对于低信号的神经传导花费了太多太大的精力去释放和消化这部分能量。当高级神经中枢存在强大的抑制作用时，神经通讯经常受到抑制，用于抑制的能量便启动了防御机制。研究防御机制能让我们聆听到自己内心深处最真实的声音。

搞清防御机制的生理基础能够帮助读者更深刻地理解防御机制的由来。

（二）防御机制的心理机制

进一步辩证地思考情绪动力模型的组成要素和运作机制，就可以发现防御机制无处不在。只有掌握了基于情绪动力模型的防御机制理论，才能抽丝剥茧般地打开被分析对象，或者心理咨询来访者的内心，才能更深刻地理解他人行为背后最深层次的心理动力，才可能真正学会运用"情绪善于自动化地转化为行为"这一基本论断。

1. 情绪是对需要的防御机制

最原始最基本的防御机制来源于嗅脑对虫脑的抑制作用，即情绪对需要的防御。随着情绪种类的复杂化，这种防御形成了一定的机制固定下来。

1）最原始的情绪已经具备了心理防御的功能

焦虑和快乐是最原始的一对情绪，自动物具备虫脑以后就已经存在。虫脑对躯体营养水平的监控实现了"需要"这一心理功能。当营养水平过低，动物需要运动起来觅食时，个体就产生了生理需要，这个需要会驱动个体寻找食物，即搜寻利益。驱动个体从静止到行动的这个信号，其实就是最原始的情绪——焦虑。

当动物进化到产生嗅脑的时候，焦虑这种情绪彻底从需要这个环节中脱离出来。这时，旧皮层对虫脑的抑制作用也产生了。当虫脑产生的需要并不显著的时候，嗅脑主动活跃起来，用焦虑这一情绪压抑着需要，实现对需要的防御作用。但同时，主体的行为必然受到焦虑情绪的驱动，使个体活跃起来。对于人类而言，这时只是行为上表现出烦躁，主观上并不能意识到是饥饿导致的焦虑，甚至连焦虑都体验不到（情绪被理智的活跃所防御）。

2）　愤怒是对焦虑的防御

很多人不承认自己的愤怒与利益有关，这就是一种防御机制的表现。当动物进化到能够认识另一个同类的时候，对资源的占有和争夺行为就产生了。如果说焦虑情绪让动物的行为缺乏行动方向的话，愤怒这一原始的情绪聚焦了焦虑的行为反应，即通过攻击行为获取利益。

愤怒的产生标志着自我意识的崛起。

3）　恐惧是对愤怒的防御

> 一个能思考的人，才真是一个力量无边的人[1]。——巴尔扎克

当个体面对的对手能力过于强大时，恐惧情绪就萌生了。"识时务者为俊杰"。恐惧情绪是理性智慧之源。但深入地观察、总结一下脑中心人格类型的行为特质，会发现在理性的背后，那种腹中心关注意志强弱的匪气依然是存在的，且如果有机会和能力获得愤怒情绪最关注的权力，脑中心的人会比腹中心者更偏爱那种位高权重的岗位，产生更强的操纵他人的行为。

这似乎有些难以理解，但从心理防御的角度来看，这个问题便迎刃而解了。试想，恐惧的产生实际上有一个前提，就是愤怒产生的失败，即如果能够产生愤怒，就不会产生恐惧。其他动物进入了某个动物的领地就可能激起它的愤怒，愤怒转化出来的是攻击行为，而这种行为会因对方的实力太强而受到恐惧的压抑。其实，当主体觉察到恐惧的时候，一定要悟到，恐惧是对愤怒的防御，因为愤怒不能解决问题，于是被大脑自动化地用恐惧压抑了，这实质上是种更深层次的动机。

被压抑的愤怒期待攻击行为的补偿，这种补偿是加倍的，因为越是压抑情绪，情绪的反弹力就越强。

---

① 思考是恐惧情绪驱动思维的结果。这句话的收尾关注于力量，可见恐惧的产生是为了防御愤怒的无能。如果恐惧可以带来能力，那么愤怒所对应的攻击行为就会显现出来。

4）悲伤是对恐惧的防御

当主体面对利益受到外界强大力量的威胁时，产生了恐惧情绪。而当恐惧导致的逃跑行为或者计划并不能解除这种威胁的时候，悲伤就会萌发出来。上述情绪流动的过程是悲伤防御恐惧的分析思路。当主体自动化地压抑了内心中的恐惧就会感到悲伤，也就是说，如果观察到个体有悲伤的情绪，那这个悲伤的根源可能来自无法面对的恐惧。心中心的每一个类型都有个案报告，发生过惊恐发作（急性焦虑症）或者癔症发作，这就是被压抑的恐惧集中爆发的体现，也是不同情绪相互平衡的表现。

由于恐惧情绪产生的最根本原因是能力的不足，因此，悲伤这种情绪就是通过诱导主体去做出吸引同类关注的行为，以此来忽略、压抑主体能力不足的事实。悲伤对恐惧的防御使得主体忽略了关键性问题——能力的高低，而把注意力集中于相对简单、轻松的问题——形象的好坏。当心中心者将毕生精力都投入到追求浮华和虚荣之中时，却发现真正的问题一直没有得到解决，那就是内心最深层的恐惧——人定不胜天的事实，即生命和美好的转瞬即逝。

5）愤怒是对悲伤的防御

依据情绪流动的规律可见，愤怒是对需要的防御，恐惧是对愤怒的防御，悲伤是对恐惧的防御，而谁又是对悲伤的防御呢？答案是愤怒，又回到了愤怒。在筛查创伤后应激障碍的心理问卷《事件影响评定量表》中，"易激惹"是一个构成要素。如果丧失等创伤事件发生后，个体受到事件的影响而产生不可处理的悲恸情绪，这种悲伤是非常容易变成愤怒的，攻击行为也会随即产生。俗语说"化悲痛为力量"，讲的就是这个现象。

就心理防御而言，本节更关注的心理分析技能是对愤怒情绪背后的原因保持高度的警惕。到底愤怒是来源于获得利益过程中的阻碍，还是不能处理的过度悲伤？有趣的是，前者实质上就是一种淡淡的悲伤。生命必须获得利益才得以存在一段时间；超过生命的寿命，再多的利益也是枉然。这两个规律是大自然最奇妙之处，不可能违反。不可能改变的事情当然是令人悲哀的，但这种悲伤恰恰是毫无用处的，即不能被处理，于是只能

---

① 努力地运用自己的情商，主动地靠近他人，停获他人对自己的喜爱。这些行为都需要悲伤的情绪进行驱动。而这时的悲伤，恰恰就是在防御主体的恐惧，恐惧自己能力的不足。公平只存在于势均力敌的人际交往之中。

被压抑起来。这个压抑它的手段就是去争取利益——愤怒。

2. 情绪习性的防御功能

使用外化这种情绪习性的有8、2、7三种人格类型。然而，外化——将核心情绪这个行为的最基本能量直接转化为行为，这种看似简单的情绪处理方式是否就真的比内化、遗忘更有利于情绪的释放呢？表面上，仅对于最简单的腹中心而言，是的！8号的确会比其他人格类型遇到的心理困扰少很多。但如果是心中心、脑中心的2号、7号，外化这种方式却不一定能完全去除主体的心理困扰。

2号是外化悲伤的，然而笔者却观察到一些2号存在惊恐发作，入睡困难等困扰。这些困扰的能量源是什么呢？当然是核心情绪悲伤。可为什么用外化的方式也不能很好地释放这种能量呢？因为，悲伤需要的是他人倾慕的、温柔的、持续的关注、陪伴，只有这种方式才最能化解悲伤的情绪，而非胡乱地用外化的方式去将悲伤"用掉"。越是想把悲伤囫囵吞枣般地排除，越是会忽略这种核心情绪最根本的需求。于是，得不到正确满足的悲伤就会在主体停止外化策略的间隙集中地迸发出来，寻求关注。于是，癔症便产生了。外化，对于悲伤而言，同样是种防御机制。

外化，对于恐惧而言也存在类似的效果。在与多个7号的心理咨询中，笔者发现其同样存在惊恐发作等心理症状。原理和2号大同小异，都是外化这种情绪习性的肤浅性不能满足悲伤、恐惧这两种情绪需求的复杂性。恐惧和悲伤实质上与愤怒完全不同，恐惧、悲伤都有一种吸力，需要令主体安全的信息来填充，或者需要他人的关注来平衡。而愤怒是一种斥力，是对环境和他人的攻击力量，适合使用外化的方式。7号想用各种行动来宣泄恐惧，最终可能还是得不到抚平内心恐惧的信息。

此外，外化使得主体更关注快乐而非苦楚。2、7、8都是外向、轻松活泼、开朗的人，然而正负情绪的相互平衡也使得2号、7号更容易体验到突发的恶性情绪，这就是长期被正性情绪压抑的那些负性情绪集中反扑的征兆。

3. 理性是对情绪的防御机制

> *There's a heaven above you baby!*
> *And don't you cry tonight!*
>
> *——Don't Cry*

理性情绪就是一种防御机制。大部分时间里，我们自认为沉浸在思考之中，脑中浮过的想法周而复始，数不胜数。然而，正是在这些以语言为载体的理智开始运作的时候，主体很少有机会能感受到自己的情绪状态究竟是什么，而一味地任由缤纷和肤浅的思想所占据。这恰恰是理智在对情绪进行防御的表现，即，让各种或简单，或复杂的思维占据了我们的意识，而那些困扰我们的情绪却被放在了一边，准确地说是被隔离了开来。实质上，只要有思想活动就一定存在情绪感受，而只要有情绪存在就一定有利益的得失。树立了这种心理分析的思想，对意识中活动的内部语言才能有一个深入的了解，才可能听得懂最真实的情绪被压抑时所发出的呼喊，从而找到人最核心的问题。

　　理智对情绪的防御，还体现在寻找各种理由去文饰情绪所推动产生的行为。情绪产生于生命由静到动这一动物进化的初级阶段，体现着生命个体最基本和真实的需求。因此，情绪是更加利己，而非利他的。正是如此自利的情绪需要成为群居动物行为的动机，因此必须对其进行文饰，否则群体将分崩离析。而理智恰恰扮演了这个重要的角色，融洽着个体和集体之间的关系。缺乏理智防御的情绪一定会导致伤害他人，伤害自己的后果。明目张胆地自私害人终究会害己。

　　阈上的思维服务于阈下的情绪。

　　假如我们不畏惧死亡，我相信永生的观念是不会产生的[1]。——罗素《我的信仰》

4. 行为是对心理活动的防御机制

　　炫耀是在防御自卑；教育别人不要炫耀是在防御嫉妒。选择了一种行为，就是对未选择的另一种行为的防御，每一种行为都可以理解为一种防御方式。

　　许多时候，人会产生行为在前，意识产生于自己已经做出的行为之后，即觉察在后，甚至于没有任何觉察，但行为却一气呵成不带停顿。实质上，这种不走心的行为恰恰是对心理活动的一种防御机制。笔者作为"国家二级心理咨询师"面试评审员，在观察考生心理咨询实操考核的过程中，就经常可以看到考生临场中的各种"小动作"。如抖腿，摆弄手，眨眼睛等。这些行为是对其内心那些焦虑、恐惧情绪的防御，也是对其内心诸如疑惑、唏嘘等各种心声的防御。因为这些心理活动并不能帮助到考生的临场发挥，反

---

[1] 精神永存，这就是典型的心理防御。因为面对死亡所产生的恐惧、悲伤情绪是不可能解决死亡这个终极问题的。只有将情绪升华为某种思想、精神，才能够面对死亡，即防御了死亡带来的负性情绪。

而对其是有害的，于是便用行为的方式来防御这些有害的心理活动。

1号的黑白分明，9号的麻木不仁就是在防御自己内心的愤怒而导致的攻击性；2号的照顾他人，3号的发愤图强，4号的剑走偏锋都是在防御自卑；5号的独自钻研，6号的防患未然，7号的灵活多变都是在防御恐惧——这是行为对情绪的防御。8号的霸道其实是在防御自己的软弱——这是情绪对环境的防御。

5. 人格是对人际关系的防御机制

> 的确，你和他人，和你的妻子、孩子、上司、邻居等人的关系就是社会。社会本身并不存在。社会是由你我在我们的关系中创造的；它是我们自己全部内在心理状态的外在投射。所以，如果你和我不了解我们自己，而只是改变外部——那外部是我们内在的投射——无论如何都是没有意义的。[①] ——克里希那穆提的教诲

也许关于个性的心理学理论起初给人的印象是偏重对独特性的描述，但深入研究后就会发现，性格特质讲的是对行为统计后发现的那些个性特征，而人格理论讲的却是行为背后的那些内部心理活动的独特规律。随着研究的进一步深入，笔者慢慢发现了人格的又一个显著特征，即个性中独特性存在的条件——人际关系。

人际关系是人类群体特有的人与人之间的关系。回顾情绪的由来可以发现，作为信号的情绪必须要超脱于个体独自一人的使用，而成为群体内部沟通的信号之时，情绪才得以进一步进化完全。姑且不谈悲伤这种最高级的情绪只有群居动物才能够产生，就连愤怒这种比较原始的情绪，也是在群居动物的条件下才得以从焦虑这种模糊的情绪中分化出来的。不能识别同类，愤怒情绪无从谈起。既然情绪形成的规律才是人格，人格也就注定是防止人际关系伤害到自己的一套情绪动力模型。人格的成熟和发展显然是在防御人际关系带来的伤害。

6. 人生观是对人格的防御机制

很多人有着明确的人生观，却很难说清自己的个性究竟是如何的。也难怪，人格作

---

① 人际关系是人类社会中，人与人互动所产生的行为模式。人际关系是一种特殊的情境，是最容易展现人格特征的情境。人们因为不能改变自己的人际关系而将某种与他人互动的行为模式称为自己的性格，而人格恰恰是对这种外在行为模式的心理防御机制。

为行为的心理机制，不是所有人都能够把握这一规律的。而性格这种外显的行为只能提供一时的规律，并不能解释行为发生的心理机制。人生观则不同，无论高深还是肤浅，都更容易被意识总结出来，远比发觉自己的阈下情绪来得容易。然而，这能够被发觉的人生观、座右铭，恰恰就是自己人格的防御机制。

"我只是个平凡人，我也有我的小情绪。"所谓阈下情绪，就是主体没能意识到，却已经产生了的情绪。

人格是情绪转化为行为的规律所在，情绪是这个心理动力机制的根本，情绪动力模型揭示了人格运作的机制，但并不能代替人格找到证明，以彰显某一种人格存在的合理性。当动物有了恐惧之后，自我认识就越来越深入和全面。唯有用一套基于语言的观点才能为自己的行为找到正当性。其实质，是为自己的情绪规律——人格，找到存在的合理性，毕竟人格的根本——情绪，是自私和非理性[①]的。

7. 泛化的防御机制

防御机制可谓无处不在。只要有没有意识到的动机，其所推动的行为、理智，甚至情绪本身都是一种防御机制。其实，情绪动力模型从自动化的角度来解释行为，与精神分析中的潜意识等概念是大同小异的。情绪动力模型同样认为行为背后的动机是一系列自动化的心理活动，这些活动极快，也很难为意识所监控。假如这些心理活动中存在一种敷衍了事的策略，这就是所谓的防御机制。每一个行为所发生的意义真的是行为的主体能够用语言去探索和解释清楚的，那么防御机制就不存在了。假如其对自己行为动机的挖掘显然缺乏一定的深度，那么没有挖掘的部分就一定存在大量的心理机制，这些心理机制就是防御机制。

研究防御机制是每一个心理学工作者最重要的自我修养，是提升专业能力的思维训练，是揭示对象真正心理需求的重要途径，是破除心理异常人员身上存在的心理症状的根本途径。

8. 迭代的防御机制

心理学工作者在探索自身行为背后的防御机制时，也要对这种探索和分析行为进行防御机制的分析，这就是对迭代的防御机制的分析。

举一个最简单的例子。在面对漂亮的异性来访者时，咨询师对个案的投入是否和

---

① "非理性"也许正是我们的"理性"，"反常"其实是一种"正常"。——《怪诞行为学2》

普通个案相同呢？假如咨询师能够想到反思这个问题就已经很不容易了。这种分析能厘清自己面对异性来访者的时候，有没有发生反移情①，如对来访者产生了爱慕。但其实咨询师的这种自我审视行为同样也可以进行深度的分析，即迭代的防御机制的分析：开展本次反思是因为咨询师需要更专业地开展心理咨询工作，还是因为害怕对来访者发生了爱慕呢？如果对反移情的害怕已经产生了，那么是不是反移情已经产生了呢？一个重要的线索就是，这个咨询师是否对同性来访者也开展那么有力的自我监控。如果没有，很可能反移情（即对这名漂亮的异性来访者产生爱慕）已经发生了，尽管程度很低。行为是情绪的结果，而情绪等心理活动却是层层叠叠的，阈下的，甚至是狡诈的。

（三）对防御机制的思考

笔者认为，心理防御是指将精力用于其他问题的解决，以忽略根本问题的不能解决。用忙碌于另一件事儿来掩盖真正需要关心或者解决的事件。比如，说恐惧是对愤怒的防御，意思就是用恐惧来替代愤怒，因为愤怒不能解决问题。如果愤怒能轻易地解决问题，人是无须恐惧的。然而，恐惧导致的逃跑行为根本不能代替愤怒导致的对利益的争夺行为，恐惧只是令人暂时忘记了因利益争夺而产生的愤怒。因此，恐惧对愤怒产生了防御的作用：恐惧隔绝了事实——主体的力量不足，不足以依靠愤怒获得利益。由于这个事实令主体难以接受，因此恐惧情绪充斥着主体，令其忘记自己那不争气的愤怒，才有精力老想着怎么逃跑。这就是心理防御机制。

防御机制越复杂的个体越可能产生心理功能障碍——心理异常。从这个角度推理，腹中心的防御机制最简单，其中又以8号挑战者（愤怒＋愤怒）②的心理防御机制相对而言最为简单。因此，笔者认为，8号是最容易心理健康的人。而脑中心、心中心，他们的核心情绪比腹中心要高级。越高级的情绪，防御机制越复杂。心中心的心理防御机制远比腹中心的复杂。这么说来，读者不难发现，心中心的4号浪漫者（悲伤＋悲伤）③是防御机制相对其他人格类型而言最复杂的，他们最可能成为难以获得内心平静的一类人。

---

① 反移情（counter-transference）是指咨询师把对生活中某个重要人物的情感、态度和属性转移到了来访者身上。

② 8号的核心情绪是愤怒，情绪习性是外化（核心情感也是愤怒）。愤怒是距离个人利益最近的一类情绪，因此防御机制的复杂程度最低。

③ 4号的核心情绪是悲伤，情绪习性是内化（核心情感也是悲伤）。悲伤是距离个人利益最远的一类情绪，比恐惧还要远离个人利益，因此防御机制的复杂程度最高。

因为对于4号而言，悲伤防御了恐惧，恐惧防御了愤怒，而4号是用悲伤的情感来面对其悲伤的核心情绪。

三、九种防御机制

弗洛伊德的防御机制有上百种，葛吉夫[①]的"心理缓冲带"却只有9种。但正是这9种所谓的心理缓冲带才更好地实现了精神分析防御机制所表达的预期目标：保护、证明、欺骗自己，让自己知道自己是"好人"。防御机制的作用就是让人忘记自己脆弱的核心情绪，摆脱愧疚感。

偶尔表现出来的人格特质才是一个人埋藏在内心里最真实的一面。比如8号的软弱，9号、1号的强硬；2号的个人要求，3号的真诚表露，4号的自卑；5号的自我中心，6号的惊慌失措，7号的恐惧失控。这些才是一个人最柔软的穴位。

（一）反向——1号

1号属于腹中心，核心情绪是——愤怒。如何来处理这种愤怒？如何来处理腹中心的那种与生俱来的对意志的敏感和反感？1号有自己的一套倔脾气。

1号与环境互动后产生的情绪是愤怒，这是腹中心的典型反应。怎么办？1号可以说是在赌气，他会以环境怎么苛求，他就怎么做的方式，通过增加与环境的这种不愉快的互动来达到控制愤怒的目的。这种行为是抱有"知难而退""针锋相对"习惯的人们所不解的。遇到这么大的困难，"知难而退"的人会逃之夭夭，"针锋相对"的人会大发脾气，实在逃不走的人就只能"阳奉阴违"；但1号却是"越挫越勇"，甚至"乐此不疲"。一段时间后，当他人赞叹1号的行为，1号自己才寻根溯源，突然觉得原来自己主观的赌气确实是自己的不对，环境却是对的，因为环境所要求的确实是非常有意义的标准、准则。当初自己浑然不知，误将标准当苛求，现在1号不再生气，而是认同了当时赌气地去"吃苦"的行为。这就是反向。

例如警校里的军训、体院里运动员的训练等这些十分艰苦的事情，假如这些常人认为是痛苦的事情，某人却憋足了劲儿去做的话，他就是在使用"反向"的防御机制。

---

① 20世纪俄国探险家，在中东的石窟中找到了九型人格的理论线索。

个体通过环境而感到的负面情绪不但没有让个体气馁、懈怠和反抗，反而加剧了个体与环境的互动，这就是"反向作用"。如果访问当事人，他会提到当时感受到的痛苦，却让听众觉得那对他来说似乎是一种享受，大众对他的评价是"有毅力"。他对此感到自豪，却并不认为自己伟大，因为那不过是自己的"赌气"罢了，但这种不服输的赌气却是自己的价值所在，因为能为之的人实在寥寥。

既然认同了自己所遭受的苦，就更容易认同这种痛苦的文化。触类旁通，这些道德准则、社会法制、生活风俗、产品质量等标准，均逐渐内化成为自己的做人原则，否定它们就是否定1号，挑战他们就是挑战1号。完美主义者的个性、人生观就此诞生并延续下去。

（二）压抑——2号

> "如果说环境是那么强大，那么可怕的话，那我一定是把自己和环境对立起来了。"

2号的自我是站在河西的，张望着河东的状况，心生恐惧。怎么办？2号的办法是：索性忘记自己的存在，忘记站在河西的自己，这样就可以完美地解决自己与环境的对立问题。自己隐身了，何谈与人针锋相对。河东哪怕是刀山火海都不用害怕，因为这些危险伤害不到自己，因为自己早已化为空气，不复存在了。

使自己尽量的渺小，这样就可以减少环境带给自己的威胁。这就是2号的策略——压抑。

但人的自我总是会有许多需要的，弗洛伊德给这些需要的代言人取了个名字叫本我。本我遵循快乐原则，什么快乐就去做什么，怎样舒服就怎样去做，且不容等待。为了快乐，本我会急切地提出行动要求。这一定会造成自我的扩张并最终导致个体与环境的对立。2号非常明白这一点，所以单单使自己渺小是不够的，还要经常"教训"一下本我，叫它不要出来捣蛋。

2号制造了一个铁笼子，"本我，你给我呆进去吧。"没有本我的烦扰，2号才可以使自己渺小，取消对立，最终不再害怕环境，开始与环境礼尚往来，甚至融为一体。

（三）认同——3号

认同，即用最短的时间模仿、习得他人身上各种有用的技能。

假如环境给个体带来一种恐惧感的话，那一定是因为环境那种巨大的、不容藐视的力量。这种力量除了令人恐惧，同样也令人崇拜。3号早在幼年时代就品尝到了这股力量给其带来的悲伤，同时暗下决心，用自己的一生去获取这股巨大的力量。3号的人并不像腹中心的人那样习惯于把自己与外力相对立，相反，3号们主观上崇拜这种力量，行动上接近这些力量，梦想有一天自己也拥有这股力量，并付出努力一点一滴地去赚取这股力量。慢慢地，3号必须形成自己的世界观以解释自己对成功孜孜不卷的付出，于是"付出就有回报"成为他们的座右铭。言语中充斥着成功者的名字，有意无意地提及自己的丰功伟绩，以及热衷于与名人合影，这些与成功相关的行为便成为3号们远离悲伤的法宝——追名逐利。这就是认同。

（四）内投——4号

4号的人对其核心情感——悲伤，采取的方式是沉浸其中。如果别人或他们自己问其为何如此悲伤？4号的人会让理智行动起来，寻找一些线索来解释自己的悲伤。"落花有意随流水，流水无心恋落花。"这些美丽的诗句中所描绘的场景在一些人的眼里也许是自然和美好的，但在4号的眼里却总是与悲伤有关，仿佛这些场景都是令人悲伤的。这就是"内投"——把看到的事情都往自己的身上去联系。林黛玉葬花这个故事就是个典型的写照。为悲伤的自己寻找悲伤的理由，这种思维方式一旦形成了习惯，就会使当事人表现得敏感、伤感、自我中心。最终，4号的人会否认自己悲伤的情感习惯，反而指责外部环境，认为是外部环境导致了自己的悲伤。比如，是因为看到了落花，才感到了悲伤。

（五）分隔——5号

"两耳不闻窗外事，一心只读圣贤书。"这种冷静、淡定的气质就是5号面对环境冲突的方式。环境中发生的适者生存、尔虞我诈、恩怨情仇，5号都只是冷冷地旁观着，甚至他们根本不屑于去"看"。5号从心底里把自己与环境分隔开来，在自己与环境之间竖起了一道足够坚固的玻璃墙，这样自己就足够安全了，也不会受到环境的直接伤害了。在玻璃墙的另一面，5号汲取着自己喜欢的知识，把自己培养、磨炼、塑造成某一领域中的行家里手，将来在自己愿意的时候打开玻璃墙，到充满竞争的环境中去实现自己的人生理想。这堵心中的玻璃墙还有两个特点。一是5号的现实生活中一般有此"墙"的物化形式——书房——5号的小天地，他的堡垒、城堡。它由时间和空间构成，5号在生活中也必然会留出属于自己的时间、空间。二是这堵心中的玻璃墙往往把5号的感情也孤立了起来。这也造就了5号为人冷静、克制，善于分析、学习的个性特征。5号的感情生活也必定因此而朴实和单调，男女恋情对于5号来说，"开窍"得比同龄人要晚。

（六）投射——6号

投射与内投，前者是将自己的东西归结在别人身上；后者是幻想自己成为一个他人的影像。

投射是一种常见的防御机制，研究它有利于对主体行为背后的深层次原因进行探索，寻找主体心理活动产生的动力学原因。对于6号怀疑型人格而言，投射的防御机制能够解决其情绪流动及转化为行为的过程中遇到的突出问题。

6号是将恐惧加以遗忘的人格类型。然而，仔细推敲就能够发现，恐惧情绪具有强烈的卷入力，持续性又极强。当恐惧降临的时候，很难将其置之不理。把恐惧放在一边，不去理会或者处理，不着急考虑采取逃避的行为，恐惧情绪一定会在冥冥中发生作用，往往采用狭窄注意的方法。注意被狭窄后所观察到的世界，就会以不安定、不安全的信息为主，这就反过来提示主体恐惧情绪可能早已存在。这个过程就是投射，将自己的情绪投影于外界，使得主体从外界中获取条件，感受自己已经存在的情绪或者心理活动。

这种嵌套的恐惧是无法将最初的恐惧用行为释放的。既然恐惧情绪对适应环境来说无济于事，那就只能把这个情绪及其一系列的心理活动暂时放在一边，这就是遗忘恐惧。然而恐惧必然是无法遗忘的，于是用投射来防御。

（七）合理化——7号

愤怒是一种容易外化成攻击行为的情绪，而恐惧则是一种防御和逃跑的策略，这种防御策略包含了逃跑的行为。更重要的是，恐惧启动了学习、研究的行为策略，为提高自己的能力做出努力。恐惧的学习功能具有很多焦虑的特质，聚焦卷入性很强，但同时分散和跳跃性也很强。将恐惧外化成行为的7号活跃型，就是恐惧的学习功能体现在外显行为上的生动案例。

有趣的是，7号经不起恐惧的焦虑对学习的干扰，总是忍不住变化着自己学习的内容，成为一个标准的杂家。这看似丰富多彩的信息源源不断地摄入，但却并不能带来对其恐惧情绪的平复，反而使得恐惧有增无减。知道得越多，就越是知道自己的无知。唯有使用防御机制，才能够让自己的注意力指向新的方向。扛得起多少焦虑才能享受多少自由。合理化成为关闭旧活动，打开新活动的必要环节，成为7号使用的防御机制。

（八）否定——8号

It's my life

It's now or never

I ain't gonna live forever

I just want to live while I'm alive

My heart is like an open highway

Like Frankie said

I did it my way

I just wanna live while I'm alive

It's my life

——Bon Jovi, It's my life

坚强的人，并不是能应对一切，而是能忽视所有的伤害。

防御机制是一种心理阈限之下的心理机制，自然难以被意识到；防御机制处理的是欲望与环境的冲突，必然产生于环境对个体施加压力的时候。从这样的角度看待8号挑战者的心理机制就会发现，作为一名个体的8号人物，在环境中各种问题、挑战、风险的面前，同样是一个脆弱的个体，一个柔弱的生命。可为何8号在生存竞赛中，却保持了一种旺盛的生命力和统领他人的将帅之才呢？

因为8号的防御机制是否定，否定环境的困难，否定他人的刁难，最重要的是，否定自己的软弱。外化愤怒是一种极大的攻击和求生存的心理机制。抑制恐惧的产生是这个机制存在的保障，这就是否定。恐惧是情绪流动环节中一个非同寻常的比较环节，它使主体从聚焦于自己需求的愤怒中脱身出来，快速地评估自己与环境之间的实力，为保存实力的逃跑行为做评估和准备。否定这一防御机制，恰恰是抑制住这个比较的环节，才能让情绪保持愤怒，让情绪习性保持外化。因此，开展力量比较是破除这一防御机制的最好途径。

人不犯我，我不犯人；人若犯我，我必犯人。

（九）麻醉自己——9号

> Let it be, let it be, let it be, let it be
> Whisper words of wisdom, let it be.
> ——The Beatles Let it be

减少自我的需求才能减少与他人的冲突，但如果自己的需求都被克制了，整个人就仿佛被自己麻醉了。愤怒这种核心情绪的确是极其有力的能量，想要将愤怒遗忘，达到沉睡愤怒的目的，就必须要有一套强力的防御机制，这个对付最强情绪的防御机制就是自我麻醉。没有太多的感觉，没有太多的心理活动，才可能减少自主的行为，从而进一步减少与环境的互动。9号似乎将自己动物的躯体过成了植物一般，甚至石头一般。

9号的眼神似乎很容易失去焦点——无神。这就是9号自我麻醉的防御机制的体现。喜欢这副眼神的人透过它看到的是纯净、平和，不喜欢的人只觉得看到了空洞无物、漠不关心。和9号做室友，他们会把电视转向你，吃饱饭没人走他们也不走，还喜欢喝醉了睡觉，担心别人洗澡水的温度，在看地图和路盲中频繁转换。

坚强的人，并不是能应对一切，而是能忽视所有的伤害。

> "有时候沉默真好、可以假装什么都不知道。"

四、解除防御机制应注意的事项

心理健康的标志之一是心理防御机制的降低。但防御机制的核心就是自动化地处理不被环境认可的心理冲突。的确，防御的减少是健康的表现，但没有能力实现自己需求的人是不可能真正降低防御的。驱力只有还原了才不会使用防御，能力提高才是心理健康的关键所在。因此，面对个体无能为力才好不容易发展出来的防御机制时，轻易不要说穿他人的心理防御机制，将他人无意识埋藏于心底，却又无能为力的柔软部分扒出来晒在阳光之下，这样对于他人而言是一种突如其来的伤害。对于分析师而言，这同样是危险的，因为防御机制的解除必然导致主体的愤怒[①]。这种愤怒情绪可以理解为无法处理的悲伤所流动而产生的愤怒。这种情绪在心理咨询中对咨访关系会产生巨大的挑战。夫妻关系中，这种揭露伴侣心理防御机制的言语成为最伤害亲密关系的"毒舌"。除非对主体有建设性的帮助，否则防御机制的解除可能会带来更大的伤害。

第三节　客　体　关　系

客体关系是精神分析理论研究的一个重要内容，认为在人类幼小的婴儿时代，与个体最重要的关系来源于母亲，甚至可以说来源于母亲的乳房。"客体"一词所指的是母亲的乳头。乳头能够满足婴儿的一切需求。婴儿与乳头的关系所形成的习惯也是一种情绪习性，包括三种类型：拒绝型、沮丧型和迷恋型。

---

① 和婆婆同住的妻子温柔地对丈夫说："现在的养老院特别好，像星级宾馆呢！"丈夫："这么好啊？我们送你妈去吧？"妻子："滚！"——电视剧《小爸妈》

一、拒 绝 型

这一类型包括2、5、8三种人格类型。

（一）形成假设

设想婴儿饥饿时是怎样得到哺育的。首先小婴儿感到饥饿，随后大声地啼哭，不久，母亲送来了乳汁，婴儿的需要得到了满足。于是，在这种喂养模式下，婴儿形成了自己的习惯：有需求就要使劲地啼哭。同时，可能形成这样的归因和认知：需要的满足是因为自己用力的啼哭；要想有回报必须有努力。

"起来，饥寒交迫的奴隶！起来，全世界受苦的人！满腔的热血已经沸腾，要为真理而斗争。旧世界打个落花流水，奴隶们，起来！起来！不要说我们一无所有，我们要做世界的主人。这是最后的斗争，团结起来到明天，英特纳雄耐尔，就一定要实现！"《国际歌》[1]歌词中似乎就体现出了这种努力、争取和斗争的取向。有了我，这个世界还不够精彩吗[2]！

（二）性格特质

拒绝型可以理解为让自己不会遭拒绝的人格类型。2号给予者用对他人的关爱来防止自己被他人拒绝；5号观察者用知识来立足于人际之中；8号挑战者则是用身体的强势来号令他人。拒绝型往往是努力和积极的，最大的特点就是在人际中有控制他人的倾向，就像婴儿时用啼哭控制哺育一样。

二、沮 丧 型

这一类型包括1、4、7三种人格类型，终身寻找传说中的完美。

---

① 5号喜欢的歌。
② 2号的想法。

（一）形成假设

试想，如果婴儿饿了，努力地用啼哭的方法吸引母亲的关注，可无论怎么哭，就是得不到母亲的乳汁。原来是否得到乳汁与婴儿自己的需求无关，而完全由其他因素决定，比如母亲自己的喂养安排。于是婴儿因为饥饿而发出的啼哭几乎是徒劳的，最终婴儿失去了对环境和他人的信任。

（二）性格特质

沮丧型的性格特质是其内心深处表现出对环境和他人的不满。其外化的行为是对所生存环境的质疑，伴随着对环境的失望，并最终离开。1号完美主义者对社会制度、规则，对他人的道德品格常常是悲观失望的[1]，甚至可能对婚姻，对伴侣，对孩子产生这种失望的情绪。于是，1号往往因这种失望而选择离开，换一个工作环境，甚至换一个伴侣，或者将自己不听管教的孩子逐出家门。4号对环境的失望情绪更加明显，频率更高，他们敏锐的感觉强化了对用餐、沟通、工作、审美等环节的评价，对身边事物的高要求、低评价一方面增强了4号的存在感——独特感，另一方面也增加了4号离开现有环境，或者更换情感伴侣的概率。7号对生活表面上充满了好奇和渴望，实则是更高频率的对环境的不满和更替，每一次对新事物的体验也伴随着一定程度的失望，然而，离开现有的活动，不断投入新的活动也将其对世界的失望与沮丧展现得淋漓尽致。

三、迷 恋 型

> 我觉得，对我来说最迫切的问题，是迄今为止我没能真正地爱上谁，有生以来，我从没有无条件地爱过一个人，从没有产生过为了谁可以抛弃一切的心情，连一次都没有。——村上春树《1Q84》

这一类型包括3、6、9三种人格类型。核心人格类型都是迷恋型。

---

[1] 你越是觉得自己在道德上有多好，你就越容易觉得别人在道德上有多坏。——武志红

（一）形成假设

还是设想婴儿吃奶的这样一幅画面：这一次婴儿并没有遭受饥饿的困扰，婴儿在感觉到饥饿带来的不舒服之前就获得了乳汁带来的满足。于是婴儿失去了和自己真实感觉之间的联系，因为只要母亲在身边，婴儿的一切需要都得到了满足。于是，婴儿迷恋上了给自己带来满足的对象：乳房。强大的安全感甚至形成了一种信念：即使自己真的产生了饥饿或者其他感觉，也无须去理会自己的这种感觉，因为母亲会很快凑过来，无论自己是不是有饥饿的感觉，母亲都会加以满足，而自己完全可以忽略自己的饥饿等真实的感觉。

前文论述过驱力还原的假设，试想，需要一直得到立即的满足，驱力还会存在吗？驱力不存在了，需要还如何在心理活动中立足？

（二）性格特质

迷恋型的人格特征所产生的性格特质中最重要的就是主体失去了与自己真实需要的联系，感受不到自己最真实的想法。既然迷恋型的人找不到自己的需求，那充斥在他们心中的又是什么呢？答案是令人咋舌的：别人的需求替代了他们自己的真实需求。3号成就型失去了与自己需求的联系，只能靠观察别人想要的东西来确定自己的目标，于是，事业成功、家庭美满等世俗的标准就成为心中心的3号观察到的努力方向，而3号真正想要的东西却被隔离得越来越远。6号怀疑型同样也缺乏自己的主见，别人害怕的也应该是他们所担心的。6号用别人的害怕隔绝了自己最真实的恐惧。9号调停者也是迷恋型，同样失去了与自己核心情绪的联系。9号会显得不分敌我，完全与自己真实的愤怒隔断，甚至会"以德报怨"以祈求太平。在与人断绝关系的环节上，9号是最拖泥带水的：离婚、复婚、再离婚，去或者不去，选择甲还是乙。这些问题9号真的不知道如何抉择。

第十一章　　受到操纵的人类文明
——情绪与世界观

其实做人的各种道理父母都唠叨过，但只有那些符合情绪习性的"谆谆教诲"才成了回忆。如果这些通过人格的过滤网，促成自我同一性的箴言能在一个人年少的时候激励他去奋斗，那么，他就是一个做好准备的人，机遇必将降临。有幸成功的话，往日的箴言便成为今天的信仰。世界观是依据被注意过滤后的残片与记忆投射出来的想象组成的假说。

> "多躁者必无沉毅之识，多畏者必无卓越之见，多欲者必无慷慨之节，多言者必无质实之心，多勇者必无文学之雅。"——曾国藩

世界观，甚至人类文明，都是基于语言的智慧结晶，但也是情绪所驱动的言语运作的结果。由此看来，人类文明亦可视为受到情绪操纵的客体。笔者不否认有一个客观的世界存在，但谁又能把客观的世界客观地描述出来[①]？

第一节　情绪与人生观

> 信念就是支持自己当下情绪的那些片面的说法。——小明警

情绪作为一种远比语言古老的信号系统，必然对基于语言的思维、观念、人生观产生潜移默化的影响。情绪是理智的驱动力，因此就不存在绝对的理智。而所有的理智，都可以追根溯源，找到驱动它们产生的那最原始和最真诚的情绪。

---

① 腹中心的人统治世界的欲望远大于探索未知世界的欲望；心中心的人想象多于客观描述。也许，相对客观的世界更适合脑中心的人以"科学"的数据描绘出来，因为恐惧会让他们既想探索世界，又怕犯错误。然而，就是这种"科学"的精神，激励着人类探索的脚步，尽管愤怒是一股"前进"的力量，但真正让人类走得更远的，还是恐惧。

一、"认知失调"理论

认知失调是社会心理学中的经典理论，费斯廷格[①]认为："态度是要与行为保持一致的。"其实，态度就是在解释行为，以化解情绪带来的焦虑。费斯廷格的研究正好可以证明"思维是由情绪驱动的"这个假设。行为是情绪的结果，而态度需要与行为保持一致，即与情绪保持一致，因此，组成态度的思维也就是情绪驱动的结果。

费斯汀格以认知失调理论高居心理学历史上最著名的百位心理学家之五，可见"理智是情感的借口"论断是给力的。下面介绍"认知失调"的经典实验。

（一）"我还会参加那个实验"

当你的行为和你的态度发生矛盾时，你的态度将有所改变以与行为保持一致——认知失调理论。

费斯廷格设计了一个无聊的实验，让参加实验的A组被试做一些极其无聊、重复的手工劳动，比如绕线，或者将数十个正方体——转动某一个角度。然后请被试评价这个实验的趣味性。当然，这种实验的趣味性是很低的，评价也是如此，得分为-0.45分。另一群被试完成这个无聊实验后被分为B、C两组。费斯廷格会用"劳务费"——现金奖励的方式要求两组被试将实验向后续即将参加这个无聊实验的新被试进行推广。要求老被试找到这一无聊的实验中可能包含的吸引人的部分，并向毫不知情的新被试讲解。有趣的是，B、C两组被试在欺骗新被试的工作后得到的报酬却是不一样的：B组的被试得到了20美元；C组的被试却仅仅得到了1美元。当尽自己所能向新来的被试介绍了这个实验的"丰富内涵""深刻意义"，以及"极大的趣味性"之后，新被试都被忽悠得非常有兴趣，很想参加这个实验。而B、C两组被试也得到了自己的"工资"。看着自己得到的"工资"，他们却陷入了不同的心理活动。B组被试认为自己的欺骗行为有充分的理由，即为了20美元劳务费，因此，B组被试依然觉得这个实验是非常无聊的，自己不会再参加这么无聊的实验了，自己之所以说实验有趣，完全是为了钱。B组再次给实验的评价得分为-0.05分；而C组被试只得到了1美元的劳务费，却绘声绘色地告诉别人这个实验是多么有趣，他们陷入了心理冲突——难道自己仅仅是为了1美元而在欺骗他人吗？令人震惊

---

① 利昂·费斯廷格（Leon Festinger，1919—1989），美国社会心理学家。主要研究人的期望、抱负和决策，并用实验方法研究偏见、社会影响等社会心理学问题。他提出的认知失调理论有很大影响。1959年获美国心理学会颁发的杰出科学贡献奖，1972年当选为美国国家科学院院士。

的是，C组被试认真地向费斯廷格反映，这个实验并非无聊透顶，而是真的很有意义，甚至C组的被试愿意再次参加这样的实验。C组被试的态度发生了改变，他们的行为不是为了1美元，也不是在欺骗新被试，而是真的意识到费斯廷格这个实验的价值。他们给这个实验的打分是+1.35分。实验过程可以总结如下。

A组：

无聊实验→"觉得有趣吗？"＝－0.45

B组：

无聊实验→实施欺骗→得到20美元的欺骗费用→"觉得有趣吗？"＝－0.05

C组：

无聊实验→实施欺骗→得到1美元的欺骗费用→"觉得有趣吗？"＝＋1.35

"认知失调"的研究成果可归纳如下：

与态度不符合的行为→解释该行为的理由充足→轻微认知失调→态度改变较小

与态度不符合的行为→解释该行为的理由不充足→严重认知失调→态度改变较大

（二）增强信念以削弱失调感

现实生活中个体会遇到很多行为与自己的态度大相径庭的情况，这就是费斯廷格所说的认知失调。比如1号人格想要表达核心情绪愤怒，却受到了严厉的惩罚，不能表达自己的愤怒，只能自己忍着。这时，忍让的行为与自己愤恨的态度之间就形成了强烈的反差。当态度无法实现，而行为又受到环境的限制，无法与态度一致的时候，态度就必须发生改变，以适应木已成舟的行为，否则人的行为与内心将失去平衡。1号只能在生活中寻找能够安慰自己的心灵，并为其行为找到意义的观点来填补这种失调。孔孟之道的儒家思想就成了填补这个空缺的最佳理由。这就是人生观的由来。

人生观就是一套抚平情绪与行为冲突的哲学思想，是理智为情绪释放为行为所选择的最佳理由。人生观必然需要符合个体的情绪动力模型，个体的情绪动力模型决定了其对人生观的选择。

二、人格类型与人生观

求其上者得其中，求其中者得其下，求其下者不一定败。有所不为才能有所为，为其想为。兴趣就是一种坚持，能够坚持才能使选择具备意义，有了意义才可能形成信念。1号宣扬孔孟之道；2号克己布施；3号追求高峰体验；4号一生寻找存在的意义；5号用周易式的逻辑解释生存；6号成熟后开始实践"厚黑学"；7号强调存在就必须要选择；8号认同韩非之强权就是公理；9号一慈二俭三不敢为先。人生观是知识被人格过滤后的片面世界，让主体的情感能在这样一个"世界"中安然存在。

（一）功利主义——2号

> 不要在自私的功利上做打算。一个人越会算，最后就变成越不会算。人们常说："人不为己，天诛地灭"，但是还应该再加上句话："人一为己，也天诛地灭"。——曾仕强

1. 最大善

我没车，没钱，没房，没钻戒，但我有一颗陪你到老的心。

功利主义首先考虑的是幸福的感受。功利主义的目标是"达到最大善"，即得到最大的，或尽可能大的幸福，或者减缓或预防最大的，或尽可能大的痛苦和不幸。假如对每个人都强调其个人幸福的最大化，那么大多数人的幸福就有了保障。这个理论符合2号人格对自己行为文饰的需求。2号人在悲伤的作用下用外化的情绪习性会展示出更多的助人行为。时间长了以后，2号会发现帮助他人的实质性行动比令他人感到开心和快乐的行动费力得多。于是，那些能令他人愉快的行为逐步替代了那些费力的助人行为。称2号为"助人一乐"型，可能比"助人型"更为贴切。功利主义并不考虑行为的动机、手段，仅考虑行为的结果对他人最大快乐值的影响。这种观点完全能适应2号文饰自己行为的需要。行为是为了什么？为他人带来痛苦的行为能有什么惊天动地的意义？为人一世，为何不更多地带给他人快乐？固着于一些执念，带给他人痛苦，这有何意义呢？能增加最大快乐值的即是善；反之即为恶。人类的行为完全以快乐和痛苦为动机。人类行为的唯一目的就是求得幸福，所以对幸福的促进就成为判断人的一切行为的标准。

2. 最大多数人

那么当他人幸福比自身幸福更容易达到时，首先考虑的应该是谁的幸福呢？在行为者做出行为选择的时候，是要站在最大化行为者幸福的角度，还是最大化大多数人幸福

的角度呢？

2号看中的当然是让他人更幸福，否则无法实现核心情绪的需求。功利主义的标准不是指行为者自身的最大幸福，而是指最大多数人的最大幸福。一个人的高尚使他人感到更为幸福，使广泛意义上的世界成为巨大的受益者。因此，功利主义唯有普遍培养人们的高尚情操方能实现其最终目标。哪怕每个个体只能通过他人的高尚而受益，哪怕自身的幸福在施予众人的过程中受到削弱，人类发展的内在要求绝不是让人成为自私自利之徒，而是在于某种更高的追求，即充分体现人何以为人的实质。每一个富有智慧并且欣然投身于这一事业中的人，无论其所起的作用多么微不足道，也必将从中获得一种崇高的享受，这种快乐是任何自私自利的纵欲行为换不来的。

功利主义对个人获取自身的利益是予以认可和赞成的，但要求它们保持在一定限度内，以免破坏了普遍的幸福；而对美德的热爱则被视为促进普遍幸福最重要的因素，要求个体尽一切可能的力量提高在这方面的修养。由于存在对美德的极高追求，2号人格骨子里对他人的要求是很高的。

3. 金银铜铁四律

> 完美的行为产生于完全的无功利之心。——切萨雷·帕韦泽

当提出个人利益和他人利益的关系问题的时候，金银铜铁四律可以用来展示基于个人偏好的功利主义思想。金律是"欲人施之于己，亦施之于人"，这是2号人格类型用行为践行的世界观。银律就是"己所不欲，勿施于人"，这一点更多的是9号人格类型内心的价值取向。铜律就是"人施于己，反施于人"，这一点是8号人格类型常见的世界观。铁律就是"己所不欲，先施于人"这似乎有些-6号人格类型在防守敌人时主动出击的意味。金律、银律都是道德律。铜律在道德价值上比金、银律要低，它不是道德律，而是非道德律，当然也不是反道德律，不善也不恶，是一种价值中立。而铁律是不折不扣的不道德律。铁律是道德哲学必须排斥的，而金银铜这三者本就是联系在一起，密不可分的。

4. 情境功利主义者

2号更容易成为情境功利主义者。情境功利主义强调的是"在此时此刻这个情境下，该怎么做才能促进全体快乐值"，而不是问若将此道德律推广到每个人身上会对全体快乐值造成什么影响。举个例子，说谎一般来说是不对的行为，但在某些情境下，情境功利

主义者会认为说谎是对的，像善意的谎言、为保守国家机密而说谎等。没有人受到已经发生的实质性的伤害，而眼前的人却得到了更多的快乐，何乐而不为呢？

（二）实用主义——3号

如果消灭了个人主义还能保证社会的成功那就无异于消灭了太阳的光辉还能饮食生存。——美国第31任总统赫伯特·胡佛

1. 强调行动力

实用主义的根本纲领是：把确定信念作为出发点，把采取行动当作主要手段，把获得实际效果当作最高目的。"Give And Take"，这符合3号实干型人格的风格。一切为了目标。实用主义者的英文是"Pragmatism"，源出希腊文"πρανμα"，意思即是行为、行动。实用主义者关注行动是否能给个人或集团带来某种利益和报酬，而将行动是否合乎客观实际、合乎原则放置于次要位置。直接的效用、利益是第一位的，是非对错是第二位的。有用即是真理，无用即为谬误。3号在这种人生观的指导下会迸发出最强的行动力，为其事业的上升提供保障。

实用主义方法论的根本原则是一切以效果、功用为标准①。实用主义不同于传统哲学的特点之一，就是从方法入手讲哲学，认为哲学仅仅是方法问题。实用主义方法反对首先设定最先存在的事物、原则或范畴，它只关注最后的事物。在实用主义者看来，概念、理论并不是世界的答案，判别它的意义和价值，不是看其是否正确反映客观实际，而是看其在实际应用中可感觉的效果。3号的口才、做事的思路都很好，很大程度上得益于实用主义的方法论。

2. 有用便是真理

认识不是要探寻什么客观真理，而是为了更好地适应环境，使生活愉快、安宁和满足。真理不是客观事物的"摹本"，只是经验与经验之间的一种关系。一种观念只要能把新、旧经验联系起来，给人带来具体的利益和满意的效果就是真理。"真理"就是"有用""效用"，或"行动的成功"。一个观念是不是真理，不是看它是否符合客观实际，而是看它是否具有效用，"有用便是真理"。观念、概念、理论等的真理性并不在于它们是

---

① 向喜欢的女生表白被拒绝了，还是喜欢她，怎么办？也许你弄错了什么是表白，表白应该是最终胜利时的号角，而不应该是发起进攻的冲锋号。——邵鹤

否符合客观实际，而在于它们是否能有效地充当人们行为的工具。如果观念、理论帮助人们在适应环境中排除了困难和苦恼，顺利地完成了任务，那就是可靠的，有效的，真的；如果它们不能清除混乱、弊端，那就是假的。认识的任务，不是反映客观世界的本质和规律，而是认识行动的效果，从而为行动提供信念。

3. 实用主义的伦理

行为的实际效用是善恶的标准，道德是应付环境的工具。实用主义把观念、概念、理论等在认识论上的真假与它们在道德上的善恶联系起来。"真理即是善"，认为只要一个观念对人的生活有益，它就是"真"的，而且只要它是有益的，它就是善的。

实用主义者把道德看作生物应付环境的一种活动。在实用主义那里，道德只是个体在应付环境的活动中所产生的主观感觉和主观经验，"个人的心是一切事物的尺度"。实用主义还把"个人今天的利益"看作道德选择的唯一根据，认为善的本质就是"简单地满足要求"，恶就是被否定的善，价值判断是关于行动、事实、事件能否满足愿望、需要、兴趣的预言或"假说"。

跟着希望跟着光

我是不落的太阳

为了最初的信仰

在我的战场

向着胜利前进的方向

——《最初的信仰》

（三）浪漫主义——4号

1. 艺术创作

浪漫主义是文艺的基本创作方法之一，与现实主义同为文学艺术上的两大主要思潮。浪漫主义在反映客观现实上侧重从主观内心世界出发，抒发对理想世界的热烈追求，常用热情奔放的语言、瑰丽的想象和夸张的手法来塑造形象。4号人格内化悲伤、放大悲伤的心理机制就是为浪漫主义创作做出的心理铺垫和能量储备。浪漫主义的观点和方法也能够将4号的核心情绪升华为艺术创作的行为和理念，为悲伤这种核心情绪的有效释放提供了智力保障和思想引导。浪漫主义致力于宣扬那些在他们看来被忽略了的英雄成就，突破了对于艺术的传统定义，符合4号人格类型追求独特、寻求关注的心理需求。

2. "非理性主义"

许多知识分子和历史学家将浪漫主义视为对启蒙运动的反弹，是一种对启蒙时代的反思，以艺术和文学反抗对于自然的人为理性化。启蒙时代（或称理性时代）的思想家强调演绎推理的绝对性，但理性并没能解决人类的问题。恩格斯说："和启蒙学者的华美语言比起来，由'理性的胜利'建立起来的社会制度和政治制度竟是一幅令人极度失望的讽刺画。"浪漫主义重视民间艺术、自然以及传统，主张一个根基于自然的知识论，以自然的环境来解释人类的活动，包括了语言、传统、习俗，而非严谨的逻辑演绎和推理，这种"非理性主义"恰恰是4号擅长的表达内容。

3. 自我高于一切

康德等古典主义哲学家强调天才、灵感和主观能动性，把自我提到极高的地位，对浪漫主义强调主观精神和个人主义倾向产生了深远的影响。浪漫主义将个人的艺术想象力正当化，并将其作为最重要的审美标准之一。这种思想为4号的个人主义行为找到了最佳的辩护词，也因此成为最符合4号的人生观之一。

4. 传奇

中世纪的骑士传奇与浪漫主义有直接的渊源关系。"浪漫的"这个形容词是从法国的"罗曼司"（Romance）转化过来的，即"传奇"或"小说"，代表了源于中世纪文学和浪漫文学里颂扬英雄的诗赋风格。17世纪，英国人才第一次使用"浪漫的"这一词语，大致意思是"传奇般的""幻想的""不真实的"。18世纪，这个词语被称为"宜人的忧郁"。英国的感伤主义文学和卢梭对感情抒发的崇尚，为19世纪浪漫主义文学的兴起和繁荣铺平了道路。浪漫主义文学的特色在于对过去历史的批判，强调妇女和儿童，强调对于自然的尊重。用艺术的方式刻画和表达不为人知的传奇人物只是4号才能和天赋的牛刀小试，当悲伤总被内化，成为传奇才是4号内心最深层次的渴望和理想。

（四）经验主义——5号

> 别发诺贝尔奖给弗洛伊德，他只是个心理学家。——爱因斯坦

1. 天生软弱

经验主义（Empiricism）又称经验论，通常指相信现代科学方法，认为理论应建立于对事物的观察，而不是直觉或迷信。认为通过实验研究而后进行理论归纳优于单纯的逻辑推理。经验主义的方法是自然科学研究方法的基础。经验主义不认为人拥有与生俱来的知识，认为如果缺乏经验，知识无法被获取。如果人与生俱来的知识和能力能够应付环境生存的考验，人类的教育将不复存在。恐惧，这种脑中心的核心情绪使得5号从幼儿时起就感觉到自己在环境面前的柔弱。生存，一定是从学习开始的。而幼儿所具备的知识、能力无论多少，总是微乎其微的，不学习将在竞争中被社会和环境淘汰。经验主义对学习的态度符合5号脑中心的需求。

2. 挑战权威

我要批评这个观点，我要强有力地驳斥它！——《拔起逻辑之剑》（知乎电子书）

经验主义一词原本意指古希腊医生的经验，拒绝一味接受当时的宗教教条，而是依照所观察到的现象为分析依据。因此，经验主义骨子里是挑战教条，不畏权威的。而恐惧是一种源于脑中心的不安全感，它推动着5号在学习的同时审视着书本上的每一个知识和观点。经验主义并不主张人们可以从实务中自动地取得知识，而感受到的经验，必须经过适当归纳或演绎，才能铸成知识。5号在学习的过程中，善于归纳以增长自己的知识。最重要的是，5号善于演绎得到的知识和观点，审视其中的高明之处或者自相矛盾的地方，并积极地与师长讨论、核对。这种貌似挑战权威的行为，实质上是5号人格类型缺乏安全感的体现，恐惧是需要可靠的信息才可以抚平的。当然，过于关注知识、信息、科学，也必定会忽略对他人情感反应的体察。

3. 实证主义

经验主义强调科学要建立在对事实观察的基础上，不能单纯依靠推理。一切自然的知识都应当求之于感官，而科学实验在认识中具有重要的意义与作用。人们经由观察与归纳，就能够建立知识的大厦。5号人格中恐惧的核心情绪会驱动他们通过亲自观察以丰富自己的感性认识。当然，5号也愿意退而求其次，阅读支撑观点的可靠的实验报告，成为一个实证主义者。经验主义是实证主义的前身，实证主义与经验主义是承袭的关系。实证主义认为，人类认识所及的世界就是经验世界，一切东西都要拿经验来检验，科学知识是已被证明的知识，科学理论是严格通过观察和实验得来的，科学是以我们能看到、听到、触到的东西为基础的。新实证主义是逻辑实证主义，或称逻辑经验主义，即以经验为根据，以逻辑为工具进行推理，用概率论来修正结论，认为外部客观世界是可以被认识、被量化的。这种认识世界的方法带来的错误远远小于理性主义完全的凭空推理，成为5号的认识论。

4. 证伪主义

证伪主义又叫批判理性主义，认为所有科学命题都要有可证伪性，不可证伪的理论不能成为科学理论。证伪主义可以避免对错误理论的辩护和教条。实证主义在面对与理论相悖的经验时，常常做出特殊的设定以免失去效用，而这种限制往往是不科学的。证伪主义则相信所有的科学都只是一种猜测和假说，它们不会被最终证实，但却随时会被证伪。

证伪主义应采用试错法，即寻找和这一假说不符合的事例，再根据事例对假说进行修正，并不断重复这一过程。试错法对理论的修改和完善是没有止境的，试错法的结果只能是一个较好的假说，而不是最好的假说。最好的假说是终极真理的代名词，和科学精神相悖。

非科学的本质是其不可证伪性。数学、逻辑学、心理分析都是非科学的，因为它们都不可被证伪，但数学和逻辑学有幸被休谟称为必然真理。有趣的是，科学和非科学一样，既包含着真理，又包含着谬误，本书亦是如此。

无论怎么证实，喂养恐惧的，只能是可靠的信息。而得到可靠信息的方法则完全融入了5号的世界观。

（五）保守主义——6号

所谓成熟就是，明明就该哭就该闹，却不言不语地微笑。

1. 真正的自由主义

保守主义主张"有序的自由"，即负责任的、审慎的自由。真正的自由主义，正是保守主义，其保守的实质是人的利益，首先就是自己的利益，这就是投射恐惧的6号最根本的属性，安全地保卫自己的利益。6号渴望自己的国家、政府是强大的，才能够担负得起维护主权的使命，但同时，又不能危害其个人自由和利益。6号用保守主义的思想为自己谋求利益，将自己的利益凌驾于他人之上，认为个人利益高于集体利益，没有个人利益，谈何集体利益。保守主义人性论是实实在在的人性论，个人的存在，自我的利益是其最关心的话题，而这些焦点均是恐惧产生和指向的原因。

2. 社会连续性的原则

任何变革只能是渐进而审慎地变革。激进主义不仅是空想，而且还很残忍。人类在20世纪尝尽了理性主义激进的苦头。那些理性主义的文人中有一些并不崇拜人类理性，而是崇拜他们自己的理性。从纸上谈兵到社会实际之间的距离是遥远的，任何社会变革如果缺乏耐心，一味莽撞推行，只会给人民带来痛苦。对于新生事物，6号天生的谨慎使他们拒绝大规模的改革，更不看好任何天花乱坠的理想主义。6号认为，社会的发展是连续的，幅度是小的，有节奏的，而非剧变的。保守主义并不反对进步，只是反对激进的进步，宁愿采取比较稳妥的方式。

3. 传统的原则

与其相信一个未经实践考验的假说，不如相信千百年来一个地域留下的传统。心怀恐惧的人必然需要教条的庇佑，传统是比任何个人和派别更为重要的"智慧"教条，必定可以为6号的生存带来保护。在知识来源上，保守主义推崇常识和经验，看重既有价值和现状，强调经验、具体和传统。6号认为传统是可靠的智慧来源，因为传统反映了通过历史而积累的经验和在实践中行之有效的方法。"存在就是合理的"，这是6号安全感的来源。6号人格是脑中心的人，是活在过去和相信过去的人，而人类社会生活的过去累积下来的，就是传统。

4. 审慎的原则

"凤凰是烤鸡活着时的信仰。"

具有极强不安全感的6号发现，保守主义中的怀疑精神完全符合自己的情绪及处理需求。怀疑主义认为人们并不能凭借自己的理性去战胜无知，个别人或者团体不可能完全掌握终极真理，并以此设计出一个完美社会。人性不完善，因此社会也不可能完善。正是这份对任何事情都心存狐疑的习惯，使得保守主义者认为，就算世界上存在客观真理，人们也不可能通过头脑的抽象演绎获得这些客观真理，最多只能通过传统和经验的途径去逐步接近，包括保守主义这个理论体系也是如此：想要理论化、系统化的保守主义这个"客观真理"的念头都是不符合保守主义反思、怀疑的精神的。"小心驶得万年船""守嘴不惹祸，守心不出错"。

5. 不完善的原则

保守主义认为，人虽然是社会性的动物，但人的社会性不是人的本性。人的本性是情欲、理性和自由意志。保守主义主张人性平等，强调不要改变人性，改造人性，因为人性无法改变。在这样的视角下，人类的理性会发挥其审慎行动的功能，跃跃欲试地想改变人的本性。休谟说过，理性不过是情欲的工具，只不过更加的高级罢了。因此，人自身从来不是，也无法成为所谓"完善的人"。于是，由人组成的社会也不可能有完善的社会秩序。恶的源泉在于人个体的本性，而不在于由个体组成的社会。6号心怀保守主义，保持明察秋毫，防范着别人，保护着自己。

（六）存在主义——7号

存在主义是一种人道主义。

1. 偶然荒诞来到世界

虽然物质的宇宙存在规律，但所有的存在本质上都是偶然的，即物质世界的存在是没有理由的，也不是根据某种绝对的观念、思想或精神演绎而发生的。科学不能解答"这是怎么来的？"这一无限循环的问题。所有的存在都不是决定的，而是偶然的。因此，从根本上讲，存在是荒诞的。于是，任何事先决定事物应该这样而不应该那样的说法本身就是错误的。同样，我们也没有理由事先决定人应该这样而不应该那样。这就是存在主义的逻辑。

存在主义哲学推理从一开始就满足了7号超脱束缚的心理需求。如果能够将束缚7号的条条框框统统驳倒，这种哲学思想必然能够成为7号为自己行为找到正当理由的思想武器。

2. 自由选择显示存在

> 我反叛，因此，我存在。——加谬

既然所有的存在是偶然的，那么也是荒诞的。为了解决这个问题，存在主义者认为应该行动起来为自己争得生命的意义，创造自己的价值。对于人来说，人首先存在着，然后通过自己的选择去决定自己的本质。既然说人是偶然、荒诞地降临到这个世界，那人所生活的世界就是一个孤立无援的环境。人是被"抛"到世界上来的。上帝、科学、理性、道德、心灵鸡汤等都不可能提供生活的真理和生活的方式，对人也没有任何的控制和约束的作用。因此，人可以有绝对的自由，并且为自己的选择负责。

人的自由表现在选择和行动两个方面。只有通过自己所选择的行动，人才能认识到自由，因为人的本质是由自己所选择的行动来决定的。"老牌背包客"吉姆·罗杰斯写过一本书叫《旅行，人生最有价值的投资》，实质上就是在宣扬存在主义。个人的自由首先应认识到传统文化和习俗的束缚。因此，懂得选择的重要性是最关键的。萨特[①]认为："存在先于本质"。

从否定了文化和习俗等束缚开始，存在主义就成为了7号为自己行为证明的理性工具。自由自在的行动思想甚至启发7号找到了生活的光明所在。人的本质是通过自己的选择而创造的，不是给定的。

3. 承担责任体现自己

> 他人即地狱。——萨特

人应该自由选择自己的行为，并为自己的选择承担责任。这才能让其真正成为一个"人"，而非"客体"。那些不愿选择自己的行为，不愿为自己行为负责的人，就是"客体"。他们相互之间的关系一定是相互威胁的。

7号欣赏存在主义，是因为它以人为中心，尊重人的个性和自由，认为个人的意识活动才是最真实的存在。存在主义认为，人在无意义的宇宙中生活，人的存在本身也没有意义。这种论调可以帮助7号打破常规和束缚，也恰恰符合了7号对各种人生丰富经验的感受。而存在主义认为"人可以在存在的基础上自我造就，活得精彩"，给了7号继续体验生命的信念。

（七）法家——8号

> 势者，胜众之资也。——韩非

1. "好利恶害"的人性观

在法家看来，爱好利益，厌恶损害，趋利避害的行为准则是所有人的本性，且是不

---

① 让－保罗·萨特（Jean-Paul Sartre，1905—1980），法国20世纪最重要的哲学家之一，存在主义的主要代表人物。

可改变的。商鞅认为人的本性就是追逐利益的，因此人的行为必然是好利的。"人生有好恶，故民可治也。"趋利避害加以利用，就可以成为管理方略。

8号人格类型最本质的人格机制就是"外化的愤怒"。愤怒最关注的就是需要的满足，而利益就是满足需要的最大来源。8号的注意力焦点就是"自我的利益"，聪明的8号当然可以推己及人，认为他人也最看中利益。法家对人性的看法恰恰在提供一种学说，将8号对于人性的看法合理化。

2. 不疑不欺的诚信观

诚信是法家思想的关键，更是腹中心这种基本人格类型的需要。腹中心的忘我实质上是思维能力持续性、深刻程度不足的表现。恐惧、悲伤对思维活动的支持远比愤怒要好得多。8号是腹中心的代表，自然希望事情的发展越简单，越可靠越好。诚信就成为8号喜爱的道德品质。如果8号管理社会，自然会提倡诚信，以便适应自己懒得钩心斗角，瞻前顾后的思维特质。"禁奸止过莫若重刑"。实现诚信的方法当然是重刑，特别令人长记性，法家的代表人物几乎都是酷吏。这样一来，怀疑和欺骗这种8号眼中瞧不起又防不胜防的伎俩就会减少，简单的力量就能够称霸一方。

3. 不务德而务法

不要展示软弱[①]。

法家先驱人物管仲认为："仓廪实，则知礼节；衣食足，则知荣辱"。商鞅更是指出："利者，义之本也。""利"对"义"起到决定性意义，财富与道德水平息息相关。法家对于道德的约束作用表示失望，提出"不务德而务法"，用法律来约束人的行为，主张立法权掌握在自己手里，臣下不得行使，是一种"天下之事无小大皆决于上"的君主极端专制法制思想。自己则凌驾于法之上，超越于法之外。这不就是8号统治天下的终极理想吗？

法家还有"重术"的管理思想。术指驾驭群臣、掌握政权、推行法令的策略和手段，主要是防范犯上作乱，维护君主统治地位。商鞅甚至提出："民弱国强，国强民弱，故有道之国，务在弱民。"

以法治国而非依法治国是法家的特色，法律并不是至高无上的，它只是8号用于统

---

① "千万不要把自己的软弱展现给别人看；千万不要把自己的狼狈述说给别人听；因为根本没有人会觉得你很可怜，只会觉得你很无能很没用。什么事情都要学会自己一个人承担，因为没有人会帮你。什么事情都要学会自己一个人坚强，因为凡事都靠自己。"

治的工具。法家思想符合8号人格类型"外化愤怒"的需求。愤怒是关注利益的，而愤怒所关注的利益正是法家思想著书立说之根本。利益与道德水平成正比。利益多者更强，应享有统治权，有权立法，也可以超越于法律之外。8号懂得防范"小人"的偷袭，即利益少者不但更弱，而且道德水平也会更低。人与人的关系就是成王败寇的竞争关系，只要自己更强大就能立于不败之地，就能获得更多的利益，争得统治的权力，享受英雄的荣耀。

（八）道家——9号

> 少则得，多则惑。——《老子》

1. 道法自然

凯尔西说：并不是所有人都像马斯洛设想的那样，将"自我实现"当成人生的最高目标。

道家思想的核心是"道"，老子提出"道"是宇宙本源，也是统治宇宙中一切运动的法则，也是一切人、物共同存在的最终保证，是最高的价值，是终极性的价值根源。道家认为，天地万物虽然形态各异，但其本源上相同，所谓"天地与我并生，万物与我为一"。人们应充分认识并尊重自然界规律，让宇宙万物"自足其性"。个人与社会也是共生互存关系，修道不仅要"度己"，而且要"度人"，以各种适宜的方式，图世界共同的利益。

愤怒这种核心情绪最关心的是利益，9号恰恰不能像8号那样去获取利益。然而，获取再多的利益也不可能改变生命是有限的这一自然规律。道家主张"顺其自然"，在自然规律面前，过度地争取利益是没有意义的，再多的利益也不可能扭转自然规律。这个角度恰恰被9号关注到，成为其选择道家思想作为行动哲学的关键理由。道法自然，自然非死物，故道无常道，道不可道。用道这一概念替代利益，是9号用哲学思想看待利益纷争的创新思维。

2. "无为"

"无为"就是不做任何违反自然规律，有损道德规范，违反社会法则，有害众生的事。"无为"并不是什么都不做，而是含有不妄为、不乱为的意思。老子曾谈道，"为无为，则无不治"，意思是说以"无为"的态度去对待社会人生，一切事情没有做不到，办不好的。因此，老子所讲的"无为"并不是消极等待，毫无作为，而是以"无为"的态度去"为"，去发挥人的主观能动性。道家认识到，任何有目的的行为都可能使行为本身产生偏差。尊道贵德的人应以无为的态度来处理世事，才能不偏私，不占有，不爱慕虚荣，不崇尚奢华，一切以自然的法则行事。"无为"的态度既可用以于政治，也可以用于修身。

9号的核心情绪是愤怒，但却将愤怒沉睡。而道家思想恰恰是因入世不得志而出世。另一方面，虽然道家思想表面上是出世的，其根本和旨趣却是入世的。这恰恰也反映了9号的本质——腹中心，依然逃不出愤怒对利益的关注。

3. 轻物重身

道家视生命价值重于功名利禄。"名与身孰亲?"老子认为人生在世应爱惜身体、重视生命，不要过分地追求名利，人生的目的是效法自然之道，循依本性而生存，并将每个人的生命原有的自然禀赋善加利用，人生自会充实和谐。

9号用遗忘的方式对待核心情绪，将关注自己利益的愤怒沉睡下去，是需要一套说辞的。9号对于尚可忍受的愤怒开展遗忘，恰恰需要"轻物重身"这类说辞的安慰。

（九）儒家——1号

> 随心所欲，而不逾矩。——孔子

克己、质朴和入世是儒家思想中的积极品质，也是1号人格身上的闪光点。

1. 仁

仁爱。"仁以处人，有序和谐"是孔子思想的原发点，是儒家思想体系的理论核心。很多1号的人都会认为自己是2号助人型，在1号的印象中，帮助别人是应该多做的事情。可1号在别人的印象中却不是一个助人者的形象，更多的是师者、长辈。1号把对别人的谆谆教诲理解成一种仁爱。

2. 义

原指"宜"，即行为适合于"礼"。孔子以"义"作为评判人们的道德原则。义者，人所宜也。这基本上就是1号完美型形成的注意力焦点，专门用来审视自己和别人行为的"对与错"。对的就是"义"，不对的就是"不义"，多行不义必自毙。"仁"是1号要爱他人，帮助别人的情感基础，义则是1号助人自助的指导思想。

3. 礼

"礼"是社会的道德规范和生活准则，儒家治国的方式就是礼制。儒家讲诚意、正心，应用在生活上待人接物，这个就叫作礼。道德仁义礼，是1号心中不同层次的道德标准。失道而后有德；德再没有了，这就行仁；仁要没有了，就讲义，义是没有报酬的；义没有了，这才讲礼，礼是要有来往的，但已经是真心的最低一层了，还要有报酬；礼要没有了，就天下大乱了，称为乱世。只有1号完美型行事是最符合儒家思想的，也因此，1号永远生活于自己看到的"乱世"之中。别人不守礼，1号会守礼，起一个带头的作用，影响附近的人，希望人人都讲礼，人人都重礼节，希望社会祥和。礼，是1号心中最低的道德标准。

4. 智

同"知"，指知道、了解、知识、智慧等。生活中1号具有投入和认真的学习态度，这也是他们对他人的要求之一。

5. 信

指待人处事的诚实不欺，言行一致。孔子将"信"作为"仁"的重要体现，是贤者必备的品德，凡在言论和行为上做到真实无妄，便能取得他人的信任。当权者讲信用，百姓也会以真情相待而不欺上。诚信的态度也反映了1号人格腹中心的性格特质，即干脆利落，不拖泥带水，行事爽快，缺乏策略，思想比较单纯。

此外儒家还有恕、忠、孝、悌等思想，均反映了将愤怒内化为道德要求的一些人生观。

第二节　情绪与哲学思想

肉体必定随时光消逝，精神可能随文化永驻。基于情绪而发展出来的精神文化是丰富多彩、激励人心的。组成世界观的最重要部分就是人类的哲学思想。而恰恰就是这些基于文字的思想，其背后依然受到情绪驱动的影响。情绪驱动着思维，而思维的成果——哲学，又何尝不是情绪在语言领域的开花结果呢？

一、费希特的愤怒：实践唯心——腹中心

意志① 为人性之冠！

（一）生存是为了行动

> 意识来源于对行动的需要。先有行动，后有意识。——费希特

虽然费希特称其哲学为知识学，但他却强调：行动比一切知识更伟大和崇高，并包含着知识本身的最终目的。费希特指出：哲学应当给人以力量、勇气和自信，说明人的全部命运取决于他自己。哲学所要回答最高深的问题是：人的使命是什么？费希特的答案是：不仅要认识，而且要按照认识而行动，这就是人的使命。无聊的冥想和虔诚的思考都不是生存的意义，行动，也只有人的行动，才决定人的价值。

"理性的本性纯粹是实践的。"费希特强调行动，其实质就是腹中心这一基本人格类型最强的个性特征——生存，愤怒驱动的生存能力必须以行动作为出发点和落脚点。并不是理论使实践成为可能，恰恰是实践才使得理论得以存在——这就是腹中心的真知灼见。人与动物区别开来的第一个历史行动，不在于有思想，而在于劳动。只有内心充满愤怒的力量，才可能如费希特那样告诫人们："切不可让痛苦制服了自己，也不要站在那里抱怨，而是要用行动去克服它。行动！行动——这就是我们的生存目的。"行动可以获得生存，生存的意义和使命，也必然是行动。费希特的行动哲学被其自己称为实践唯心主义。实质上，拥有愤怒的个体才可能主动获得环境中的利益，而获得利益的成功案例促成了其唯心主义的哲学观，因为在愤怒面前，人的力量所带来的自信是强大的。于是，真正的哲学决不能局限于抽象的思辨，而是要唤起人们的行动，并以一种无所畏惧的精神去创造一个新时代。这就是费希特哲学的核心，也就是以愤怒为核心情绪的腹中心的世界观。

---

① 笔者认为，意志，最根本的表现就是行动，意志即行动。在这个观点下，笔者认为传统普通心理学中的心理过程包括"知、情、意"三个部分，其实应该简化为两个部分，即"知"——认知，"情"——情绪。传统中讲的"意"——意志，带有强烈的愤怒情绪，是愤怒情绪的一种功能。

（二）实践唯物主义的前身

> 哲学家们只是用不同的方式解释世界，而问题在于改变世界。——马克思

费希特的实践唯心主义使其成为德国古典哲学家中最有感召力的启蒙学者，他捍卫人的尊严，关注人的解放，呼吁人的行动，高扬人的主体性、独立性、自由性，提出了主体建构对象的认识原则，阐述了对立统一是思维的规律，揭示了实践活动先于、高于理论认识，强调了主观的东西可以转化为客观的东西，对发展辩证法做出了杰出的贡献。恩格斯说，德国社会主义者以继承了康德、费希特和黑格尔而感到骄傲。正是费希特实践唯心主义的实践精神，极大地启发了马克思的实践唯物主义。

费希特说："你的行动，也只有你的行动，才决定你的价值。"

二、卢梭的悲伤：自然主义——心中心

情感为人性之冠。

（一）反文明

工业文明、信息爆炸的科技时代一定会有幸福吗？卢梭反对理性主义，重视人的情感，认为艺术与科学根本不能敦风化俗。相反，正是科学和艺术的出现，使人类的自由遭到了扼杀。科学和技术起源于人类的恶，人们迷恋天上的星星，于是有了天文学；人们想实现自己的野心，于是有了辩论术；人们因为不切实际的好奇，于是有了物理学。科学与技术不是人类的福祉而是对人类的诅咒。卢梭在《论科学与艺术》中强调，艺术与科学的进步并没有给人类带来好处。知识的积累还加强了政府的统治而压制了个人的自由。物质文明的发展事实上破坏了真挚的友谊，取而代之的是嫉妒、畏惧和怀疑。

这种思想恰恰就是心中心的4号浪漫者典型的躁郁思想。"讨厌眼前的"，这种注意力过滤模式来源于核心情绪——悲伤。悲伤使主体非常容易得到周遭事物中令其生厌的信息，而又将期望寄托在遥远的、美好的、脱俗的一些祈盼之上，随后，再将自己的超凡脱俗公之于众，获取众人的关注，平衡核心情绪。

（二）纯天然

卢梭强调纯天然，不仅包括清新的大自然界，更多地是强调人的自然状态，即人在进入社会和文明之前的状态。自然状态下，人性本善，自由平等。动物所处的状态，或人类文明出现以前的状态，虽然野蛮，却很真实。那时的人是"高贵的野蛮人"（noble savage）。本来好好的人，恰恰被人类社会折磨和侵蚀，丢失了高尚的气质，而社会的发展也导致了人类不幸的延续。卢梭强调人性本善，非理性的学说恰恰是一种"理性"的反思。

当眼前的事物令人生厌，放大的悲伤就会将注意力抛在"遥远的"事物之上。悲伤这种情绪会令4号热爱自然，崇尚自然，离开芸芸众生，去寻找遥远的东西。因此，卢梭的悲伤将他自己的生活投入了漂泊之中。然而，悲伤情绪所驱动的想象却令他没有精神空虚之感——大自然的雄伟、多姿和真实的美，令他流连忘返，也强化了卢梭的人生观：远离工业革命和现代科技，倡导纯天然的"有机产品"。

> 如果给你寄一本书，我不会寄给你诗歌
>
> 我要给你一本关于植物，关于庄稼的
>
> 告诉你稻子和稗子的区别
>
> 告诉你一棵稗子提心吊胆的
>
> 春天
>
> ——余秀华《我爱你》

（三）复古风

卢梭倡导复古风，内心充满着对隐居生活的憧憬，他眼中完美的社会仿佛是一个富足、平静的小村落。卢梭认为高贵的德行在今天这个堕落肮脏的社会早已丢失，只有回到人类社会的早期才能找到它。自然意味着内心的平静、人格的完整和精神的自由，而当前社会却在文明的幌子下对世人进行着关押和奴役。复古风就是使人恢复这种自然的过程，摆脱外界社会的各种压迫，以及文明的拙见。卢梭的言论属于激进民主主义理论，有"主权在民"的思想，是法国大革命的指导思想。

此外，在儿童教育上，卢梭认为也应该远离腐败堕落的社会和文明，改革教育内容和方法，顺应儿童的本性，将儿童放在大自然的怀抱里，使他们尽情享受大自然赋予的权利，让他们的身心自由发展。卢梭也是最早攻击私人财产制度的现代作家之一，他还质疑多数人的意愿是否一定正确，认为政府应该排除错误的民主意愿，捍卫自由、平等和公正。

　　反潮流而动的确能够给他人留下最深刻的印象，当复古成为一种小众的审美乐趣时，宣传传统的风雅儒士就会获得他人的敬仰：自然主义哲学在悲伤的推动下应运而生。

三、康德的恐惧：批判哲学——脑中心

　　理性为人性之冠。

（一）哲学的由来

> 我们始终面临着虚无主义的威胁。——尼采

　　汉语中"哲"字是聪明的意思；希腊文"Philosophia"是爱智慧的意思。哲学作为人类最伟大的智慧集合，其实质上仅仅是人类在恐惧情绪驱动下妄想的结果。恐惧需要信息来填补，也可以通过妄想制造信息——这个过程就是"理智"。一开始，宗教可以带来终极关怀，从而使恐惧得到了暂时的控制。然而，恐惧却不断推动着人类的思考，用理性替代了宗教，驳斥了有神论的观点。但，这仅仅是一个开始。因为恐惧这种情绪还会继续推动妄想不断考证自己得到的知识，直到得出一个结论：理性也是靠不住的。宗教不可靠、理性也不可靠，这种莫名的害怕所带来的结果就是虚无主义。

（二）批判哲学

　　康德在《纯粹理性批判》一书中提出，形而上学并不是完全客观的，人类理性不能认识"物自体"①，形而上学只能使认识无限趋近于真实，但不可能完全真实。因果关系，

---

① 康德提出的哲学的一个基本概念，指认识之外的，但又绝对不可认识的存在之物。

不可能上升到绝对真理的地位。人对于世界的理解是不可能停止和完成的，但为了认识和表达物自体的现象，人依旧必须借助于形而上学。

西方哲学史以其发展阶段性明显而著称。黑格尔认为，这就是一个不断否定之否定的过程："一个杀死了另一个，并且埋葬了另一个"。不同哲学思想相互之间的"恩仇"来源于人类对于环境的恐惧。古希腊哲学是反思前的"我思哲学"；笛卡尔到康德这一阶段的哲学则是处于反思过程中的"我思哲学"，而当代西方哲学就是反思后的"反思哲学"，即一种关于"反思的我思哲学"。从"情绪动力学"的角度来看，就是在表达，用信息来填补恐惧终究是暂时的。恐惧挑选和塑造的信息集体，无论是不是真理，终将被驱动建造这个信息集体的力量——恐惧，所颠覆。这就是恐惧。哲学，只是这种情绪驱动思维的高级表现。康德深居简出，终身未娶，仿佛在他眼中，爱情和家庭完全经不起恐惧驱动的思维所带来的否定。《纯粹理性批判》《实践理性批判》和《判断力批判》，只有批判，只有恐惧才是最真实的存在。

心理学来源于哲学？不，哲学应回归到心理学[①]。

第三节　情绪与国家文化

一、俄罗斯——8号

神只会保佑强者。

一个地跨亚欧两大洲，世界上面积最大的国家。在那里，"Vodka"的意思是水，俄罗斯轮盘赌是一种桌游，据说，几天里酒精中毒死亡的人数就抵得上一场车臣战争，枪械，如波波沙，注重火力和成本而非精准。拿破仑、希特勒，入侵就是自取灭亡。这就是外化愤怒战斗民族的国度。

二、印度——9号

印度人信仰的"达摩"意思是事物固有的规律。印度人沿袭种姓制度，不同的

---

① 哲学是基于语言的，语言是第三信号系统，其运作是需要第二信号系统——情绪，来驱动的。因此，哲学思想也是情绪活动的结果。

种姓履行不同的社会义务。印度教认为肉体享乐、权利、责任和解放是人生四大乐趣所在。印度人的五种美德是忠诚、非暴力、超脱欲望、自我克制和纯洁。雅利安、波斯、希腊、阿拉伯、英国人曾征服过印度，但都已经是过去时。印度是最强大的世界观输出国。

三、日本——1号

"教育是最廉价的国防。"

日本是个1号国家。武士道精神是日本文化的核心，实质就是"指向自己的愤怒"——在介错人帮助下实施的剖腹自尽被认为是光荣的仪式。武士道精神就是典型的"内化愤怒"。高超我，潜意识里本我和超我的战斗超级激烈，死本能不能指向他人而指向了自己，坚定执着的背后是一股矛盾的攻击力，不是犯错误的人被灭了就是自己把自己灭了。"SM""AV"这些是1号文化的副产品，是一种特殊的平衡方式，用于宣泄受到压抑的愤怒。忍术是一种修炼，其精神就是精益求精。恰恰是崇尚这种追求完美的精神，日本被誉为"工匠国家"。

四、英国——2号

英国人口两千万，主宰世界两个世纪。绅士风度除了注重形象，服务他人外，在国家危急关头，贵族文化中的自我奉献、身先士卒的精神更体现出了2号的无私和骄傲。历时四年的第一次世界大战，诗人、院士布鲁克与其他2 470名剑桥大学师生战死沙场，而当时剑桥大学一届新生不到1 200人。英国殖民主义的兴盛体现的是2号的"雄心"。福寿膏被识破就"2下8"，来了一场鸦片战争。

五、美国——3号

做明星，做大明星是美国人骨子里的愿望，为此他们用一生去书写自己辉煌的简历，不放过任何一件有利于自己形象的事，自由女神成为美国人追求自我实现的图腾。

自由女神是法国送的百岁礼物，底座是美国移民史博物馆。移民及其后代们在枪支自由的国度凭着个人的努力创造着一个个美国梦：肯尼亚黑人娶了堪萨斯白人；印度尼西亚小学生最终成为美国第一位黑人总统，与美国队长、绿巨人、超人、蜘蛛侠、蝙蝠侠等一起谱写着个人英雄主义的传奇。

上帝"安排"清教徒们发现了新大陆，并赋予其建成一座"山巅之城"的使命。于是，这个移民国度以清教思想为基础，发展乐观、积极、平等和勤奋，尊重个人自由与价值的3号文化。

美国小女孩儿基本长发飘飘；美国影片里驾驶员在开车时和副驾驶说话，一定是经常眼睛离开路面看着副驾驶说话的。这常常令中国观众咂舌，但却是3号说话的典型表现——和谈话对象保持眼神沟通。

六、法国——4号

罗浮宫馆藏、戛纳电影节、普罗旺斯薰衣草、巴黎圣母院、埃菲尔铁塔……一个充满艺术气质的国度，倡导自由、平等、博爱，荟萃的是艺术家，产出的是奢侈品。

七、德国——5号

德国古典哲学中的黑格尔辩证法与费尔巴哈唯物主义成为马克思主义的重要渊源；贝多芬失聪却坚持创作了第九交响曲；历年获诺贝尔物理、化学奖的德国人数名列前茅；大众、奔驰、宝马、保时捷、欧宝、奥迪这些汽车品牌经久不衰靠的就是严谨；日本核泄漏后宣布将放弃核能的就是德国。

八、中国——6号

篱笆扎得紧，野狗钻不进。——中国俗语

万里长城阻挡不了外敌侵袭；"钩心斗角"搭建亭台楼阁；狗、虎、龙头铡配上正大光明牌坊；火药做鞭炮是用于对付"年"这种怪兽；明哲保身、中庸之道、"攉翎子接翎子"造就礼仪之邦；风水①之说也很流行。

每年的春节晚会都特别有投射恐惧的意味。春晚小品《扶不扶》《我就这么个人》《人到礼到》等节目，内容是在提倡新风气，可效果却像是在提醒观众，厚黑学才是风俗、文化。畏能止祸。

九、意大利——7号

意大利一些餐馆的店主，晚八点后就停止营业，因为他们也要享受生活。造个比萨大教堂钟楼要199年，设计是垂直的，造出来却是斜的，也有各种理由不去修正。意大利人着装暴露；赛车、足球、谈情说爱才是他们的生活；玻璃艺术品，威尼斯水城证明了他们的浪漫。据说，第二次世界大战还好有意大利军队拖后腿，同盟国才取得了胜利。意军曾有为了吃意大利面而主动投降的"战绩"。这样的军队看起来似乎要屡战屡败，但却充满了温暖和欢乐的人性。

第四节 情绪化的伦理

当使用"情绪动力模型"最基本的假设——"行为是情绪的结果"作为伦理分析的前提之后，对行为的伦理分析终于从善恶评判中解放出来。因为所有类型的人，本性都是在满足自己情绪释放的需求，本质都是自私的②。如此，对行为的评判才能真正做到客观、公平。以下表格罗列出的是笔者对九种人格类型行为伦理的总结，每一种实质上都是在维护自己的利益，因此也绝无高低贵贱之分，有的只有力量的强弱、意志的坚定和内心的冲突。

---

① "口字形的楼不要买。人在井中，不能发福发贵。客厅窄狭的不要买。客厅窄狭不聚财。"和风水有关的判断都必须基于投射的恐惧这一心理机制。

② 情绪是人一瞬间最真实利益的反映。既然它是唯个人利益是从的，那么，释放情绪的行为也就是唯个体利益是从的。的确，"情绪动力模型"对人性的推论是——"人性是本恶的"。

九种人格类型行为伦理总结

基本人格类型	人格类型	出发点				落脚点			
		己 所		人 所		人		己	
		欲	不欲	欲	不欲	施于	勿施于	施于	勿施于
腹中心	8	*					*		
	9				*		*		
	1	*				*			
心中心	2			*		*			
	3			*				*	
	4				*			*	
脑中心	5		*						*
	6				*				*
	7	*						*	

一、己所欲勿施于人——8号

"己所欲勿施于人"是8号的伦理。8号是力量型的选手，从小到大都能够通过自己的努力和争取获得自己希望得到的利益，他们的注意力焦点就在于自己的利益。自己的利益、地盘不容侵犯。想从8号口中获得一块肉，除非自己身上掉下一块肉。正是这种对自己利益坚定的保护欲，塑造了8号个性的坚定和笃定。在维护自己利益的同时，8号总结出"以其人之道还治其人之身"的口号，实质上是为自己维护个人利益而发动的进攻行为找到一个有力的文饰理由。当进攻发动以后，"己所不欲施于人"就成为8号的作战思路。维护自己个人的利益是情有可原的，8号需要做到的是两点：一是能不能将利益划分一些给他人；二是能不能提示他人意识到其与自己争夺利益的行为。

二、人所不欲勿施于人——9号

9号则完全不同，他们是传统意义上的好人、老实人，他们的伦理也并非"己所不欲勿施于人"，因为9号并不关心自己真正想要什么，不想要什么，他们的行为有强烈的被动、逃避的意味。9号的注意力焦点在于过滤这个世界中"他人的利益"，然而这实质上是在防范自己陷入人际互动中的利益角逐，逃避那些可能引起矛盾冲突的利益纠葛。当别人的进犯，甚至欺凌来临时，更可能形成一种逆来顺受的软弱个性。明哲保身，委曲求全，怠惰退缩，这些都是9号可能陷入的个性短板。9号只有在公开场合能够树立自己的个人看法，并能为自己，为他人主张这种意见，坚持下去之后才算摆脱了自己胆小的性格，才算是真正的善良。

三、己所欲施于人——1号

1号一直认为自己是最好，做事做得最对的人。笔者关于人格类型的讲座上，最容易发现哪些听众是1号完美主义者。当笔者将基于"情绪动力模型"的伦理分析进行论述时，1号听众是受到心理冲击最强烈的人，甚至有的1号会面红耳赤，额头出汗。这些反应正是1号质疑自己行为伦理的真实表现。"己所欲施于人"——自己认为是对的，就应该和他人分享吗？1号的人实质上是最清廉的人，但这种清心寡欲正是1号"内化愤怒"的情绪机制所需要的行为风格和人生观、价值观。这种价值观会让1号获得内心的舒畅，但却会令其他人格类型者倍感束缚、压制和无望。1号所认为的"己所欲"很可能是他人所认为的"己所不欲"。由此，1号需要改善的，恰恰就是深刻的理解那句古话："水至清则无鱼"，然后再放低自己的姿态，学会理解他人"错误的"生活方式。

四、人所欲施于人——2号

2号伦理是"人所欲施于人"，因为这是2号认定了的获得他人喜爱的，最正确的为人处世之道。不同性别的2号伦理存在较大的差异，传统意义上的九型人格书籍中关于2号的描述实质上主要描述的是2号女生。她们是更标准的2号，因为其核心情绪——悲伤的能量远比2号男生要多。男性是存在更多愤怒情绪的性别，这种愤怒会看重自己的利益，而这恰恰是2号男生的特殊所在。2号男生是在使用"人所欲施于人"的方式来保障"己所欲施于己"。2号人格是最活泼、无私的人格类型，也是懂得通过分享来获得集体认可的人格类型，但越是愿意付出的人，越是害怕他人的利用所带来的伤害。

五、人所欲施于己——3号

2号、3号的价值观都是世俗的。这个世界上大家都在为了功名利禄而奔波，他们就为此而努力，如果这个世界上大家都是为了无私奉献而操劳，他们也会毫不犹豫地积极行动起来。但二者最终的落脚点是不同的。3号更希望获得个人的成功——"人所欲施于己"，只有真正做到这一点，自己才算成功地将根植于内心的悲伤转化为了他人对自己的尊重和羡慕。3号一生都在追求更大的舞台，只有更光鲜的舞台才能展示自己已经获得的那些令人羡慕的成就和能力。3号的追求是真实的，理想是坚定的，工作是努力的，唯独害怕的就是竞争环境的不公平和舆论的偏差。如果说前者可以通过"天道酬勤"的信仰加以抑制的话，后者就完全不能受自己的控制。很多3号因为害怕自己的努力、进取遭人非议而不得不放慢脚步，小心谨慎起来。环境的选择对3号而言至关重要。

六、人所不欲施于己——4号

这里说的"人所不欲"是他人忽略掉的意思。4号和所有的心中心一样想获得他人的赞美，但4号天生就是别出心裁的："人所不欲施于己"。4号是最早明白另辟蹊径这个成语的巨大价值的人。当3号直来直去地追求着卓越，2号辗转他人获得了好评的时候，4号知道3号所获得的客观成功，2号所赢得的主观好评，已经占据了通往成功的主要阵地。然而，与众不同才是真正吸引众人注意力的有效途径。成功并非因为成功本身而珍贵，却是因为成功者太少而显得尤其珍贵：少，才是王道。别人看不上的并非没有价值，却可能恰恰是其价值所在。外语口语的发音、汉字生僻字、诗歌音乐、建筑文艺、民族民俗、世界历史等，都是大部分人容易忽略、缺乏兴趣又难以掌握的冷门知识，当这些被人遗忘的文化遗产被4号发掘出来之后，4号内化的悲伤得到了人们最强烈的反馈——关注、欣赏与羡慕。自然风、复古风和小资情调，组成了4号行为的最基本特征。

怎么大风越狠

我心越荡

又如一丝清沙

随风拾飘的在狂舞

我要深埋心头上秉持

却又重小的勇气

一直往大风吹的方向走过去

吹啊吹啊　我的骄傲放纵

吹啊吹不毁我纯净花园

任风吹　任它乱

毁不灭是我　尽头的展望

——《野子》

七、己所不欲勿施于己——5号

5号的伦理是"己所不欲勿施于己"。5号是沉浸在自己的研究中获得幸福感的科学英雄。科学是严谨的，5号也最讨厌别人打扰到自己。因此，但凡自己认为会打扰到自己的任何事儿，如俗气、虚伪和毁三观的同学聚会，与自己没有半毛钱关系的饭局，和肤浅的人一起讨论肥皂剧的剧情等这些浪费生命的事情，5号都希望避免发生在自己的身上。捍卫个人独立空间、时间的坚决性常常会吓别人一跳，人际关系的广泛投资在5号的眼中回报率太低。

八、人所不欲勿施于己——6号

6号同样关注的是不好的事情别发生在自己的身上，这是恐惧这种核心情绪所最基本、重要的功能。有趣的是6号认为，人是集体中的一员，很多的时候个人利益应该服从集体利益。但如果有人能够做到避免个人利益屈从于集体利益的时候，那么自己就应该有权利也那么做。这就是"人所不欲勿施于己"：只要别人能够避免的损失、惩罚，自己也应该主张自己的权利，避免这种情况的发生[1]。6号是真正的社会观察者，道德监督员。6号认为，没有例外的规则才是真正的规则。然而，6号几乎从未发现过这种没有例外的规定。6

---

① 这是中国人的一种普遍的思维。

号的眼中有太多的潜规则，有太多的不公平。6号渴望公平，却永远看不到公平。

九、己所欲施于己——7号

7号是真正为自己而活的享乐主义者："己所欲施于己"，再不疯狂就老了。生命面对死亡的焦虑情绪在7号的身上淋漓尽致地表现出来。工作是自由的工具，工作的目标只有一个：不工作。7号的行动力是最强的，前提是为了自己。他们的行动范围也是最广的，因为物质世界的财富是不可能随着生命的死亡而带走的，只有精神世界的富足才能衡量渺小生命的意义。浪费自己和别人生命的人都是可憎的。

如果说腹中心行为的出发点大都是自己的思想，那么心中心行为的出发点就终于从自己转移到了他人。原因非常简单：腹中心的核心情绪是愤怒，它关注的是个体的切身利益，当然遇事的伦理思索来自自己；而心中心的核心情绪是悲伤，它关注的是形象的好坏，目的是为了别人能够欣赏自己，喜欢自己，靠近自己，因此心中心遇事的伦理思考自然是别人的看法。脑中心最有意思，他们关注的是自己将来的安全，因为恐惧这种核心情绪就是在抑制个体的行动，强制个体赶紧获得信息[1]，使自己的行为能保障下一步的安全。

每种人格类型都有基于自己情绪机制的伦理规则。研究它们能够令大家更愉快地相处，这就是良好人际关系运作的推理基础，也是个性化管理的知识准备。

第五节 生命的意义

每当我找不到存在的意义

每当我迷失在黑夜里

夜空中最亮的星

请指引我靠近你

——《夜空中最亮的星》

---

① 脑中心的恐惧导致他们不断地从过去中寻找有价值的信息，因此是活在过去的。

人格是人际关系中自我保护的内在模式，人格的产物是外在的性格。人格保护的是我们最真实的内心；人格类型相同，内心也依然会不同。人格这件我们内心中的防弹衣背后，是由死亡焦虑组成的负性情绪集合，它是生命面对环境时的最真实表现：脆弱。然而，人类的生命并不比其他生命更加特别，更加高贵。其他生命形式都依然根据自己的规律继续存活，哪怕是阶段性的。那么，面对环境的，这些软弱生命依靠什么而坚持下去呢？即生命的意义是什么呢？

一、繁　　衍

生命有了延续就有了面对死亡的勇气。繁衍是生命存在的理由和意义，是生命持续的勇气之源。当然，这绝非生命存在的唯一意义。

二、运　　动

运动。这是个体生命的又一个最重要的意义。动物比植物更复杂，因此其神经系统也保障了其运动的范围更加广泛。人类的神经系统、生理机制更是登峰造极，保障了人类主宰了这个星球，并着手向宇宙拓展而去。由此可见，心理世界越是复杂、丰富的生命，其存在的意义一定是实现更遥远、复杂、高级的运动。生命在于运动，这句话说的就是个体来这世上走一遭的重大意义。世俗中所说的财富、事业、权力，其实都属于"运动"这一生命的意义。经历和资历令个体的生命有了质量，这种质量当然有大小之分：局限者势必逊于旅行者。

限制了生命的自由就是去除了动物运动的本性，而与运动能力相匹配的内心主观世界必然会陷入内耗，走向郁郁而终。

> 个体学会采用与儿时不同的方式来表达自己的情绪是个体成长，也是个体社会化的核心内容之一。——《情绪心理学》
>
> 如果可以换一种运动方式，世界似乎又重新诞生了一回。

三、传　承

生命的最根本意义就在于传承。将毕生所学传递于新生的生命，使之具备开启生命之旅的知识和能力。教育就是这项最伟大的事业，它使得生命得以更有质量的延续，种族也得以壮大起来。

繁衍、运动和传承就是生命最根本的意义所在，没有什么积极向上的活动会脱离这三个范畴。同样，这三个范畴的人类活动也是意义非同寻常，值得献出青春，甚至个体生命的。维护这三方面，或者舍弃其二，追求其中之一的行为也是很有意义的。比如，见义勇为。无论挽救的比损失的少多少，这种行为有利于延续生命，这就是"繁衍"这个意义的所在，虽然它损失了"运动""传承"这两个生命的意义。

也许有人会说，在这个视角下，同性恋、丁克族是不是违反了"繁衍"这个意义了呢？其实不然，这种个性化的方式恰恰是实现和保障了"运动"这个生命的意义。没有独立的思想就不可能有奋斗的动力。生命在于运动这个意义也就得不到保障。而自信张扬这种运动的品质恰恰在同性恋和丁克族的信仰中获得了强化，同时，他们可能会有更多的时间和精力去实现生命中的其他意义，如传承——创造值得传世的精神财富，或者教书育人。

当驾驭人格类型的能力足够强大了之后，生命的意义一定成为人们的基本追求，而眼前的决定是否能满足繁衍、运动和传承这三个判定标准更可以成为行为评判的基本伦理。

附　录　　　人格分析纲要

章	人格类型	2号	3号	4号	5号	6号	7号	8号	9号	1号
第五章	名　称	给予者	实干者	浪漫者	观察者	怀疑者	享乐主义者	挑战者	调停者	完美主义者
第六章	核心情绪	悲伤			恐惧			愤怒		
	三个中心	心中心			脑中心			腹中心		
	思维	想象			妄想			忘我		
	能力	情商、审美			智慧			生存		
	情绪习性	外化	遗忘	内化		遗忘	外化		遗忘	内化
	核心情感	愤怒	恐惧	悲伤		恐惧	愤怒		恐惧	悲伤
	客体关系	拒绝型	迷恋型	沮丧型	拒绝型	迷恋型	沮丧型	拒绝型	迷恋型	沮丧型
	应付方式	积极	理性	自我	理性	自我	积极	自我	积极	理性
第八章	注意焦点	形象的好坏			信息的多少			意志的强弱		
		他人的认可	对工作的认可	关注遥远的	自我的保存	潜在的意图	快乐的选择	自我的利益	他人的利益	对与错
第九章	心理异常	心境类			恐惧类			强迫类		
	人格障碍	表演	自恋	边缘	分裂	偏执	冲动	反社会	被动攻击	强迫
	神经症解决方案	屈从型	进攻型	退缩型		屈从型	进攻型		退缩型	屈从型
第十章	童年创伤	不被关注		遗弃	隐私被发现	背叛	束缚	不公平的待遇	冲突	严厉的惩罚
	防御机制	压抑	认同	内投	分隔	投射	合理化	否定	麻醉自己	反向
第十一章	人生观	功利主义	实用主义	浪漫主义	经验主义	保守主义	存在主义	法家	道家	儒家
	国家文化	英国	美国	法国	德国	中国	意大利	俄罗斯	印度	日本

参考文献

［1］ 荣格 C G. 心理类型学 ［M］. 西安：华岳文艺出版社，1989.

［2］ 沈政，林庶芝. 生理心理学 ［M］. 北京：北京大学出版社，1993.

［3］ 叶奕乾，何存道，梁宁建. 普通心理学 ［M］. 上海：华东师范大学出版社，1997.

［4］ 毛佩贤. 人性的畸变 ［M］. 北京：北京出版社，1999.

［5］ 汪向东. 心理卫生评定量表手册(增订版) ［M］. 北京：中国心理卫生杂志社，1999.

［6］ 韦布 K. 九型人格 ［M］. 翁静育，译. 北京：团结出版社，2000.

［7］ 格里格 R，津巴多 P. 心理学与生活（第16版）［M］. 王垒等，译. 北京：人民邮电出版社，2003.

［8］ 霍克 R R. 改变心理学的40项研究 ［M］. 白学军，译. 北京：中国轻工业出版社，2010.

［9］ 伯格 J M. 人格心理学（第六版）［M］. 陈会昌等，译. 北京：中国轻工业出版社，2004.

［10］ 李安，房绪兴. 侦查心理学 ［M］. 北京：中国法制出版社，2005.

［11］ 甘怡群. 心理与行为科学统计 ［M］. 北京：北京大学出版社，2005.

［12］ 傅安球. 实用心理异常诊断矫治手册（修订版）［M］. 上海：上海教育出版社，2005.

［13］ 王登峰，崔红. 解读中国人的人格 ［M］. 北京：社会科学文献出版社，2005.

［14］ 迈尔斯 D. 社会心理学（第8版）（英文版）［M］. 北京：人民邮电出版社，2006.

［15］ 帕尔默 H. 九型人格 ［M］. 徐扬，译. 北京：华夏出版社，2006.

［16］ 史密斯 R A，戴维斯 S F. 实验心理学教程 ［M］. 郭秀艳，孙里宁，译. 北京：中国轻工业出版社，2006.

［17］ 季浏. 体育心理学 ［M］. 北京：高等教育出版社，2006.

［18］ 别尔嘉耶夫. 论人的使命：神与人的生存辩证法 ［M］. 张百春，译. 上海人民出版社，2007.

［19］ 帕尔默 H. 职场和恋爱中的九型人格 ［M］. 徐扬，译. 北京：华夏出版社，2007.

［20］ 高德葆 M. 办公室心理学 ［M］. 黄荣华，译. 北京：北京师范大学出版社，2007.

［21］雨帆.心理测试［M］.上海：文汇出版社，2008.

［22］许又新.神经症［M］.北京：北京大学医学出版社，2008.

［23］艾克曼 P.情绪的解析［M］.杨旭，译.海口：南海出版社，2008.

［24］艾克曼 P.说谎［M］.上海：生活·读书·新知三联书店，2008.

［25］丹尼尔斯 D，普赖斯 V.九型人格：自我发现与提升手册［M］.北京：中信出版社，2008.

［26］卡尔 A.积极心理学：关于人类幸福和力量的科学［M］.郑雪等，译.北京：中国轻工业出版社，2008.

［27］宿文成.厚黑学［M］.延边：延边人民出版社，2008.

［28］迈尔斯 I B，迈尔斯 P.天资差异［M］.张荣建，译.重庆：重庆出版社，2008.

［29］达涅卢 L，萨尔蒙 E.九型人格［M］.张粲，袁才蔚，译.北京：化学工业出版社，2009.

［30］傅佩荣.心灵导师［M］.上海：生活·读书·新知三联书店，2009.

［31］达尔文.人类和动物的表情［M］.周邦立，译.北京：北京大学出版社，2009.

［32］Riso D R. *Understanding the Enneagram: The Practical Guide to Personality Types*［M］. Mariner Books，2000.

［33］胡挹芬.九型人格心灵密码学［M］.北京：团结出版社，2010.

［34］布莱克曼 J.心灵的面具：101种心理防御［M］.毛文娟，王韶宇，译.上海：华东师范大学出版社，2011.

［35］张田勘.生命存在的理由［M］.北京：北京大学出版社，2011.

［36］王祖承，方贻儒.精神病学［M］.上海：上海科技教育出版社，2011.

［37］陈福国.实用认知心理治疗学［M］.上海：上海人民出版社，2012.

［38］罗素 B. 幸福之路［M］.吴默朗，金剑，译.北京：中央编译出版社，2012.

［39］德意珍.存在主义世界的幸福：写给心理治疗师的哲学书［M］.卢玲，译.北京：中国轻工业出版社，2012.

［40］里索 D R，赫德森 R.九型人格［M］.徐晶，译.海口：南海出版社，2013.

［41］里索 D R，赫德森 R.九型人格的智慧［M］.谭苗，译.上海：上海文艺出版社，2014.

［42］海特 J.正义之心［M］.舒明月，胡晓旭，译.杭州：浙江人民出版社，2014.

［43］巴斯 D.进化心理学［M］.熊哲宏，注.张勇，蒋柯，译.北京：商务印书馆，2015.

索 引